10	11	12	13	14	15	16	17	18
	1B	2B	3B	4B	5B	6B	7B	0
								$(1s)^2$ $_2$He 4.003
			$(2s)^2(2p)^1$ $_5$B 10.81	$(2s)^2(2p)^2$ $_6$C 12.01	$(2s)^2(2p)^3$ $_7$N 14.01	$(2s)^2(2p)^4$ $_8$O 16.00	$(2s)^2(2p)^5$ $_9$F 19.00	$(2s)^2(2p)^6$ $_{10}$Ne 20.18
			$(3s)^2(3p)^1$ $_{13}$Al 26.98	$(3s)^2(3p)^2$ $_{14}$Si 28.09	$(3s)^2(3p)^3$ $_{15}$P 30.97	$(3s)^2(3p)^4$ $_{16}$S 32.07	$(3s)^2(3p)^5$ $_{17}$Cl 35.45	$(3s)^2(3p)^6$ $_{18}$Ar 39.95
$(4s)^2$ $\cdot$ Ni 58.69	$(3d)^{10}(4s)^1$ $_{29}$Cu 63.55	$(3d)^{10}(4s)^2$ $_{30}$Zn 65.38	$(4s)^2(4p)^1$ $_{31}$Ga 69.72	$(4s)^2(4p)^2$ $_{32}$Ge 72.63	$(4s)^2(4p)^3$ $_{33}$As 74.92	$(4s)^2(4p)^4$ $_{34}$Se 78.96	$(4s)^2(4p)^5$ $_{35}$Br 79.90	$(4s)^2(4p)^6$ $_{36}$Kr 83.80
$(4d)^{10}$ Pd 106.4	$(4d)^{10}(5s)^1$ $_{47}$Ag 107.9	$(4d)^{10}(5s)^2$ $_{48}$Cd 112.4	$(5s)^2(5p)^1$ $_{49}$In 114.8	$(5s)^2(5p)^2$ $_{50}$Sn 118.7	$(5s)^2(5p)^3$ $_{51}$Sb 121.8	$(5s)^2(5p)^4$ $_{52}$Te 127.6	$(5s)^2(5p)^5$ $_{53}$I 126.9	$(5s)^2(5p)^6$ $_{54}$Xe 131.3
$(6s)^1$ Pt 195.1	$(5d)^{10}(6s)^1$ $_{79}$Au 197.0	$(5d)^{10}(6s)^2$ $_{80}$Hg 200.6	$(6s)^2(6p)^1$ $_{81}$Tl 204.4	$(6s)^2(6p)^2$ $_{82}$Pb 207.2	$(6s)^2(6p)^3$ $_{83}$Bi 209.0	$(6s)^2(6p)^4$ $_{84}$Po (210)	$(6s)^2(6p)^5$ $_{85}$At (210)	$(6s)^2(6p)^6$ $_{86}$Rn (222)
$_0$Ds (281)	$_{111}$Rg (280)	$_{112}$Cn (285)	$_{113}$Uut (284)	$_{114}$Uuq (289)	$_{115}$Uup (288)	$_{116}$Uuh (293)		$_{118}$Uuo (294)

$(5d)^1(6s)^2$ Gd 57.3	$(4f)^9(6s)^2$ $_{65}$Tb 158.9	$(4f)^{10}(6s)^2$ $_{66}$Dy 162.5	$(4f)^{11}(6s)^2$ $_{67}$Ho 164.9	$(4f)^{12}(6s)^2$ $_{68}$Er 167.3	$(4f)^{13}(6s)^2$ $_{69}$Tm 168.9	$(4f)^{14}(6s)^2$ $_{70}$Yb 173.1	$(4f)^{14}(5d)^1(6s)^2$ $_{71}$Lu 175.0
Cm (247)	$_{97}$Bk (247)	$_{98}$Cf (252)	$_{99}$Es (252)	$_{100}$Fm (257)	$_{101}$Md (258)	$_{102}$No (259)	

* 新 IUPAC による
** 従来の族名

族 (Zn, Cd, Hg) については，これを遷移元素とみなすか典型元素とみなすか，
学者の間でまだ完全に一致していない。

錯体化学会選書 9

金属錯体の
電子移動と電気化学

西原　寛・市村　彰男・田中　晃二　編著

三共出版

巻 頭 言

　化学のミッションの主要なものとして，物質の合成，その構造と機能の研究がある．前世紀から多数の優れた化学者がこのミッションのもとに鋭意研究をおこない，現在まで多種多様な物質を合成，その構造を明らかにしてきた．一方，機能については，まだまだ未開拓の感がある．そのためこれからの発展が大いに期待されるところである．物質の機能を設計しそれを実現するためには，物質内の電子の振る舞いを理解し，それを自在に制御する知識が不可欠である．特に電子の出し入れにかかわる機能（電子移動を伴う酸化および還元，そして電荷移動）は機能物質科学の中心課題といえる．とりわけ s，p 電子に加え d や f 電子を有する金属錯体はまさに機能の宝庫であるが，一方，その複雑さのために安易に取り組みにくい物質でもある．

　電気化学測定は金属錯体の電子物性を調べる有効な実験手法である．現在では，ポテンシオスタットや関数発生器のような電気化学測定装置がコンピュータと一体化して測定が簡便になり，電気化学測定は，錯体研究の常套手段となっている．一方，金属錯体の研究においては，電気化学的性質だけでなく，分光学的性質や磁気的性質も重要であり，それらの性質が総合的にまとめられた成書が多く出版されている反面，錯体の電気化学を系統的に解説する本はわが国ではほとんど出版されてこなかった．

　実際，電気化学の教科書では，金属錯体は重要な対象物質の一つとして取り上げられることはあるが，電気化学測定や電気化学現象が網羅的に解説される場合が多く，金属錯体の電気化学に焦点を当てた本は，ほとんど出版されていない．このような背景のもと，錯体化学会が編集している錯体選書のシリーズの中で錯体の電子移動と電気化学を取り上げるのは当然のことと思われる．錯体選書では，これまで，第 2 巻で光化学，第 3 巻で物性化学（磁性が中心）を取り上げており，本巻は物性に関する 3 巻目となる．

　著者はこの分野を世界的に先導している研究者であるが，またこの複雑な内容を平易に解説しつる力量のある方々である．本書には配位子と金属イオンが織りなす錯体の電気化学的性質と電子移動現象の基礎から応用までが包含されており，金属錯体を学びつつある学生，大学院生，金属錯体の電子的，電気的

性質の知識を得ようとする研究者，錯体を用いて新しい材料を産み出そうとする研究者など，アカデミアに限らず企業の研究者にとって極めて貴重な成書が世に出ることとなり大変喜ばしいと思う．これが契機となって，錯体化学の電子，電荷移動の研究には大きな発展が期待される．

2013 年 10 月

錯体化学会会長

京都大学教授　北川　進

はじめに

　自然界の様々な電子移動現象や人工的な数多くの電子機能系において，金属錯体が担っている役割は極めて重要である。しかし，一般的な電気化学や電子移動についてのテキストは数多く出版されているのにも関わらず，その対象を金属錯体に焦点を絞った本は非常に少ない。そこで本書では金属錯体の電子移動，電気化学を取り上げる。

　電気化学を専門とする研究者は，電池，表面物理化学，工業電解，腐食防食，生物電気化学，有機電気化学など，応用を視野に入れた電気化学システムを対象としている場合が多い。一方，金属錯体の研究者は，合成，構造，物性，化学的性質など，基礎科学的なアプローチをしている場合が多い。したがって，金属錯体と電気化学を掛け合わせたところだけを専門にしている研究者の数はそれほど多くない。しかし，このことは金属錯体が電気化学や電子移動の対象物質として，重要でないことを意味しているわけではない。逆に，金属錯体は電気化学や電子移動の主役であり，ほとんどの電気化学の研究者は金属錯体を使うし，ほとんどの錯体化学の研究者は電気化学や電子移動を扱っている。この本で金属錯体を対象とする電気化学だけに焦点を当てることによって，電気化学の視点からみると，様々な対象物質の中で，金属錯体の特徴とは何かが理解でき，錯体化学の視点からみると，金属錯体の電子構造と電子移動の関係が明らかになる。そして，天然に存在する生物の現象から人工的に作り出す電子，情報技術に至るまで様々な場面で，金属錯体の電気化学，電子移動が活躍する姿が見えてくる。

2013 年 10 月

編　者

編集にあたって

　本書におけるサイクリックボルタモグラム（CV波）などの電流－電位曲線について，電位の正側を右にし，電流の正側を上にする場合（A）と，その逆で電位の負側を右にし，電流の負側を上にする場合（B）が混在している。電気化学の発展に大きく寄与したポーラログラフィが金属イオンの還元反応を取りつかうことから，後者Bの書き方が古くから用いられてきたが，最近の測定手法では電位の正側と負側は同等に重要であることから，数学のグラフと同様な前者Aの書き方が多用されるようになってきた。しかし今でも両者の書き方とも学術論文に許容されている。本書では各執筆者の図を尊重し，両方の書き方が含まれていることにご留意願いたい。

目次

巻頭言
はじめに

1章　電子移動の熱力学と速度論

　　　はじめに …………………………………………………………………… 1
1-1　電子移動反応の分類 …………………………………………………… 2
1-2　電子移動の熱力学，電気化学ポテンシャルとネルンストの式 …… 4
1-3　電子移動と電極反応の速度論（マーカス理論）…………………… 8
　　1-3-1　はじめに ………………………………………………………… 8
　　1-3-2　溶液内の電子移動（外圏反応）……………………………… 8
　　1-3-3　マーカス理論 ………………………………………………… 12
　　1-3-4　長距離電子移動 ……………………………………………… 21
1-4　電極反応と表面 ……………………………………………………… 23
　　1-4-1　はじめに ……………………………………………………… 23
　　1-4-2　水素過電圧と酸素過電圧 …………………………………… 25
　　1-4-3　種々の電極 …………………………………………………… 26
1-5　非水溶媒系の電気化学 ……………………………………………… 30
　　1-5-1　溶　媒 ………………………………………………………… 30
　　1-5-2　支持電解質 …………………………………………………… 30
　　1-5-3　電極の配置 …………………………………………………… 30
　　1-5-4　電　極 ………………………………………………………… 31
　　1-5-5　電位窓 ………………………………………………………… 32

2章　電気化学測定と解析法

　　　はじめに …………………………………………………………………… 35
2-1　電気化学セル ………………………………………………………… 36
2-2　電気化学測定法 ……………………………………………………… 38
　　2-2-1　電荷移動過程 ………………………………………………… 38
　　2-2-2　物質移動過程 ………………………………………………… 40

v

	2-2-3　電気化学的可逆性	42
2-3	サイクリックボルタンメトリー（CV）	47
	2-3-1　はじめに	47
	2-3-2　可逆系の CV 波	49
	2-3-3　準可逆系の CV 波	51
	2-3-4　CV 測定	52
2-4	化学反応を伴う電極反応解析	56
	2-4-1　はじめに	56
	2-4-2　EC 機構	56
	2-4-3　EC$_{cat}$ 機構	59
	2-4-4　EE 機構	61
2-5	吸　着	63

3章　金属錯体の電気化学的性質

	はじめに	67
3-1	金属錯体の酸化還元挙動	67
	3-1-1　はじめに	67
	3-1-2　酸化還元電位と d 電子配置との関係	67
	3-1-3　酸化還元電位におよぼす配位子の影響	70
	3-1-4　金属錯体の電位マップ	73
	3-1-5　代表的な金属錯体の酸化還元挙動	76
3-2	混合原子価錯体	88
	3-2-1　はじめに	88
	3-2-2　複核（2核）混合原子価錯体	88
	3-2-3　3核ルテニウム錯体の電気化学的挙動	92
	3-2-4　3核ルテニウム錯体の架橋2量体における3核クラスター骨格間混合原子価状態	94
3-3	多核錯体，クラスター錯体，高分子錯体，金属ナノ粒子	101
	3-3-1　はじめに	101
	3-3-2　多核錯体の電子移動	102
	3-3-3　クラスター錯体：メタラジチオレン系の酸化還元特性	105
	3-3-4　高分子錯体：一次元フェロセンオリゴマーの酸化還元特性	108

- 3-3-5 金属ナノ粒子の酸化還元特性 ………………………………………… 114
- **3-4 多電子移動** ……………………………………………………………… 117
  - 3-4-1 はじめに ……………………………………………………………… 117
  - 3-4-2 可逆多電子移動機能を持つ錯体を与える金属元素 ………………… 118
  - 3-4-3 プロトン移動と連動した多電子移動機能を示す錯体 ……………… 120
  - 3-4-4 配位子の酸化還元過程を含む多電子移動系 ………………………… 123
  - 3-4-5 光誘起多電子移動 …………………………………………………… 125
  - 3-4-6 おわりに ……………………………………………………………… 129
- **3-5 プロトン移動と電子移動** ……………………………………………… 130
  - 3-5-1 はじめに ……………………………………………………………… 130
  - 3-5-2 プロトン共役電子移動反応の解析 …………………………………… 131
  - 3-5-3 プロトン共役電子移動反応系の酸化還元電位のpH依存度 ……… 133
  - 3-5-4 プロトン共役電子移動機構による一段階多電子移動反応 ………… 137
  - 3-5-5 固体表面に固定した錯体のプロトン共役電子移動 ………………… 138
  - 3-5-6 非プロトン性溶媒中でのプロトン共役電子移動 …………………… 140
  - 3-5-7 協奏反応機構で進むプロトン共役電子移動反応 …………………… 142
  - 3-5-8 おわりに ……………………………………………………………… 143
- **3-6 電子移動錯体触媒** ……………………………………………………… 143
  - 3-6-1 はじめに ……………………………………………………………… 143
  - 3-6-2 金属錯体触媒による水の酸化反応 …………………………………… 144
  - 3-6-3 酸素-酸素結合生成 …………………………………………………… 146
  - 3-6-4 酸-塩基平衡を駆動力とする高原子価錯体形成 …………………… 147
  - 3-6-5 オキシルラジカルの2量化によるO-O結合生成 ………………… 150
  - 3-6-6 おわりに ……………………………………………………………… 155

4章　最近のトピックス

はじめに …………………………………………………………………………… 165
- **4-1 光電子移動** ……………………………………………………………… 165
  - 4-1-1 はじめに ……………………………………………………………… 165
  - 4-1-2 電荷分離分子 ………………………………………………………… 167
  - 4-1-3 超分子電荷分離分子 ………………………………………………… 170
  - 4-1-4 超分子太陽電池 ……………………………………………………… 174

4-2	**生体電子移動と錯体**………………………………………………	175
	4-2-1　はじめに …………………………………………………	175
	4-2-2　金属ポルフィリンが活性中心であるチトクロム c ………	176
	4-2-3　鉄-イオウクラスターを酸化還元部位として有するフェレドキシン…	182
	4-2-4　おわりに …………………………………………………	188
4-3	**錯体電気化学とエネルギー**………………………………………	188
	4-3-1　はじめに …………………………………………………	188
	4-3-2　η^1-CO_2 金属錯体を経由する二酸化炭素還元反応 …………	189
	4-3-3　非プロトン性溶媒中での二酸化炭素還元反応 ……………	192
	4-3-4　求核試薬存在下の二酸化炭素還元反応 …………………	193
	4-3-5　ヒドリド試薬による二酸化炭素の多電子還元反応 ……	194
	4-3-6　再生可能なヒドリド触媒 …………………………………	197
	4-3-7　再生可能なヒドリド試薬を用いた二酸化炭素のヒドリド還元反応…	199
4-4	**錯体修飾電極と分子エレクトロニクス**…………………………	201
	4-4-1　はじめに …………………………………………………	201
	4-4-2　自己組織化単分子膜と応用例 ……………………………	201
	4-4-3　自己組織化単分子膜の多層化と応用例 …………………	206
	4-4-4　分子エレクトロニクス ……………………………………	214
	4-4-5　おわりに …………………………………………………	216

付　表 ………………………………………………………………… 229
索　引 ………………………………………………………………… 240

1 電子移動の熱力学と速度論

はじめに

　遷移金属錯体が示す興味深い性質の一つに，酸化還元（レドックス redox）反応がある。レドックス反応が起こるには，後述するように，熱力学（thermodynamics）と速度論（kinetics）の両方が重要である。すなわち，熱力学的には電子を動かすためのエネルギーが得られること，速度論的には電子移動の速度が観測できる時間スケール内で起こることの両方の条件が整って，初めて電子の移動が観測できる（すなわち，「電子移動が起こる」といえる）。さらに，電子を動かすために重要な条件は，電子をやり取りできる適切な相手がいることである。その相手は，別の分子やイオンのような化学種でも良いし，固体表面でも良い。その固体表面が外部の電気回路と電気的につながっている場合には，電極となる。相手が独立した化学種で，溶液のような媒体中に溶解している場合には均一系と呼ばれ，相手が電極のような固体である場合は不均一系と呼ばれる。しかし，もっと複雑なケースもある。たとえば，固体表面に鎖のように結合固定した化学種と溶液中の化学種との反応を見る場合，同一分子内に電子を与える供与体（ドナー donor）ユニットと電子をもらう受容体（アクセプター acceptor）ユニットが共存して分子内での電子移動が起こる場合，などである。この本では，まず古典的な，均一系および不均一系での電子移動反応について述べ，さらに上記のような複雑な系についても取り上げる。それらの複雑系は，生体系現象の巧妙な仕組みや電子材料やエネルギー変換系などへの応用展開に重要である。

　さて，遷移金属錯体はなぜ，レドックス種の代表例なのだろうか？その答えはd軌道やd電子の性質にある。まずd軌道のエネルギー準位が，電子を授受しやすいレベル（後述）に存在するので，様々な電子移動系に組み込むことが容易である。また，その電子の存在する軌道が金属原子のd軌道のみからなり，他の原子（配位子や金属）との結合には関与していない場合がある。すなわち，

非結合性軌道（nonbonding orbital）であり，結合性軌道（bonding orbital）や反結合性軌道（antibonding orbital）ではない場合である。一般に結合性軌道から電子が失われると，その結合を安定化するエネルギーが減少し，反結合性軌道に電子が加わると，その結合を不安定化することになるので，それらの電子移動が起こると結合が切れ，不可逆な反応になる場合が多い。それに対して，非結合性軌道に電子が入っても，そこから電子が抜かれても他の原子との結合には関与しないため，分子の構造には影響をおよぼさない。すなわち，可逆的に電子の授受ができる。可逆的に電子を出し入れできる分子は電子移動反応系を構成する上で必須なので，d 遷移金属錯体が電子移動系に用いられる所以がそこにある。実際にその資格がある分子の候補はさほど多くなく，遷移金属錯体以外は，s, p 軌道に非共有電子対を持つトリフェニルアミンや電子を受け入れる空の分子全体に拡がった π 軌道を持つキノンやフラーレンのような分子に限られる。

1-1　電子移動反応の分類

電子移動反応を大別するには，均一系（homogeneous system）（化学反応（chemical reaction））か不均一系（heterogeneous system）（電極反応（electrode reaction））かに分けるやり方と，外圏反応（outer-sphere reaction）か内圏反応（inner-sphere reaction）かに分けるやり方がある（表 1-1）。電子移動を起こす

表 1-1　電子移動反応の区分

	外圏反応	内圏反応
均一系 （化学反応）	$[Fe^{II}(CN)_6]^{4-} + [Ir^{IV}Cl_6]^{2-}$ $\rightleftarrows [Fe^{III}(CN)_6]^{3-} + [Ir^{III}Cl_6]^{3-}$ 配位圏外での電子移動	$[Co^{III}Cl(NH_3)_5]^{2+} + [Cr^{II}(OH_2)_6]^{2+} + 5H_2O$ $\rightarrow [Co^{II}(OH_2)_6]^{2+} + [Cr^{III}Cl(OH_2)_5]^{2+} + 5NH_3$ 架橋錯体中間体（Co^{III}-Cl-Cr^{II}）の生成
不均一系 （電極反応）	Fe(Cp)₂⁺ + e⁻ ⇌ Fe(Cp)₂	$2H^+ + 2e^- \rightarrow H_2$ H H Pt

には電子を与える側と受け取る側の両者の存在が必要である。均一系では，2個の化学種（分子やイオン）が近づいて互いに電子をやり取りする。一方，不均一系では，1個の化学種が電極表面との間で電子をやり取りする。前者の均一系では主役が2人であるのに対して，電極系では，電極はあくまでも黒子であり，主役である化学種の電子のやり取りのためにポテンシャルを自在に合わせる立場に徹する。

　外圏反応，内圏反応という区分は，もともと均一系の反応を対象として用いられてきた。2個の化学種間の反応において，化学種の分子軌道が互いに重なることなしに電子を授受する，すなわち化学種の配位圏外で電子が空間を移動するのが外圏反応であり，例えば，表1-1の$[Fe(CN)_6]^{4-/3-}$と$[IrCl_6]^{2-/3-}$との反応に示すように，互いの電荷が単に逆方向に変化するだけである。一方，内圏反応では，分子間に金属−配位子−金属の架橋構造を作り，その架橋を通して電子の授受が行われる。例えば，表1-1の$[CoCl(NH_3)_5]^{2+}$と$[Cr(OH_2)_6]^{2+}$との反応で$[Co(OH_2)_6]^{2+}$と$[CrCl(OH_2)_5]^{2+}$が生成する場合，反応前後でクロロ配位子が一方のコバルト錯体種から，もう一方のクロム錯体種へ移動したときは，反応中間体としてCo–Cl–Cr架橋構造をとったことが明白である[1]。このような場合は，電子移動前後で化学構造が変わってしまうので，可逆な電子移動系にはならない。

　電極反応系での外圏反応，内圏反応に相当する電子移動とは何か？化学反応系の一方の化学種を電極に置き換えると，電極と溶存化学種との化学結合形成を経ないような電子移動が外圏反応に相当することになるので，例えば，表1-1に示すような，フェロセンをフェロセニウムイオンに酸化するような反応は外圏反応といえよう。一方，内圏反応に相当する例には，プロトン（H^+）の還元による水素分子（H_2）の発生が挙げられる。この場合，2個のプロトンが電極表面で還元され，結合して水素分子になる。その反応途中では，電極と原子状水素との結合（ヒドリド結合）ができ，2つのヒドリド配位子が結合してH_2になると想像できる。実際にこのヒドリド結合金属表面は様々な現象に登場し，例えば，ヒドリド配位子（原子状水素）が金属の中に潜ると水素吸蔵になり，水素エネルギー貯蔵の観点としては有用だが，鉄などの構造材料の場合に応力腐食割れという問題も引き起こす。電極−ヒドリド結合形成と水素分子

発生の難易度は電極材料によって異なり，ヒドリド結合形成が容易で水素ガス発生反応が速い電極材料の代表格が白金であり，水素ガス発生反応が極めて遅いのが水銀である。その水銀電極上でのプロトン還元反応の遅さを利用すると，水銀電極を用いた場合に水中で水素よりイオン化傾向が大きく熱力学的に不利な金属イオンの還元が速度論的に有利であり，電流として検出できることになる。この原理が有用な金属イオンの分析手法として電気化学の進歩に大きく貢献した Heyrovsky と志方益三のポーラログラフィー（滴下水銀電極を用いる）の発明（1925 年）をもたらせたのである。

電極反応の速度論は外圏反応か内圏反応かに大きく依存する。この章で後述する電子移動反応の速度論，マーカス理論（Marcus theory）ではより単純な外圏反応を基本として組み立てられる[2]。本章では，外圏反応のマーカス理論を取り上げると共に，架橋配位子を通る電子移動，すなわち内圏反応にも触れる。

1-2　電子移動の熱力学，電気化学ポテンシャルとネルンストの式

本節では電気化学において重要な熱力学と電気化学ポテンシャル，電気化学反応式のルールについての基礎を解説する。

次の反応を考えてみよう。

$$PbO_2 + SO_4^{2-} + 4H^+ + 2e^- = PbSO_4 + 2H_2O \quad E^0 = +1.698 \text{ V vs. SHE} \quad (1\text{-}1)$$

この中で，E^0 は標準電極電位（standard potential for electrode reaction）と呼ばれる。SHE とは，標準水素電極　standard hydrogen electrode（normal hydrogen electrode（NHE）と書かれる場合もある。また，vs. XXX が省略された場合の E^0 は SHE に対する値である）のことである。

$$2H^+ + 2e^- = H_2 \quad (1\text{-}2)$$

この反応で，H^+ と H_2 の活量が 1 のとき（近似的には H^+ 濃度が 1 M の水溶液中で，溶液と平衡状態にある H_2 ガスの圧力が 1 atm のとき）の電位を基準，0 としていることを意味している。電子のポテンシャルは相対的にしか求められないので，SHE のように比較する基準値が必要である。

上の式で重要なルールは，左辺すなわち反応系に酸化体，右辺すなわち生成

系に還元体を記すことである。このルールによって自由エネルギー変化 $\Delta_r G^0$ の符号が定まり，電位の符号に反映される。その間には次の関係がある。

$$\Delta_r G^0 = -nFE \qquad (1\text{-}3)$$

ここで，n は反応に関与する電子数，F はファラデー定数である。この式で重要なのは $\Delta_r G^0$ と E の符号が逆転していることに加えて，E は $\Delta_r G^0$ を電子数 n で割ったもの，すなわち，電子 1 個当たりのポテンシャルエネルギーを表していることである。式（1-1）は 2 電子が関与する反応として書かれているが，その右の E^0 の値は 1 電子が動いたときのポテンシャルエネルギーである。そして，

$$1\,\text{eV(particle)}^{-1} = F[\text{C mol}^{-1}] \times 1\,[\text{V}] = 96.5\,\text{kJ mol}^{-1} \qquad (1\text{-}4)$$

の関係がある。したがって，式（1-1）の自由エネルギー変化 $\Delta_r G^0$ は，

$$\Delta_r G^0 = 2(=n) \times (+1.698)\,(=E^0) \times 96.5 = 328\,\text{kJ mol}^{-1} \qquad (1\text{-}5)$$

である。

E^0 が電子 1 個当たりの値を表すことをもっと理解するために，下記の問題を解いてみよう。

[問題]
水銀の酸化還元に関する次の 2 つの式，
$\text{Hg}_2^{2+} + 2\text{e}^- = 2\text{Hg}$　　$E^0 = 0.796$ vs. SHE
$\text{Hg}^{2+} + 2\text{e}^- = \text{Hg}$　　$E^0 = 0.85$
を用いて，次の反応の E^0 の値を求めよ。
$2\text{Hg}^{2+} + 2\text{e}^- = \text{Hg}_2^{2+}$

[答]
$2\text{Hg}^{2+} + 4\text{e}^- = 2\text{Hg}$　　4 電子当たり　　$0.85 \times 4 = 3.4$
$\text{Hg}_2^{2+} + 2\text{e}^- = 2\text{Hg}$　　2 電子当たり　　$0.796 \times 2 = 1.592$
$2\text{Hg}^{2+} + 2\text{e}^- = \text{Hg}_2^{2+}$　　1 電子当たり　　$(3.4 - 1.592)/2 = 0.904$
　　　　　　　　　　　　　　$E^0 = 0.904$ V vs. SHE

式（1-1）のような化学反応式は長すぎるので，電子移動系を $PbO_2/PbSO_4$ のように略記することもある。この左右の化学式を見れば，$Pb(IV)$ が $Pb(II)$ に2電子還元される反応であることがわかる。

　さて，電子移動反応のデータを眺めると（付録を参照），最も負の E^0 値は，Li^+/Li の -3.045 V，最も正の E^0 値は F_2/HF の $+3.053$ V である。すなわち，SHE を基準として正負に3V の間（6V）にこの世のすべての電子移動反応が入る。6V とは約 600 kJ mol^{-1} であることを考えれば，結合エネルギーと同程度であることから納得できよう。また，最も負の電位が最も軽い金属（密度：0.534）のリチウムの酸化であることから，軽小さと高電圧が最重要な電池の負極材料として，リチウムが最高であることが理解できる。現在のリチウムイオン電池の正極として二酸化マンガン（3.0 V），リチウムイオン電池の正極として $LiCoO_2$（3.7 V）がおもに用いられ，さらに安価で高性能の電池の開発が進んでいるが，4V の電圧を達成するだけでもいかに大変か推察できる。

　SHE 以外の標準電極（参照電極）について簡単に触れておく。SHE は実際に作製することはできるが，水素ガスを用いるという点では簡便ではない。もし，SHE に対していつも同じ電位差を示し，その電位差がわかるような電極があればそれを参照電極として用いて測定し，SHE との電位差分を後で補正すればよい。そのような二次的な参照電極として水溶液で良く使用されるものは，$Ag/AgCl$ と Hg/Hg_2Cl_2 である。前者は銀-塩化銀電極，後者は飽和カロメル電極（甘汞電極）と呼ばれる。$Ag/AgCl$ は銀電極の表面に難溶性の $AgCl$ を付着したもの（実際には Ag を塩酸中で酸化するだけで簡単にできる），Hg/Hg_2Cl_2 は液体の水銀の上に水銀と難溶性の塩化第一水銀の混合物をのせたものである。いずれも固体間の酸化還元系であるが，純粋な固体は活量が1なので，それらの物質が完全になくならない限り，活量が一定で電位も一定である。これらは水溶液（飽和 KCl 水溶液）なので，水と混ざらない有機溶媒系では相間電位差が生じて正確な値を示さないとの理由で，有機溶媒に溶かした Ag^+ イオン溶液（硝酸銀や過塩素酸銀）に銀電極を差し入れた Ag/Ag^+（銀-銀イオン）電極が用いられる場合もある。この Ag/Ag^+ 電極は有機溶媒が揮発したり，銀イオンが測定用溶液全体に拡散して濃度が変わったりすると，活量が変化して電位も変化してしまうことが良くあるので維持管理に注意が必要である。なお，

先に，電気化学系は酸化側を左辺に，還元側を右辺に記述することになっているのに，上述の参照電極の表し方（Ag/AgCl）は逆になっている。これはルールには反しているが，参照電極に関しては慣例で使われるので許容されている。もちろん，Ag^+/Ag など，ルールにしたがった書き方で論文に掲載されることも多い。

E^0 のほかに，$E^{0'}$ と書かれる酸化還元電位がある。この $E^{0'}$ は "formal potential"（式量電位）と呼ばれる。上述したように標準電極電位 E^0 は，関与する化学種の活量がすべて 1 のときの電子移動反応の自由エネルギー変化を表している。しかし，活量，特に溶液中の溶質の活量を正確にかつ簡単に求めるのは容易なことではない。そこで，活量が濃度に近似できるとみなし，溶液中の化学種の濃度が 1 規定（濃度を電子数で割った値を規定（N: normal）という）としたときの電位を表すのが $E^{0'}$ である。この値は実験上，非常に有効であるが，当然のことながら，溶液の組成を変えるので，それを明記する必要がある。たとえば，$Ag^+ + e^- = Ag$ の反応については，$E^0 = +0.799$ V vs. SHE，$E^{0'} = +0.792$ V vs. SHE (in 1M $HClO_4$)，$E^{0'} = +0.770$ V vs. SHE (in 1M H_2SO_4) 程度の差違がある。

これまで，電子移動系のポテンシャルは標準電極電位 E^0 で表されることを述べてきた。その値は，関与する化学種の活量がすべて 1 のときのものである。実際の電気化学系では，活量が 1 でないのが普通である。そのときは E^0 からずれるが，そのずれ方を表すのが，ネルンストの式 (Nernst equation) である。活量を用いる厳密な式は，

$$O + ne^- = R$$
$$E = E^0 + (RT/nF)\ln(a_O/a_R) \tag{1-6}$$

$$pP + qQ + \cdots + ne^- = xX + yY + \cdots$$
$$E = E^0 + (RT/nF)\ln(a_P^p \cdot a_Q^q \cdots / a_X^x \cdot a_Y^y) \tag{1-7}$$

なお，活量係数 a はそれぞれの物質の状態によって，次のようにみなすことができる。

気体： 分圧 p (atm)，1 atm のとき $a = 1$

溶質： モル濃度 c (M = mol dm^{-3})（ただし低濃度のとき）
溶媒： 希薄溶液の溶媒は $a = 1$ とみなす
固体： 純粋な固体は $a = 1$ とみなす
電子： 金属中の電子は $a = 1$ とみなす

またネルンストの式は，実際の系では，式量電位，$E^{0'}$ と濃度を使って表すこともできる．

$$E = E^{0'} + (RT/nF)\ln(c_O/c_R) \qquad (1\text{-}8)$$

1-3　電子移動と電極反応の速度論（マーカス理論）

1-3-1　はじめに

マーカス博士（Rudolph Arthur Marcus）は 1923 年 7 月 21 日，モントリオールで生まれた．モントリオールのマクギル大学（McGill University）で学士（1943年），博士（1946年）の学位を取り，現在も，カルフォルニア工科大学（California Institute of Technology（CALTEC））の教授である．化学系，電気化学系，生体系での電子移動反応に関するマーカス理論[2]をつくり，単分子反応や 2 分子解離反応の RRKM (Rice-Ramsperger-Kassel-Marcus) 理論を築き，反応における半古典的分子間動力学を完成させた．それらの業績，特に電子移動に関するマーカス理論により 1992 年にノーベル化学賞を受賞した．マーカス理論は，たとえば，光合成の光電変換の量子収率がなぜ 100% 近いのか？というような究極の謎を解き明かす最も基本的な理論である．ここでは，金属錯体の電子移動の速度論を議論する上で欠かせないマーカス理論を概説し，いくつかの具体的な錯体電子移動系について考察してみる．

1-3-2　溶液内の電子移動　（外圏反応）

まず取り上げるのは，最も単純な溶液内の外圏電子移動反応である．これを議論する際には次に述べるいくつかの前提が必要である．

（1）電子移動におけるフランク・コンドンの原理

電子 1 個の重さは 9.1×10^{-31} kg であり，原子核を構成している陽子や中性

子（1.7×10^{-27} kg）のわずか1/1900である。したがって，電子が移動する瞬間には，原子核の位置は変わらないので，周りにある溶媒分子やレドックス種の骨格（原子間の結合距離，結合角など）は動かないと考えて良い。これをフランク・コンドン（Franck-Condon）の原理という。この原理はよく，光によって分子を基底状態から励起状態に遷移するとき，すなわち，反応座標の横軸は変化しないで垂直方向に電子が上がる図（図1-1）で表されるが，反応座標が変化しないで電子が動くという意味で，上記の説明と同じである。

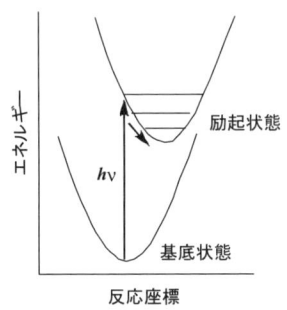

図1-1　光励起におけるフランク・コンドンの原理

(2) 電子エネルギー準位の拡がり

電子の持つエネルギーには，どれほどの自由度（拡がり）があるのだろうか。完全に凍った世界，すなわち，絶対零度（0 K）では拡がりを持たない固有の値になるが，我々が取り扱う普通の温度では拡がりができる。その原因の1つは内的なもので，電子移動の対象となる分子やイオンそのものの熱運動（振動・回転）である。もう1つは外的なもの，すなわち，周りの溶媒等の配向変化である。今，水分子が陽イオン種（M^{n+}）の周りにある場合を考えよう（M^{n+}は裸の金属イオンを示すのではなく，錯イオンなどの一般的な陽イオン種を表す）。かりに6個の水分子（H_2O）が陽イオンと静電的に相互作用をしている場合，陽イオンの正電荷を安定化させるのは，部分的に負電荷（δ^-）を帯びている酸素原子の方が近くなるだろう（図1-2）。したがって，その状態が熱力学的に最安定（エネルギーが最低）になる。逆に，6個の水分子の配向がす

べて逆になったときは、熱力学的に最も不安定（エネルギーが最高）になる。6個の水分子のうち n 個が同じ向きになる場合の数は $_6C_n$ だから、エネルギーの低い順から、場合の数は 1, 6, 15, 20, 15, 6, 1 になる。このように電子のエネルギーは、周りの溶媒の配向で変わり得る。

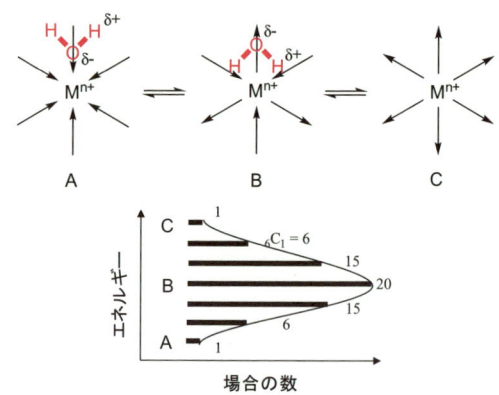

図 1-2　陽イオン（M^{n+}）の周りの水分子の配向とエネルギーの拡がり

(3) 活性化状態

次に、電子が化学種 A から化学種 B に動く瞬間のことを考えよう。その際に重要な条件は、「その瞬間にエネルギーの出入りが存在するような電子移動は起こらない」ことである。なぜなら、電子移動によってエネルギーが生じても、上記 (1) のフランク・コンドンの原理によって電子以外のもの（原子核や溶媒分子等）は動けないので、そのエネルギーを吸収する受け皿がないからである。別の言い方をすれば、電子が動く瞬間には、A の電子供与のエネルギーと B の電子受容のエネルギーが同じでなくてはならない。したがって、A から B の基底状態のエネルギーに差がある場合には、電子移動を起こすためには、まず両者のエネルギーを一致させることが必要になる。このエネルギーの一致には、上記 (2) で示したエネルギーの拡がりを利用すればよい。すなわち、振動や回転などの内的要因によるエネルギーの変化、および周りの溶媒分子等の配向変化という外的要因によるエネルギーの変化によって、A と B のエネル

ギーの一致が可能になる。この前段のエネルギー変化を経由する電子移動反応を反応座標で表すと，図1-3に示すように，電子移動する前の状態＝反応系（reactant, R）（A－B）と電子移動した後の状態＝生成系（product, P）（A$^+$－B$^-$）のポテンシャルエネルギー曲線が交差し，その交差点，すなわち，反応系と生成系のエネルギーが同じ活性化状態（遷移状態）を通って電子が移動することになる。

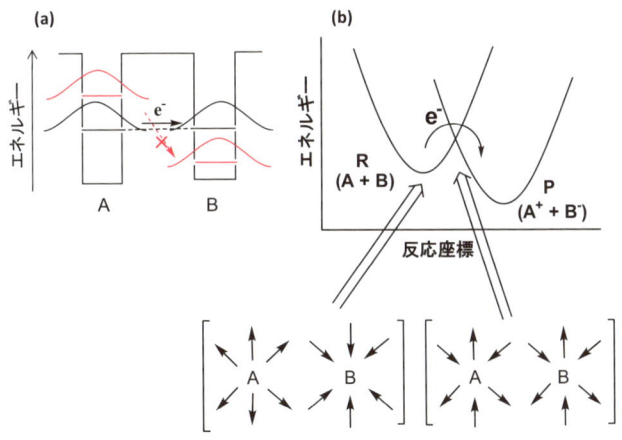

図1-3　化学種AからBへの電子移動反応のエネルギー図

（4）断熱性

ここで断熱性（adiabaticity）についても触れておこう。AからBへ電子が動く活性化状態（遷移状態）から100%の確率で電子が動く反応の場合，「断熱的（adiabatic）」と呼ばれる。一方，一部でも活性化状態からAに電子が戻る場合，「非断熱的（non-adiabatic）」と呼ばれる。結局，一部のエネルギーが電子移動に寄与せずに熱として外部に逃げるからである。断熱係数はκで表し，$\kappa = 1$の時が断熱的，$\kappa < 1$の時が非断熱的である。後述するように電子移動速度を厳密でなく近似的に見積もるような場合は，$\kappa = 1$とみなすことが多い。

1-3-3 マーカス理論
(1) 遷移状態論

マーカス理論に重要な遷移状態を詳しく見てみよう。上述したように，図1-3 では，電子移動する前後の状態，反応系（R）と生成系（P）のポテンシャルエネルギー曲線が交差し，その交差点が遷移状態であると述べた。しかしこれは単純すぎる。実際のポテンシャルエネルギー曲線は図1-4 のように，遷移状態のところの上側と下側の線が交差しなくなり，ギャップができる。これは非交差則（non-crossing rule）と呼ばれる。すなわち，RとPの2つの状態が完全に直交して電子の移動の確率がゼロ（$\kappa = 0$）になる場合以外は，下側（基底状態）と上側（励起状態）が混合することによって，より安定化した遷移状態になる。言い換えれば，基底状態の極大は低くなり，その分励起状態の極小が高くなる。この差は，電子カップリングによるエネルギー（Electron coupling energy）であり，$2H_{AB}$ で表される。この値が大きいほど電子カップリングが強く，断熱性が高いことを意味している。

RとPの基底状態の最安定エネルギーの差は ΔG^0，遷移状態とRの基底状態の最安定エネルギーの差は活性化自由エネルギー $\Delta^{\ddagger} G$ で表され，電子移動反応速度定数 k は活性化自由エネルギー $\Delta^{\ddagger} G$ と次の関係がある。

$$k_{et} = k_0 \exp(-\Delta^{\ddagger} G/RT) \quad (1\text{-}9)$$

ここで，k_0 は $\Delta^{\ddagger} G = 0$ の時の速度定数，R は気体定数（$8.31447\,\mathrm{J\,K^{-1}\,mol^{-1}}$），$T$ は温度（K）である。

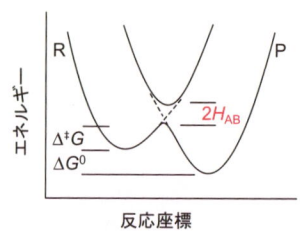

図 1-4　電子移動反応のエネルギー図

(2) マーカスの式

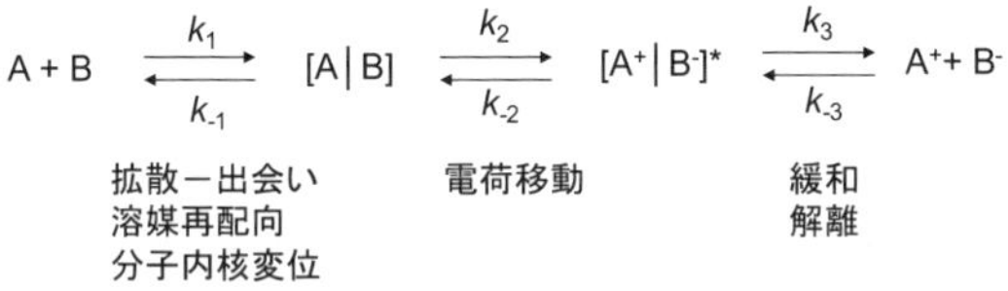

$$A + B \underset{k_{-1}}{\overset{k_1}{\rightleftarrows}} [A|B] \underset{k_{-2}}{\overset{k_2}{\rightleftarrows}} [A^+|B^-]^* \underset{k_{-3}}{\overset{k_3}{\rightleftarrows}} A^+ + B^-$$

拡散－出会い　　　　電荷移動　　　　　緩和
溶媒再配向　　　　　　　　　　　　　　解離
分子内核変位

図 1-5　電子移動反応の過程

　マーカス理論の前提となる溶液中の分子間の電子移動の過程を図 1-5 に示す。重要なのは繰り返すようだが，電子移動をする前にすでに A と B のエネルギーが一致しておく必要があり，拡散と出会い，溶媒再配向，分子内核変位が先に起こることである。そして活性錯合体 [A|B] が生じ，A から B へ電子が移動して [A$^+$|B$^-$] となり，さらに緩和，解離の過程を経て，A$^+$ と B$^-$ が離れていく。ここで，電子移動の反応速度を決めるステップ（律速過程）が，活性錯合体 [A|B] が生じる過程（その後の電子移動と緩和，解離の過程は十分速い）と考える。ここから先の化学反応速度論による速度式を導く過程は省略するが（参考文献3）を参照のこと），それを解くと最終的には次の式が得られる。

$$k_{\mathrm{et}} = \kappa Z \exp(-\Delta^\ddagger G/RT) \tag{1-10}$$

ここで，k_{et} は電子移動反応速度定数，κ は前述の断熱係数，Z は核頻度因子（nuclear frequency factor，溶液中での値 Z_s は $\sim 10^{11}$ M^{-1}s^{-1} とみなしてよい），$\Delta^\ddagger G$ は電子移動反応の活性化自由エネルギー，R は気体定数（8.31447 J K^{-1} mol^{-1}），T は温度（K）である。

$$\Delta^\ddagger G = w_\mathrm{r} + (\lambda/4)(1+\Delta G^{0'}/\lambda)^2 \tag{1-11}$$

$$\Delta G^{0'} = \Delta G^0 + w_\mathrm{p} - w_\mathrm{r} \tag{1-12}$$

ここで，λ は再配向エネルギー（reorganization energy，詳しくは後述する）である。w_r と w_p はそれぞれ，反応物 A と B を活性錯合体の平均距離まで近づけるのに要する静電的仕事および生成物 A$^+$ と B$^-$ を平均距離から無限に遠ざける

のに要する静電的仕事であり，次式で表される．

$$w_r = (Z_A Z_B / D_s r_{AB}) \tag{1-13}$$

$$w_p = (Z_{A+} Z_{B-} / D_s r_{AB}) \tag{1-14}$$

ここで，Z_A，Z_B はそれぞれ化学種 A と化学種 B の電荷，D_s は静的誘電率，r_{AB} は電子移動する際の化学種 A と化学種 B の距離である．ここでは便宜的に反応物は A，B のように電荷がゼロで表し，生成物は A^+ と B^- のように逆の電荷を持ち，静電引力が働くように表しているが，逆に反応物の方が電荷を持つ場合もあり，また同じ符号の電荷を持ち，静電斥力が働く場合もある．いずれにせよ，一方が中性であれば，この値はゼロである．

一例として，$Z_{A+} = 1, Z_{B-} = -1, r_{AB} = 7Å, D_s = 37$（アセトニトリル）である場合，$w_p = -5.5$ kJ/mol となり，それほど大きな値ではない．

上記の式（1-11）は，$\Delta^\ddagger G$ が $\Delta G^{0'}$ の二次曲線，放物線を描くことを示している．式（1-11）より，$\Delta^\ddagger G$ と $-\log k_{et}$ は一次の関係にあるので，$\log k_{et}$ を $-\Delta G^{0'}$ の関数としてプロットすると，上に凸の放物線になる．そこでは $1 + \Delta G^{0'}/\lambda = 0$，すなわち $-\Delta G^{0'} = \lambda$ のときに極大値をとる（図1-6）．

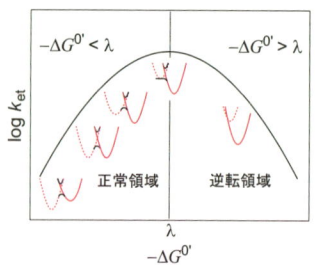

図1-6 マーカスの式に基づく $\log k_{et}$ と $-\Delta G^{0'}$ の関係

さて，この放物線は何を意味するのだろう．それは反応座標に対するエネルギー図を重ね合わせて考えると良く理解できる．図1-7 に反応系（R）と生成系（P）の反応座標とエネルギーの関係図を示す．R(A+B) が P(A^++B^-) よ

り熱力学に不安定な場合（$\Delta G^0 > 0$）（**A**），$\Delta^{\ddagger} G$ も大きく，ΔG^0 が小さくなって 0 に近づくほど，$\Delta^{\ddagger} G$ は小さくなる。その結果，式（1-11），式（1-12）より，反応速度定数 k_{et} が増加する。生成系と反応系の熱力学的安定性が等しくなる $\Delta G^0 = 0$（**B**）の例は，$Fe^{2+} + Fe^{3+} = Fe^{3+} + Fe^{2+}$ のような自己電子交換反応である。その後，生成系が反応系より熱力学に安定になると（$\Delta G^0 < 0$），ますます $\Delta^{\ddagger} G$ は小さくなり，k_{et} が増加する（**C**）。しかし k_{et} が増加し続けるわけではない。やがて ΔG^0 がある負の値まで下がると，**D** のように，$\Delta^{\ddagger} G$ はほぼゼロになり，このとき k_{et} が極大となる。しかし，その点を過ぎてさらに ΔG^0 の値が下がる，すなわち，生成系が反応系より熱力学的にずっと安定になると，**E** のように生成系のポテンシャル曲線の極小値が反応系のポテンシャル曲線の極小値の内側に入り，その結果，$\Delta^{\ddagger} G$ が生じる。そして，ΔG^0 の値が下がれば下がるほど $\Delta^{\ddagger} G$ が増加し，k_{et} が減少する。式（1-3）の w_p，w_r 項は小さく，$\Delta G^0 \approx \Delta G^{0\prime}$ なので，これらの反応座標を $\log k_{et}$ vs. $-\Delta G^{0\prime}$ の関係に対応させると（図 1-6）のようになる。

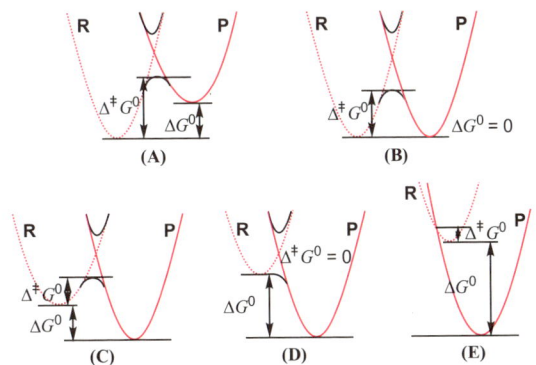

図 1-7　ΔG^0 の変化に対する反応座標 – エネルギー図

普通は，生成系 P の熱力学的な安定性が反応系 R に比べて大きくなればなるほど，反応速度が増加するだろうと考えるだろう。マーカス理論は，その考え方が正しくないことを理論的に示す画期的なものである。図 1-6 で，k_{et} が極大値をとる（$-\Delta G^{0\prime} = \lambda$）までの左側の領域（$-\Delta G^{0\prime} < \lambda$）を正常領域（normal region）といい，極大値を過ぎた右側の領域（$-\Delta G^{0'} > 1$）をマーカスの逆転領域（inverted region）と呼ぶ。この逆転領域の存在が光合成など，様々な自然現象の中で重要な役割を果たす（4章1節参照）。

(3) 再配向エネルギー

ここで反応速度を支配する重要な因子である再配向エネルギー λ について議論する。λ は，内圏因子 λ_i と外圏因子 λ_o の和で表される。

$$\lambda = \lambda_i + \lambda_o \tag{1-15}$$

内圏再配向エネルギーとは，化学種（分子やイオン）自身のエネルギーの取り得る幅（拡がり），すなわち，上述したように分子の振動・回転などの熱運動を示しており，単純化して原子間結合の振動（調和振動子）によるエネルギーだとみなせば，

$$\lambda_i = 1/2 \sum k_j (\Delta x_j)^2 \tag{1-16}$$

と表すことができる。一方，外圏再配向エネルギーとは，周りの溶媒分子の配向変化という外的要因により変化するエネルギーを指し，化学種 A から B へ電子を移動する化学反応系の場合，

$$\lambda_o^s = e^2 (1/2r_A + 1/2r_B - 1/r_{AB})(1/D_{op} - 1/D_s) \tag{1-17}$$

である（λ_o^s の添字の "s" は solution（溶液）を表す）。ここで r_A, r_B は，それぞれ化学種 A と B の大きさ（半径），r_{AB} は A と B が電子移動を起こすときの A の中心と B の中心の間の距離，D_{op} は電子分極による光学誘電率（optical permittivity），D_s は電子分極と格子分極の双方による静的誘電率（一般的な"誘電率"）である。光吸収のない波長領域では，光学誘電率は屈折率 n の二乗に等しいという関係があるので，

$$\lambda_o = e^2 (1/2r_A + 1/2r_B - 1/r_{AB})(1/n^2 - 1/D_s) \tag{1-18}$$

となる。

ここからは λ_o に焦点をあてて，溶媒や化学種の大きさによって，再配向エネルギーがどのように変化し，電子移動速度に影響を与えるのかを，半定量的

に見ていこう。見積もりを簡単にするために，今，化学種AとBが同じ大きさであり，AとBの外周がが接したときに電子移動が起こると仮定すると，

$$r_A = r_B = r_{AB}/2 = a \tag{1-19}$$

となり，

$$\lambda_o(\text{eV}) = (7.20/a(\text{Å}))(1/n^2 - 1/D_s) \tag{1-20}$$

と書くことができる。

これまでは，化学反応の系について述べてきたが，ここで電極反応の系についても考えてみよう。1-1節で述べたように，化学反応と電極反応の違いは，主役が2人か1人かの違いである。すなわち，化学反応の場合は電子を供与する側と受容する側の両方の再配向を考慮しなければならないが，電極反応の場合は，電子の授受をする電極は黒子であり，その再配向エネルギーは無視できる。したがって，電極反応における外圏再配向エネルギー，λ_o^e（λ_o^eの添字の"e"はelectrode（電極）を表す）は，

$$\lambda_o^e(\text{eV}) = 1/2\,\lambda_o = (3.60/a(\text{Å}))(1/n^2 - 1/D_s) \tag{1-21}$$

と表される。また，式 (1-10) の核頻度因子 Z は溶液中とは異なり（単位の違いにも注意しよう），$Z_e \sim 10^4$ cm s^{-1} とみなして良い。そして，w_r, w_p が無視でき $\Delta G^{0'} = \Delta G^0$ と仮定すると，式 (1-11)，式 (1-12) から化学反応における自己電子交換反応系 $\Delta G^0 = 0$ の場合と電極反応について表1-2のような関係が得られる。

表1-2 自己電子交換反応と電極反応における関係式

化学反応（自己電子交換反応）	電極反応
$\lambda_o^s(\text{eV}) = (7.20/a(\text{Å}))(1/n^2 - 1/D_s)$	$\lambda_o^e(\text{eV}) = (3.60/a(\text{Å}))(1/n^2 - 1/D_s)$
$\Delta^{\ddagger}G_s = \lambda_o^s/4$	$\Delta^{\ddagger}G = \lambda_o^e/4$
$k_{et,s} = \kappa\,Z_s\,exp\,(-\Delta^{\ddagger}G_s/RT)$	$k_{et,e} = \kappa\,Z_e\,exp\,(-\Delta^{\ddagger}G_e/RT)$
$Z_s \sim 10^{11}$ M^{-1}s^{-1}	$Z_e \sim 10^4$ cm s^{-1}

式 (1-20), 式 (1-21) は, 次の2つの重要な結論を述べている。

① 屈折率 n は, 異なる溶媒でも大きな変化をしないが(例, 水(20℃) 1.3334, パラフィン油 1.48), (静的)誘電率は溶媒によって大きく変化する(水 $D_s = 78$, 非極性溶媒 $D_s \sim 1.5-4.0$)。したがって, 極性(誘電率)が高い溶媒中ほど, 電子移動が遅い。

② 反応物の大きさ a が大きいほど, 電子移動が速い。

これらを実例でみてみよう。例 1-1 に $[Ru(bpy)]^{3+}/[Ru(bpy)]^{2+}$ の自己電子交換反応(化学反応)と電極反応の解析を示す。

例 1-1

自己電子交換反応(化学反応)	電極反応
$[Ru_A(bpy)_3]^{2+} + [Ru_B(bpy)_3]^{3+}$ $\rightleftharpoons [Ru_A(bpy)_3]^{3+} + [Ru_B(bpy)_3]^{2+}$	$[Ru(bpy)_3]^{3+} + e^- \rightleftharpoons [Ru(bpy)_3]^+$ / H_2O
H_2O $n = 1.33$, $D_s = 78.5$ 錯体 $a = 6.8$ Å	
$\lambda^s_o = (7.20/6.8)(1/1.33^2 - 1/78.5)$ = 0.585 eV	$\lambda^e_o = (3.60/6.8)(1/1.33^2 - 1/78.5)$ = 0.29 eV
$\Delta^\ddagger G_s \sim \lambda_e/4 = 0.14$ eV 14 kJ mol^{-1}	$\Delta^\ddagger G_e \sim \lambda_e/4 = 0.07$ eV 7 kJ mol^{-1}
$k_{et,s}$ = $10^{11} \exp\{-0.14 \times 96500/(8.31 \times 298)\}$ = 3.4×10^8 M^{-1}s^{-1}	$k_{et,e}$ = $10^4 \exp\{-0.07 \times 96500/(8.31 \times 298)\}$ = 580 cm s^{-1}

溶液中の自己電子交換反応は2分子反応であり単位は $M^{-1}s^{-1}$, 電極反応は単位面積当たりの反応であり単位は cm s^{-1} であるため, 同種の反応でも桁が大きく違うことに留意しよう。

例 1-2 では, 同じ Ru^{III}/Ru^{II} のレドックス対の電子移動反応速度が, ルテニウム中心周りの配位子のサイズに左右されることを示し, 小さいアンミン配位子を持つ錯体 $[Ru(NH_3)_6]^{3+/2+}$ より嵩高いビピリジン配位子を持つ錯体

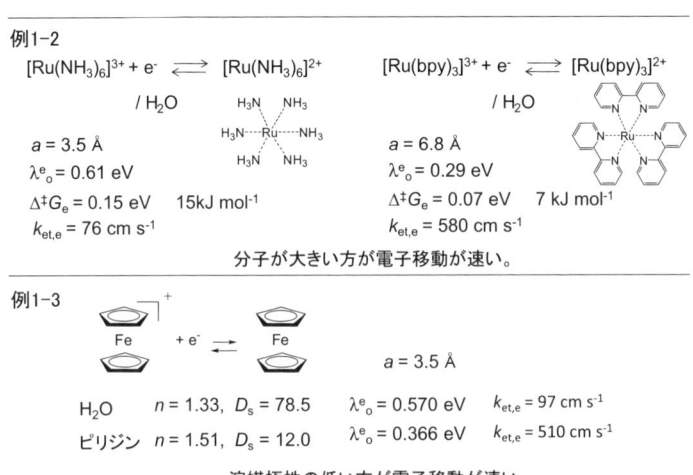

[Ru(bpy)$_3$]$^{3+/2+}$の方が，再配向エネルギーが小さく，電子移動速度が大きい。反応種のサイズが大きいほど，周りの溶媒の分極が小さくなるため，中心の電荷量が変化したときの再配向が起こりやすいのである。

例1-3では，フェロセニウムイオン／フェロセン（[Fe^{III}(η^5-C$_5$H$_5$)$_2$]$^+$/[Fe^{II}(η^5-C$_5$H$_5$)$_2$]）の電子移動速度が溶媒に影響されることを示す。極性（誘電率）の高い水の中に比べて，低極性（低誘電率）のピリジン中の方が，電子移動が速い。これもレドックス中心の電荷が変化したときに，あまり分極していないピリジンの方が再配向しやすいと理解できる。

天然には数多くの電子移動を行うタンパク質が存在し，そのレドックス中心には，鉄や銅が用いられているものが多い。それらのレドックス中心は，タンパク質の最表面に存在せず，少しだけ奥まったところに位置する。その環境では，周りにある水にさらされた状態に比べて疎水的な環境になる。この環境が速い電子移動と関連しているのであろう。

(4) マーカスの交差関係

化学種Aと化学種Bの間の電子移動速度定数k_{AB}を，A$^+$/Aの自己電子交換速度定数k_AとB/B$^-$の自己電子交換速度定数k_Bとから算出することができる。これをマーカスの交差関係（Marcus cross relation）という。これらの反応に関

わるパラメータを図 1-8 のように置く。

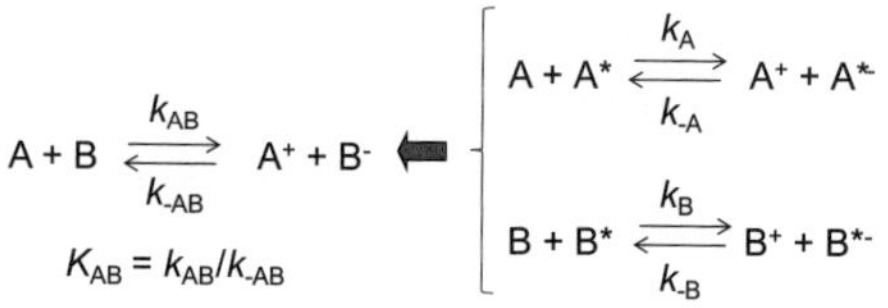

$$A + B \underset{k_{-AB}}{\overset{k_{AB}}{\rightleftarrows}} A^+ + B^- \quad \Longleftarrow \quad \begin{cases} A + A^* \underset{k_{-A}}{\overset{k_A}{\rightleftarrows}} A^+ + A^{*-} \\ B + B^* \underset{k_{-B}}{\overset{k_B}{\rightleftarrows}} B^+ + B^{*-} \end{cases}$$

$$K_{AB} = k_{AB}/k_{-AB}$$

図 1-8 マーカスの交差関係

このとき，以下の関係が得られる。

$$k_{AB} = (k_A k_B K_{AB} f)^{1/2} \tag{1-22}$$

$$\log k_{AB} = (\log k_A k_B f)/2 - \Delta G^0_{AB}/2RT \tag{1-23}$$

$$\ln f = (\ln K_{AB})^2 / (4\ln(k_A k_B / z^2)) \tag{1-24}$$

式 (1-11) の右辺はゼロに近いので，$f = 1$ と仮定し，

$$\Delta G^0_{AB} = E^0_B - E^0_A \tag{1-25}$$

と置くと，

$$\log k_{AB} = 0.5 \log(k_A k_B) - 8.5(E^0_B - E^0_A) \tag{1-26}$$

となり，A^+/A と B/B^- の間の酸化還元電位が 1 V ずれると，8.5 桁も電子移動速度定数が変化することになる。

例 1-4 に，これに関連する例題を挙げる。

例1-4

[Co(tpy)$_2$]$^{2+}$ による [Co(bpy)$_3$]$^{3+}$ の外圏型還元反応の 0°C での速度定数を計算せよ。

[Co(bpy)$_3$]$^{3+}$ / [Co(bpy)$_3$]$^{3+}$　　k_A = 9.0 M^{-1}s^{-1}　at 0°C
[Co(tpy)$_2$]$^{3+}$ / [Co(tpy)$_2$]$^{2+}$　　k_B = 48 M^{-1}s^{-1}　at 0°C
K_{AB} = 3.57

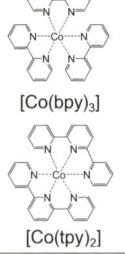

[Co(bpy)$_3$]

[Co(tpy)$_2$]

（答）
　f = 1 とすると
　k = (9.0 × 48 × 3.57)$^{1/2}$
　　 = 39 M^{-1}s^{-1}

（実測値　64 M^{-1}s^{-1}）

1-3-4　長距離電子移動

1章3節3項で述べたマーカスの式は，反応物 A と B が自由に動くことができ，両者が電子移動できる距離まで近づいて，電子交換を起こす場合を取り扱った。しかし，A と B が固定されて，その間の距離が定まっている場合がある（図 1-9(a)）。また，電極と化学種が分子鎖等で繋がれて一定の距離に位置する場合がある（図 1-9(b)）。それらのように電子移動の距離が固定されているとき，電子移動速度はその距離とどのように依存するだろうか。電位移動の速度定数と関連する電子カップリングエネルギー H_{AB} は距離が長くなるほど減少することになるので，電子移動速度定数も距離とともに減少する。それらは式（1-27），式（1-28）で表される。

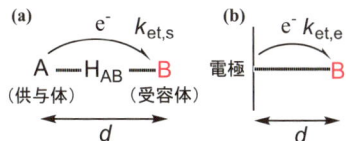

図 1-9　長距離電子輸送系

$$H_{AB} = H_{AB}^0 \exp[-\beta(d-d^0)/2] \tag{1-27}$$

$$k = k^0 \exp[-\beta(d-d^0)] \qquad (1\text{-}28)$$

ここで，β は A と B をつなぐ「もの」に依存するパラメータである．もし，電子移動がトンネリング（tunneling）（超交換 superexchange）である場合，その「もの」が真空のときは $\beta \approx 2\text{-}4$，アルキル鎖のとき，$\beta \approx 1$，π 共役鎖のときは $\beta \approx 0.2$ 程度であることが報告されている．電子移動タンパク質のような生体系における電子移動にも重要であり，タンパク質中ポリペプチド鎖の α ヘリックスは $\beta \approx 1.1$，β シートは $\beta \approx 0.9$ という値が報告されている．DNA も適切な塩基対をとると π 共役鎖と同程度の小さい β 値をとることが報告されている．それらの値を基に，各分子鎖に対する電子移動速度定数の距離依存性を示すと図 1-10 のようになる．最近は，様々な分子鎖の β 値が測定され，非常に小さい値（0.001）も報告されている（4 章 4 節参照）．それらは電子トンネリングでは説明できず，連続的電子ホッピング（sequential electron hopping）などのモデルが提唱されているが，まだ理論的には完全には解明されていない状況である．

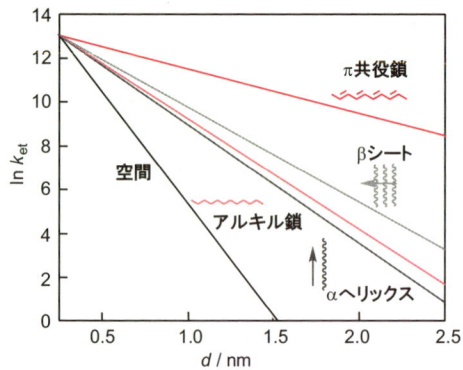

図 1-10　空間および分子鎖の長距離電子輸送能特性

1-4 電極反応と表面
1-4-1 はじめに

　金属錯体の電子移動を測定するためには，通常，基準電極，対極，作用電極の3本の電極が用いられる。詳細は第2章『電気化学測定と解析法』に記述されるが，作用電極は「目的の反応を起こす，あるいは観測する」ための電極で，
① 電極自体が反応に関わる活性電極。
② 電極自体が反応することなく目的の溶液中のイオンや分子の電気化学反応が起こる不活性電極。

に分類できる。金属の溶解および酸化皮膜形成電位との関係は，プールベ図 (Pourbaix diagram) として知られており，電位とpHによって金属がどのような表面状態を示すかがわかる。

　本書では金属錯体の電極反応を扱うため，ここではおもに②の不活性電極について記述する。不活性電極は物理化学の教科書ではInert electrodeと表される電極であるが，もちろん不活性ではなく，電極自体は目的の化学種と電子のみをやりとりし，その反応が起こる電位領域では安定な電極のことである。電極自体は反応に直接関わらないが，むしろ，目的とする反応を高い電流密度（高い反応速度），少ない過電圧（低いエネルギーロス）で観測できるかは用いる電極すなわち，電極表面に極めて依存している。ただし，観測可能な電位領域には制限がある。

　電極系は，溶媒，溶媒にイオン伝導性を付与する支持電解質，電極の3つから構成されているが，どの電位領域の電極反応が観測可能であるかは電極系の電位窓によって制限される。すなわち，酸化反応あるいは還元反応によって，電極自体，溶媒，支持電解質（不純物を含む）の中で最も酸化あるいは還元が起こりやすいものが電位窓を決定することになる。水を溶媒として使用する場合は，溶媒の電気分解すなわち，水の酸化による酸素の発生，還元による水素の発生が生じるため，熱力学的な安定領域（水の電位窓）はさほど広くなく約1.23 Vとなる。個々の電極材料の特徴は後述するが，典型的な例として図1-11に支持電解質に0.1 M過塩素酸水溶液，0.1 M水酸化ナトリウム水溶液を用いた場合の白金電極，炭素電極，水銀電極の電位窓を示した。

　作用電極はおもに金属，半導体であるが，ここで作用電極として用いる電極

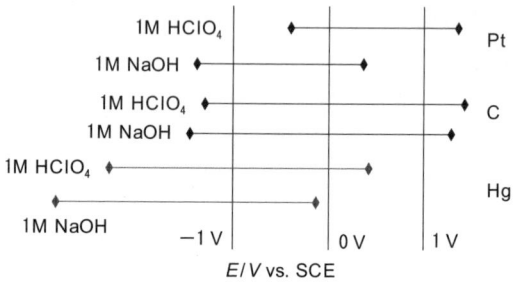

図 1-11　0.1 M 過塩素酸および 0.1 M 水酸化ナトリウム溶液中における白金，炭素，水銀電極の電位窓

の特性を挙げる。

① 目的とする反応が電極自体の反応（溶解，酸化等）で妨害されることがないこと。

　反応の電位領域で，その電極が不活性電極（Inert electrode）であることが必要である。電極表面にごく限られた酸化膜が形成される場合があるが，一般的には酸化膜が形成されても問題ない。

② 電極表面が均一であること。

　電極反応は通常固相，液相（あるいは気相）間の不均一反応であり，反応速度は表面の状態に影響を受ける。可能な限り均一な表面を用いることが必要である。

③ 電極表面の清浄化が容易であること。

　前述したように電極反応は，その反応速度が電極表面の状態に非常に依存する。清浄な表面を容易に再生できることは非常に重要である。現在は使用が減少しているが，滴下水銀電極の場合は，測定に際し，常に清浄で均一な電極表面が用いられたために，高い再現性が得られた。

④ 目的とする反応が十分に速い速度で起こること。

　用いた電極，電極表面が目的の反応に対して，ある程度の電流（反応速度）が電位窓内で起こることが必要である。

1-4-2 水素過電圧と酸素過電圧

　溶媒として水を用いた場合，支持電解質，電極が十分に安定であっても酸化側では酸素の発生，還元側では水素の発生（すなわち水の電気分解）が起こるため，電位領域を考慮する必要がある。pH によって，水素発生，酸素発生の電位もシフトするが，熱力学的な水の安定領域は pH に依存せず 1.23 V となる。しかしながら，実際の水素発生の還元電位，酸素の酸化電位とも電極材料の種類により大きく異なる。熱力学的な水素発生電位からのずれを水素過電圧と呼ぶ。すわなち，水素過電圧の値は熱力学的な計算値から，実際に水素が発生する電位までの電位差である。水素発生電位を決めることは容易ではないが，過電圧の低い順に，Pt < Pd < Ru < Rh < Au < Fe < Ag < Ni < Cu < Cd < Sn < Pb < Zn < Hg となる。Pt の水素過電圧は極めてゼロに近いが，Hg の場合は 1 V 以上となる。貴金属は一般に水素過電圧が小さく，水素発生反応にはエネルギー的に有利である。一方，Pb，Zn，Hg などは大きな過電圧を有するので水素発生は抑制されるため，この性質を利用して，酸性溶液中における有機化合物の還元反応，あるいは金属イオンの還元反応に用いられている。

　同様に酸素の熱力学的な発生電位と，実際に酸素が発生する電位との差を酸素過電圧と呼ぶ。この酸素過電圧も金属によって大きく異なる。酸素過電圧の正確な値の測定は水素過電圧の場合と比較するとより困難であるが，Ni < Co < Fe < Cu < Pb < Ag < Cd < Pd < Pt < Au のような傾向となっている。Ni の酸素過電圧は小さいので分解の陽極として有利である。一方，水素過電圧の低い貴金属（Pt，Au）などの酸素過電圧は高い。すなわち，Pt や Au 等の貴金属陽極上では水の酸化が抑制されるため，有機化合物や無機化合物の酸化用電極として用いられる。

　水素発生，酸素発生の電極反応は実は非常に多くのプロセスから形成されるが，その中で最も遅い反応が全体の反応速度（すなわち電流）を決めることになる。
　① イオンあるいは分子の電極表面への輸送。
　② イオンあるいは分子の放電（電子移動）反応。
　③ 安定なイオンあるいは分子の形成。
が電極表面における主要なステップであり，これらのどれもが最も遅い段階と

なり得る。①の過程に基づく過電圧は濃度過電圧（concentration overpotential），②・③の過電圧は活性化過電圧（activation overpotential）と呼ばれる。水素発生および酸素発生の過電圧の場合は，溶媒である水の反応であるため，①に基づく濃度過電圧の寄与は無視して問題ないが，金属によって②あるいは③の過程がどのように作用して，上記の水素過電圧および酸素過電圧の大小が生じているかに関しては現在も研究されている。

1-4-3　種々の電極

電極は目的の反応に関する広義の触媒表面と電子伝導体として捉えることができる。ここでは，電気化学測定に用いられる一般的な電極材料と形状に関して特徴を記す。

(1)　電極材料

1)　白金電極

白金は種々の化学反応の触媒として用いられる金属であり，電極として用いた場合も数々の優れた性質を示すため，最も用いられる金属電極の1つである。

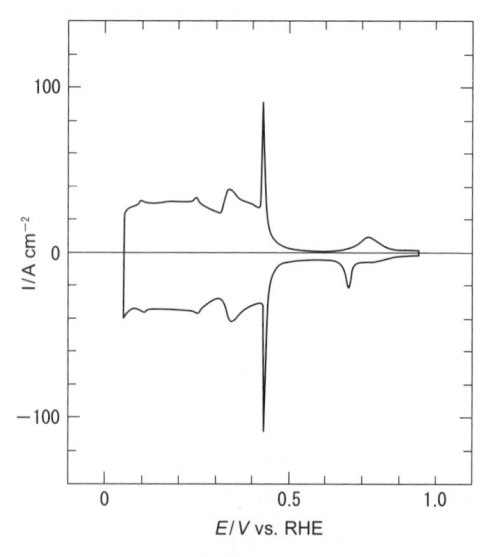

図1-12　0.5 M 硫酸中の白金単結晶（111）電極上で得られたサイクリックボルタモグラム[4]

化学的に安定であり，水素過電圧が小さく，種々の電気化学反応に関しても触媒機能を有する。表面の活性が高いため種々の物質が吸着しやすく，被毒を受けやすい，高価であること等が欠点であるが，電気化学には欠かせない電極材料である。高純度の素材が種々の状態（単結晶，多結晶，線，板等）で入手可能であることも使用される理由の1つとなっている。省白金，脱白金の研究が広範に行われているが，現時点では白金に匹敵する機能を有する他の材料は見いだされていない。白金は硫酸溶液中で結晶面に依存したボルタモグラムを示す。ここでは，水素イオンの吸着波が観測されている硫酸溶液中の白金単結晶(111)のサイクリックボルタモグラム（CV波）を図1-12に示した。

2） 金電極

白金と同様によく用いられる電極である。白金電極の場合は水素の吸着波が観測されるが金の場合には観測されず，還元領域での電位窓は比較的広い。白金と同様に高純度の素材が種々の形状で得られる。酸化側の電位窓も比較的広いが，ハロゲンイオン（X^-）の存在下では，ハロゲン化金酸イオン（$AuCl_4^-$）を生成して溶解するため注意が必要である。有機イオウ化合物と強い相互作用があるため，条件を整えれば有機イオウ化合物の単分子膜を金電極上に形成することが可能である[5]。金も白金と同様に結晶面に依存したボルタモグラムを示す。ここでは，過塩素酸溶液中の金単結晶電極(111)，(100)，(110)のCV波を図1-13に示した。

3） 水銀電極

室温で液体の金属であり，水素過電圧が大きいという特徴がある。この2つの特徴を活かしてポーラログラフィーが発明された。液体であるため，滴下水銀電極として使用されることが多い。この場合は電極表面が常に更新されるため，生成物，不純物の吸着の影響が極めて小さい。電極自体が酸化されて水銀イオンとなるため，酸化反応には適さないが，水素過電圧は大きいので還元領域での電位窓は非常に広い。この性質を利用して，種々の金属イオンあるいは有機化合物の還元反応に用いられる。

4） カーボン電極

グラファイト，グラッシーカーボン，などの素材がカーボン電極として代表的である。一般的に安価で酸化，還元反応の両方に用いることができる。炭素

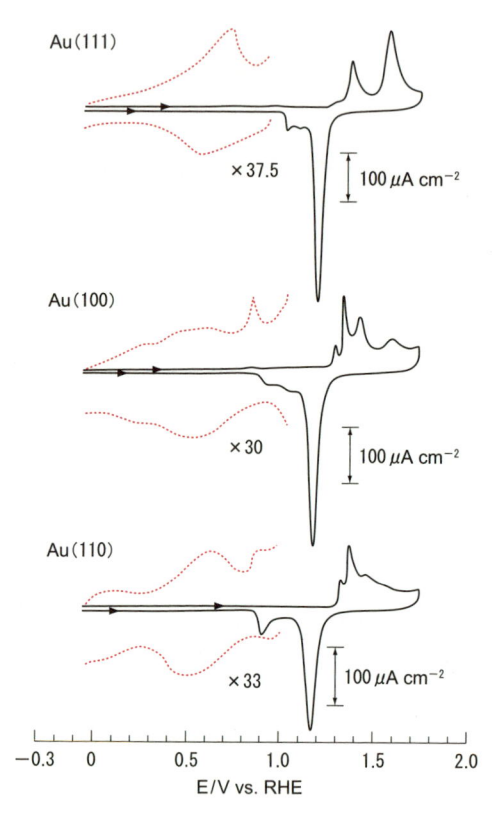

図 1-13 0.1 M 過塩素酸中で得られた金単結晶 (111), (100), (110) 電極のサイクリックボルタモグラム。1.3〜1.7 V 付近に観測される酸化のピークは各単結晶面の金の酸化に対応しており, 1.2 V 付近の還元のピークは生成した酸化膜の還元に対応している。また, 0〜1 V 付近を拡大した CV 波は赤色点線で示した

のみで構成されている材料であるが, 炭素-炭素の結合用式によって極めて多様な性質を示す。特に, グラファイトの場合は疎水性で官能基がほとんどないベーサル面, 親水性で官能基の多いエッジ面によって性質が大きく異なる。近年, 非常に広い電位窓を有し, ボロンなどの不純物ドープ量制御で電子移動速度が制御される等の, 興味深い特徴を有するダイヤモンド電極が研究・開発されている。

5) 半導体電極

おもに酸化スズ，酸化インジウムなどが電極として用いられる。バックグラウンド電流が少ない，表面の水酸基の解離によって生じる O^- によって表面が高い親水性を示す等の特徴がある。タンパク質などの吸着が比較的少ないため，清浄な酸化インジウム電極上では，チトクロム c などの電子伝達タンパク質の電子移動も観測可能である。酸化物であるため，酸化方向の電位窓は十分に広いが，還元方向では電極自体が還元されるため電位窓は狭くなる。

(2) 電極の結晶性，作製方法
1) 単結晶電極

原子が規則的に配列した電極であり，電極表面は基本的に原子レベルで平坦である。代表的な結晶面である (111)，(100)，(110) の結晶モデルを図 1-14 に示した。多くの金属の単結晶が市販品として入手可能であるが，サイズ，材料，結晶面，面精度により価格は大きく異なる。得られる電極面積に制限はあるものの金，白金などの単結晶は高純度の金線，あるいは白金線を加熱することによって作製することも可能である。図 1-13 には過塩素酸中の金単結晶電極上での過塩素酸の CV 波を示しているが，各結晶面によって異なる CV 波が得られている。

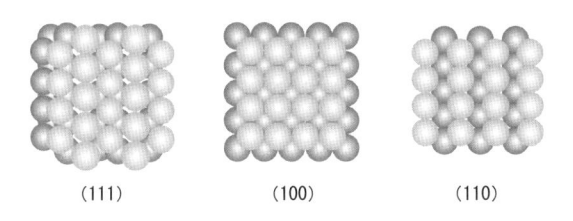

図 1-14 単結晶 (111)，(100)，(110) のモデル

2) 薄膜電極

スパッタ，真空蒸着法，化学蒸着法 (CVD) などの手法によって基板に目的の金属，半導体，あるいは金属酸化物の薄膜を作製し，電極として用いることが可能である。基板，電極材料を選択することによって光透過性電極も作製可能であり，光電気化学，分光電気化学にも応用される。金の場合は基板，蒸着

条件を制御することによって，Au(111)単結晶面が多く露出した薄膜電極の作製も可能である。

1-5　非水溶媒系の電気化学

1-5-1　溶　媒

　古典的なウェルナー型金属錯体は水溶性のものが多いが，非ウェルナー型金属錯体，有機金属を含め，近年よく研究されている金属錯体は有機溶媒に可溶なものが多い。電気化学においても，必然的に非水溶媒系の測定機会が増加している。特に水との差異が際立つ非プロトン性極性溶媒が重宝されており，ジメチルホルムアミド (DMF)，テトラヒドロフラン (THF)，アセトニトリル，プロピレンカーボネート (PC)，ジメチルスルホキシド (DMSO)，ニトロメタンなどがこれらにあたる。無極性溶媒であるものの金属錯体の溶解力に優れたジクロロメタン，1,2-ジクロロエタンなどハロゲン系有機溶媒もよく用いられる。一方，プロトン性極性溶媒としてはメタノール，エタノール，酢酸などが挙げられる。

1-5-2　支持電解質

　有機溶媒の多くは絶縁性であり，導電性を獲得するために支持電解質と呼ばれる塩を加える必要がある。支持電解質は溶媒中にて電離し，その溶液はイオン伝導性を帯びることとなる。非水溶媒系では溶解度の都合から4級アルキルアンモニウム塩が用いられることが多い。支持電解質の濃度は試料濃度に比べ十分大きくなるように調製される（0.1～1 M 程度）。

1-5-3　電極の配置

　非水溶媒系の溶液抵抗は高止まる傾向にある。よってIRドロップの寄与を低減できる，作用電極，参照電極に加え対極を用いた3電極系を用いることが多い（図1-15）。3電極系では電位差 V を作用電極と対極の間に印加し，この2電極間に大部分の電流が流れる。作用電極の電位は参照電極に対して制御・計測されるが，作用電極と参照電極間にはごく微小の電流が流れるのみとなる（図1-15）。3電極系では V および対極の電位は重要視されない。作用電極上

1 電子移動の熱力学と速度論

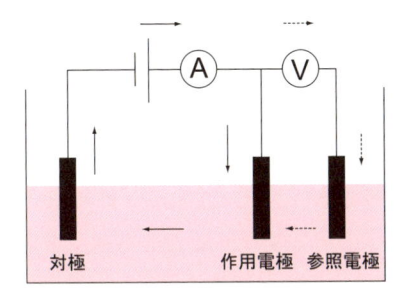

図1-15 3電極系の概略。ほとんどの電流は作用電極と対極の間を通過する

で酸化反応が進行すれば対極では等電子分の還元反応が進行するが，具体的にどのような還元反応が進行するのかについても通常興味の対象外である。対極の面積は作用電極のそれよりも十分に大きい必要がある。前者における電極反応が律速となることを防止するためである。

2電極系に比べると小さいものの，3電極系においても溶液抵抗を完全には無視できない。参照電極に対して測定された見た目の作用電極電位をE_appとすると，真の作用電極電位Eは式(1-29)で表される。

$$E = E_\mathrm{app} - IR_\mathrm{u} \tag{1-29}$$

Iは作用電極と対極間に流れる電流，また抵抗成分R_uを非補償溶液抵抗と呼ぶ。作用電極と参照電極とを近接させることでR_uを低減させることができるが，近すぎると物質移動過程を乱すなど，測定に悪影響をおよぼす。作用電極をルギン管と呼ばれる塩橋の一種を経由して試料溶液と接触させることで，作用電極と参照電極との実効距離をルギン管先端の直径dに対して$2d$まで小さくすることができる。大きなR_uは誤った測定結果の解釈を与える場合があるので注意が必要である。なお，市販の電気化学システムにはR_uを補償する回路・プログラムが組み込まれている。

1-5-4 電 極
非水溶媒系に特有のもののみ取り上げる。

(1) Ag$^+$/Ag 参照電極

AgNO$_3$ もしくは AgClO$_4$ を 0.1～0.01 M 程度となるように有機溶媒，もしくはその支持電解質溶液に溶解させ，その中に銀線を浸漬したものを指す。表 1-3 に電極の構成と電位をまとめた。Ag$^+$/Ag 電極は不純物の影響を受けやすいこと，経年劣化が顕著であること，液間電位差（異なる電解質溶液の接合部位に生じる電位差）による誤差を生じることから，水素電極，カロメル電極，銀-塩化銀電極など，水系用の参照電極に比べるとその信頼性は低い。

表 1-3 Ag$^+$/Ag 参照電極の電位

構　　成	電位/V vs. SHE
0.01 M AgNO$_3$ in CH$_3$CN	0.514
0.01 M AgNO$_3$ in 0.1 M Et$_4$ClO$_4$/CH$_3$CN 溶液	0.500
飽和 AgNO$_3$ in 0.1 M ^{n}Bu$_4$NClO$_4$/1,2-dimethoxyethane 溶液	0.868

(2) 内部標準

上記の理由から，有機溶媒系の測定については Ag$^+$/Ag 電極を参照電極として用いつつも，その後内部標準による補正を行う。すなわち，試料の測定後に基準物質を系中に投入し，そのレドックス応答を計測することで電位の補正を行う。基準物質として IUPAC はフェロセンを推奨している。これを反映し，フェロセニウム-フェロセンのレドックス対 (Fc$^+$/Fc) を基準とした電位表示が非水系では多用される。より溶媒の影響を受けにくい，フェロセンのすべての水素原子をメチル基で置換したデカメチルフェロセンが採用されることもある。試料の式量電位がフェロセンのそれと近い場合には，デカメチルフェロセンを含む置換フェロセンやコバルトセニウム塩を用いる。

1-5-5 電位窓

水系に対する非水系の最大の利点は電位窓が広いことにある。表 1-4 に様々な支持電解質溶液の電位窓を示す。溶媒自身ではなく支持電解質の酸化および還元が電位窓の制限となることもある。系に含まれる不純物は電位窓を狭める要因となるため，溶媒および支持電解質の精製には細心の注意が必要である。また，大気下における酸素の飽和濃度は 0.4～5 mM にもおよび，試料濃度に

表 1-4　有機溶媒系の電位窓（作用電極：Pt）[6]

溶媒	支持電解質	電位窓 V/vs. SCE 還元側	酸化側
CH$_3$CN	0.1 M LiClO$_4$	−3.0	2.5
	0.1 M TEAP	−1.8	2.0
C$_6$H$_5$CN	0.1 M TEAP	−1.8	2.0
DMSO	TEAP	−1.85	0.7
PC	0.25 M TEAP	−1.9	1.7
CH$_2$Cl$_2$	0.2 M TBAP	−1.70	1.80
ニトロベンゼン	TPAP	−0.7	1.6
ニトロメタン	TMAC	−0.9	0.9

TEAP = tetraethylammonium perchlorate；TBAP = tetra-n-butylammonium perchlorate；PC = propylene carbonate；TPAP : tetra-n-propylammonium perchlorate；TMAC : tetramethy-lammonium chloride.

匹敵することとなる。酸素は還元されやすい（$O_2 + e^- \rightarrow O_2^{\cdot -}$，$E^{0'} = -0.54$ V vs. SHE, in 0.1 M Et$_4$NClO$_4$–DMSO）ため，溶存酸素は負側の電位窓を狭める。酸素はまた測定試料の劣化をもたらすことがある。極性有機溶媒中に含まれやすい水も電位窓を狭める。不活性ガスによるバブリング，シュレンクテクニック，グローブボックス中での取り扱いにより，酸素または水のケアが可能である。

参考文献

1) F. A. Posey, H. Taube, *J. Am. Chem. Soc.* **75**, 4099（1953）.
2) R. A. Marcus, *Annu. Rev. Phys. Chem.* **15**, 155（1964）.
3) 大学院物理化学（中）妹尾，広田，田隅，岩澤 編，講談社サイエンティフィーク，426（1992）.
4) S. Yoshimoto, K. Itaya, *Annu. Rev. Anal. Chem.* **6**, 213（2013）.
5) L. Newton, T. Slater, N. Clark, A. Vijayaraghavan, *J. Mater. Chem. C*, **1**, 376（2013）.
6) R. N. Adams, *Electrochemistry at solid electrodes*, Marcel Dekker（1969）.

2　電気化学測定と解析法

はじめに

電極反応を研究対象とする電気化学測定は，ファラデーの電気分解の法則を基本とする。目的の電極活性種の電気分解に要する電気量 Q は次式で表される。

$$Q = nFm = nFVC \tag{2-1}$$

ここで，n は電極反応に関与する電子数，m は電極活性種の物質量，V は電解質溶液の体積，C は電極活性種のモル濃度，F はファラデー定数である。電解電流 I は式 (2-1) を時間微分することにより得られる。

$$I = \frac{dQ}{dt} = nF\frac{dm}{dt} = nFV\frac{dC}{dt} \tag{2-2}$$

式 (2-2) より，電流 I は電極反応速度 dC/dt に比例している。

電極反応の解析は，電流-電位曲線を解析することである。式 (1-8) の作用電極の電極電位 E を酸化あるいは還元が起こるように設定すると，電極表面上での酸化体 O と還元体 R の濃度比が式 (1-8) のネルンスト式にしたがうように変化，すなわち電極反応が起こる。このとき流れる電流を電位および時間の関数として表す手法を，(電位規制) ボルタンメトリー (voltammetry) といい，得られる曲線がボルタモグラム (voltammogram) である。

$$I = f(E, t) \tag{2-3}$$

言い換えれば，熱力学量である電極電位（エネルギー）を推進力としたとき，電解電流（電極反応速度）がどのように振る舞うかを解析することにより，電極反応を明らかにすることができる。

電極反応速度を支配する過程は，電荷移動 (charge transfer)（電子移動 (electron transfer) とも呼ばれる）過程と物質移動 (mass transfer) 過程に大別できる。後で詳しく述べるが，電荷移動過程は，目的とする電極反応，電極，

および電解質溶液により決まり，電荷移動速度は電極電位の関数である。一方，物質移動過程はボルタンメトリー測定手法により決まり，物質移動速度は測定パラメータの関数である。また，物質移動過程には化学反応や電極表面への吸着過程が含まれることがある。本章では各種ボルタンメトリー測定法と測定データの解析法について述べる。

2-1 電気化学セル

対象とする電極反応を測定するための電気分解に基づく電気化学セルは，通常3電極方式が用いられる。

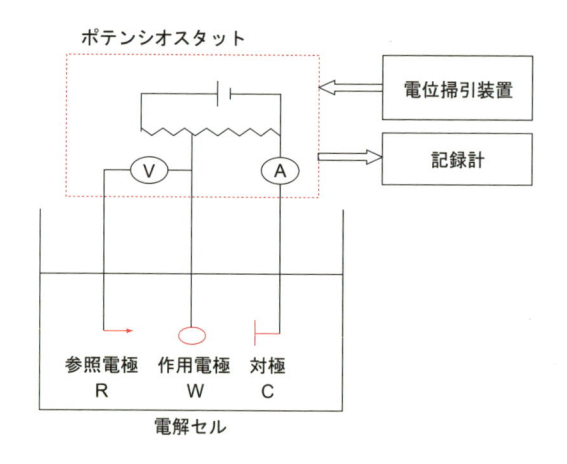

図2-1 電気化学セル

図2-1に測定装置の概略を示す。電解電流は作用電極（working electrode, W）と対極（counter electrode, C）を通る回路に流れるので，回路の成分として次の4つを考えなければならない。それらは，

① WとCを結ぶ外部回路の電子伝導の部分。
② WとC間に存在する電解質溶液中でのイオン伝導の部分。
③ 電極Wと電解質溶液界面。
④ 電極Cと電解質溶液界面。

である。各々の成分に抵抗が存在するが，③と④では電極反応が起こる場であ

るので，その抵抗は電極反応抵抗と呼ばれる。電気化学測定は通常，②の抵抗成分の電解質溶液抵抗を小さくするため，および③と④に電気二重層を充分発展させるため，支持電解質溶液の濃度は 0.1 mol/L 程度にする。ポテンシオスタットの役割の重要な点として，④の電極反応抵抗を③の電極反応抵抗に比べて充分に小さくすることがある。したがって，電解質溶液中でポテンシオスタットを用いた測定を行うことにより，①〜④の成分の中で最も抵抗が大きい作用電極 W 上での電極反応抵抗だけを観測することができる。電極反応速度すなわち，電解電流は電極反応抵抗と逆数の関係にあるので，目的とする電極反応をボルタモグラム解析により検討することができる。

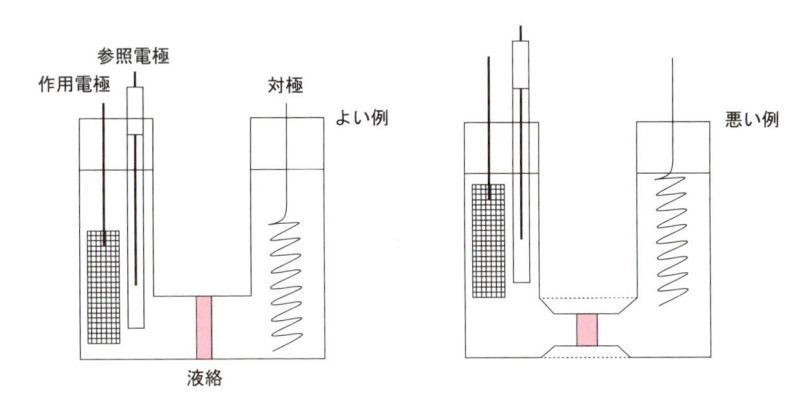

図 2-2 マクロ電解セル

電気化学測定に用いる電解セルは，電解合成や全量電解を目的とするマクロ電解セルと，主としてボルタンメトリー用のミクロ電解セルがあり，実例は成書などを参照されたい[1,2]。ボルタンメトリー測定に関しては後に詳細に述べるので，ここでは電極反応に関与する電子数 n を求めるのに用いられる定電位全量マクロ電解について述べる。作用電極の電位を電気分解が充分に生じる電位に設定したとき，電解前の物質量を m^*，濃度を C^* とすると，電解電流 I_t および電気量 Q_t はそれぞれ次式で表される。

$$I_t = I_0 \exp(-kt) \tag{2-3}$$

$$Q_t = \int_0^t I_t dt = Q_\infty \{1-\exp(-kt)\} \tag{2-4}$$

ここで,

$$Q_\infty = \int_0^\infty I_t dt = nFm^* = nFVC^* \tag{2-5}$$

であり,定電位クーロメトリーの基本式である。またセルの時定数 k は,

$$k = \frac{DA}{V\delta} \tag{2-6}$$

で表される。ここで,A は作用電極の表面積,V は電解液の体積,D は電解活性種の拡散係数,δ は拡散層の厚みである。式 (2-3) あるいは式 (2-4) より,全量電解時間を短くするには時定数 k を大きくすればよい。溶液を撹拌することにより δ を小さくすることができる。また,温度を上げることのより,D を大きくすることも可能であるが,もっと効率的な電解セルはセル定数 A/V を大きくすることである。

2-2 電気化学測定法
2-2-1 電荷移動過程

2 章のはじめに電極反応過程は電荷移動過程と物質移動過程からなると述べたが,ここではそれぞれの過程について考える。還元体 R が電極上で n 電子酸化され酸化体 O になる反応,

$$\mathrm{R} = \mathrm{O} + ne^- \tag{2-7}$$

について考える。電荷移動速度は有限であるので,酸化反応の速度定数を k_{ox},還元反応の速度定数を k_{red} とすると,酸化および還元速度がそれぞれの濃度に一次であるとするバトラー・ボルマー (Butler–Volmer) 型の式で表されるとき,電解電流は次式で表される。

$$I = nFA\{k_{ox}C_R(x=0) - k_{red}C_O(x=0)\} \tag{2-8}$$

ここで,$C_R(x=0)$,$C_O(x=0)$ はそれぞれ,還元体 R および酸化体 O の電極表面濃度である。酸化および還元反応の速度定数は電極電位の関数であり,

それぞれ,

$$k_{ox} = k^{0'} \exp\left(\frac{\alpha_a nF}{RT}(E-E^{0'})\right) \tag{2-9}$$

$$k_{red} = k^{0'} \exp\left(\frac{-\alpha_c nF}{RT}(E-E^{0'})\right) \tag{2-10}$$

で表される。ここで α_a, α_c は,それぞれ酸化および還元方向の移動係数(transfer coefficient)であり,0 から 1 の間の値をとり両者には次の関係が成り立つ。

$$\alpha_a + \alpha_c = 1 \tag{2-11}$$

移動係数 α の物理的意味については他の成書を参照されたい[3, 4]。電極電位が式量電位(formal potential) $E^{0'}$ のとき($E = E^{0'}$),酸化および還元方向の速度定数は等しくなり,

$$k_{ox} = k_{red} = k^{0'} \tag{2-12}$$

このときの速度定数 $k^{0'}$ を電極反応の標準速度定数(standard rate constant)といい,これは移動係数 α と共に電荷移動過程を表す重要な電極反応パラメータの1つであり,電極反応の速度論的容易さの尺度となる。表2-1に代表的な無機化合物の電極反応の標準速度定数を,自己交換反応速度定数と共に示す。また,電極電位を $E^{0'}$ より充分正電位にしたとき,式(2-9)より酸化方向の速度定数 k_{ox} は指数関数的に大きくなり,逆に式(2-10)より還元方向の速度定数 k_{red} は非常に小さいものになる。

式(2-8)〜式(2-10)を組み合わせると次式が得られる。

$$I = nFAk^{0'}\left\{\exp\left(\frac{\alpha_a nF}{RT}(E-E^{0'})\right)C_R(x=0)\right.$$
$$\left. - \exp\left(\frac{-\alpha_c nF}{RT}(E-E^{0'})\right)C_O(x=0)\right\} \tag{2-13}$$

電極電位 E が $I=0$ の平衡電位 E_{eq} にあるとき,式(2-13)より,

$$E_{eq} = E^{0'} + \frac{RT}{nF} \ln \frac{C_O(x=0)}{C_R(x=0)} \tag{2-14}$$

ネルンスト式が得られる。

表 2-1 典型的な錯体の電極反応の標準速度定数

酸化還元対	k°/cm·s^{-1}	電極/支持電解質/溶媒	k_{ex}/M^{-1}s^{-1}	Δd/Å
Ni^{2+}/Ni(Hg)	2.9×10^{-10}	Hg/0.1 M KCl/H$_2$O		
Fe$^{3+/2+}$	5×10^{-3}	Pt/1 M ClO$_4^-$/H$_2$O	1.1	0.3
[O$_2$]$^{0/-}$	1×10^{-3}	Hg/Et$_4$NClO$_4$/Me$_2$SO		
[Fe(CN)$_6$]$^{3-/4-}$	5.2×10^{-2}	Pt/1 M KCl/H$_2$O	2×10^4	0.03
[Co(NH$_3$)$_6$]$^{3+/2+}$	2.5×10^{-2}	Hg/0.1 M KPF$_6$/H$_2$O	2×10^{-8}	0.22
[Co(en)$_3$]$^{3+/2+}$	3.0×10^{-2}	Hg/0.1 M KPF$_6$/H$_2$O	7.7×10^{-5}	0.21
[Ru(NH$_3$)$_6$]$^{3+/2+}$	0.35	Hg/0.1 M KPF$_6$/H$_2$O	6.6×10^3	0.04
[Fe(tpp)Cl]$^{0/-}$	6.9×10^{-3}	Pt/0.1 M Bu$_4$NBF$_4$/CH$_2$Cl$_2$		
[Fe(tpp)(Im)$_2$]$^{+/0}$	2.5×10^{-2}	Pt/0.1 M Bu$_4$NBF$_4$/CH$_2$Cl$_2$		
[Fe(Cp)$_2$]$^{+/0}$	1.2	Pt/0.5 M Bu$_4$NPF$_6$/MeCN		
[Ru(bpy)$_3$]$^{3+/2+}$	$>10^2$		4×10^8	0.00

tpp：テトラフェニルポルフィリン，Im：イミダゾール，Cp：シクロペンタジエニル
Δd：酸化還元に伴う中心金属と配位原子間距離の変化

2-2-2 物質移動過程

電解前の初期状態として電解質溶液中に還元体Rだけが濃度C_R^*で存在する場合を考えてみる。式(2-7)のRから酸化体Oへのn電子の電荷移動が起こる電位に作用電極の電位を設定すると，電極表面ではRがOに変化し，その濃度比はある電荷移動速度でネルンスト式に従うように進む。もしここでバルクから電極表面へのR，あるいは電極表面からバルクへのOの物質移動が起こらなければ，電極表面でネルンスト式が成立した時点で電流はゼロになる。しかし実際には，電荷移動過程とともに次のような物質移動過程が存在するため，電解電流はゼロにはならない。

電極表面に垂直な物質移動を考えると，電極から距離xにおいて還元体Rの単位時間および単位面積当たりに通過する物質量は流束（flux）と呼ばれ，次のネルンスト・プランク（Nernst-Plank）式で与えられる。

$$J_R(x) = -D_R\frac{\partial C_R(x)}{\partial x} - \frac{z_R F}{RT}D_R C_R\frac{\partial \phi(x)}{\partial x} + C_R \nu(x) \qquad (2\text{-}15)$$

　　　　　　　　　　　　拡散　　　　　泳動　　　　　　対流

式(2-15)より，右辺第1項の拡散の推進力は濃度勾配$\frac{\partial C_R(x)}{\partial x}$であり，第2項の泳動の推進力は電位勾配$\frac{\partial \phi(x)}{\partial x}$であることがわかる。第3項の$\nu(x)$は電極方向への溶液の対流速度であり，反応種Rはその対流速度で移動する。いま実験条件として，支持電解質濃度が充分高い電解質溶液でボルタンメトリー

測定を行うと,電極界面での電気二重層領域以外の溶液部分では,電位勾配 $\frac{\partial \phi(x)}{\partial x}$ はほぼゼロとなり泳動による物質移動の項は無視できる。また,溶液を撹拌しない静止溶液では対流速度 $v(x)$ はゼロである。このとき物質移動は拡散項だけになり,式 (2-15) は次式のようになる。

$$J_R(x) = -D_R \frac{\partial C_R(x)}{\partial x} \tag{2-16}$$

また,電荷移動は電極界面 ($x=0$) で起こっているので,反応種の拡散はバルクから電極界面 (x 軸の負方向) へと起こり,したがって,電解電流と流速の関係は次の式で表される。

$$\frac{I}{nFA} = -J_R(x=0) = D_R \left(\frac{\partial C_R(x)}{\partial x} \right)_{x=0} \tag{2-17}$$

すなわち,電流は反応種 R の電極表面での濃度勾配 $\left(\frac{\partial C_R(x)}{\partial x} \right)_{x=0}$ に比例する。R の電極表面への物質移動による供給が拡散だけのとき,電解電流を拡散電流という。電極界面での R の酸化反応で生じた生成種 O は,逆に電極界面からバルクへと拡散する。

$$D_R \left(\frac{\partial C_R(x)}{\partial x} \right)_{x=0} = -D_O \left(\frac{\partial C_O(x)}{\partial x} \right)_{x=0} \tag{2-18}$$

つぎに,物質移動を表すパラメータとして物質移動係数 (mass transfer coefficient) m を用いると,化学種 i の物質移動係数 m_i は拡散係数 D_i と次式の関係が成り立つ。

$$m_i = \frac{D_i}{\delta_i} \tag{2-19}$$

ここで,δ_i は拡散層の厚み (thickness of diffusion layer) と呼ばれる距離の次元の物理量で,電極界面から反応種 i の濃度がバルク濃度に等しくなる点までの距離と考えてよい。このとき,拡散層内での R の平均濃度勾配は次式で表される。

$$\text{R の平均濃度勾配} = \frac{C_R^* - C_R(x=0)}{\delta_R} \tag{2-20}$$

いま,単純に電極表面での濃度勾配が拡散層内での平均的な濃度勾配にほぼ等しいとすると,式 (2-17),式 (2-18) おょび式 (2-19) より次式が得られる。

$$\frac{I}{nFA} = m_\mathrm{R}[C_\mathrm{R}^* - C_\mathrm{R}(x=0)] = m_\mathrm{O}[C_\mathrm{O}(x=0)] \qquad (2\text{-}21)$$

電解電流値の物質移動過程の式 (2-21) および電荷移動過程の式 (2-8) を組み合わせると，

$$I = nFAm_\mathrm{R}\{C_\mathrm{R}^* - C_\mathrm{R}(x=0)\} = nFA\{k_\mathrm{ox}C_\mathrm{R}(x=0) - k_\mathrm{red}C_\mathrm{O}(x=0)\} \qquad (2\text{-}22)$$

が得られる。式 (2-22) はボルタンメトリーの電流-電位曲線(ボルタモグラム)を表しているが，物質移動係数 m_i は電気化学測定法に大きく依存し，また時間の関数の場合もあるので，直接この式を用いることは少ない。次節に具体的な測定法について述べる。

2-2-3　電気化学的可逆性

最も基本的なボルタモグラムである定常状態ボルタモグラム (steady state voltammogram) について考える。ここでいう定常状態とは，式 (2-19) の拡散層の厚み δ_i が時間によらず一定であることをいう。したがって，このとき物質移動係数 m_i も時間に依存せず，測定法によってきまる物理量である。この手法の代表的なものとして，回転電極を用いるボルタンメトリーや，走査速度が充分小さい微小電極を用いるボルタンメトリーがある。また，電流測定時間を一定にすることにより，見かけ上定常状態ボルタモグラムを得る方法もある。この手法の例としては，パルスボルタンメトリーや滴下水銀電極を用いる直流ポーラログラフィーが挙げられる。定常状態ボルタンメトリーの手法と，その物質移動係数を表 2-2 に示す。参考のために，定常状態の手法ではないが，次節で詳しく述べるサイクリックボルタンメトリー (CV) についてもその物質移動係数を示した。

定常状態ボルタモグラムの特徴は，電位が決まれば電流が決まる（時間に依存しない）という点である。電極反応では，すでに述べたように電荷移動過程と物質移動過程から成り立っていて，それぞれの過程を特徴付けるパラメータとして，標準電極反応速度定数 $k^{0'}$ と物質移動係数 m_i があげられる。最も単純な電極反応として式 (2-7) で表される電極反応において，初期状態として濃度 C_R^* の還元体 R だけを含む溶液について考える。これら両過程からなる電解電

2 電気化学測定と解析法

表 2-2 物質移動係数 (m)

手法	m	可変量
パルスボルタンメトリー	$\left(\dfrac{D}{\pi t_\mathrm{m}}\right)^{1/2}$	t_m（パルス印加後電流測定までの時間）
直流ポーラログラフィー	$\left(\dfrac{7D}{3\pi t_\mathrm{d}}\right)^{1/2}$	t_d（水銀滴下時間）
回転円盤電極での対流ボルタンメトリー	$0.620 D^{2/3}\nu^{-1/6}\omega^{1/2}$	ω（電極回転速度）
微小円盤電極での定常状態ボルタンメトリー	$\dfrac{4D}{r}$	r（電極半径）
サイクリックボルタンメトリー	$\left(\dfrac{\pi nFD\nu}{RT}\right)^{1/2}$	ν（電位走査速度）

D：拡散係数，ν：動的粘度

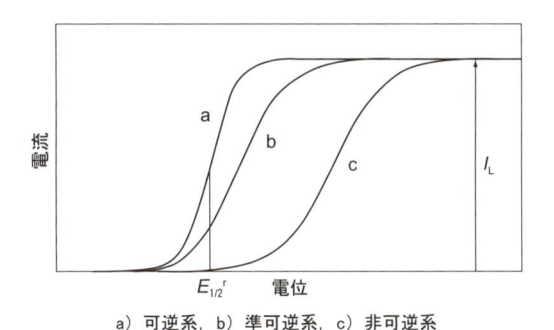

図 2-3 定常状態ボルタモグラム
a) 可逆系，b) 準可逆系，c) 非可逆系

流は，逆数の和の法則，すなわち電解電流の逆数はそれぞれの過程のみで進行したときの電流の逆数の和で表される．式で表すと，

$$\frac{1}{I} = \frac{1}{I_\mathrm{L}} + \frac{1}{I_\mathrm{B}} + \frac{1}{I_\mathrm{K}} \tag{2-23}$$

ここで，

$$I_\mathrm{L} = nFAm_\mathrm{R}C_\mathrm{R}^{*} \tag{2-24}$$

$$I_\mathrm{B} = \frac{I_\mathrm{L} m_\mathrm{O}}{m_\mathrm{R}} \exp\left\{\frac{nF}{RT}(E-E^{0'})\right\} \tag{2-25}$$

$$I_\mathrm{K} = \frac{I_\mathrm{L} k^{0'}}{m_\mathrm{R}} \exp\left\{\frac{\alpha_\mathrm{a} nF}{RT}(E-E^{0'})\right\} \tag{2-26}$$

式 (2-23) の電流 I_L は拡散限界電流（diffusion limiting current）または単に限界電流（limiting current）といい，式 (2-21) で電極表面での R の濃度 $C_R (x = 0)$ がゼロになったときの電流値である。式 (2-25) の電流 I_B は，式 (2-7) の逆反応，すなわち酸化体 O が還元体 R に還元されるときの電流に相当し，式 (2-21) と式 (2-14) のネルンスト式から導かれる。式 (2-26) の電流 I_K は酸化反応の電荷移動過程だけからなる電流に相当する。

式 (2-23) が定常状態ボルタンメトリーの電流-電位曲線を表している。標準電極反応速度定数 $k^{0'}$ と物質移動係数 m_R は同じ速度の次元を持つ物理量であるので，両者の値を比較することが可能である。この比較により電気化学的可逆性（electrochemical reversibility）が定義できる。

$k^{0'} \gg m$ 可逆（reversible） 物質移動律速
$k^{0'} \cong m$ 準可逆（quasi-reversible）
$k^{0'} \ll m$ 非可逆（irreversible） 電荷移動律速

電極反応が可逆的な振る舞いをする系を可逆系といい，このとき電荷移動速度は物質移動速度に比べて充分大きいので，電極反応は物質移動律速あるいは拡散律速となる。このとき，式 (2-23) の右辺の第 3 項は他の項に比べて極めて小さくなり，無視することが可能となる。すなわち，物質移動律速の電流値は，

$$\frac{1}{I} = \frac{1}{I_L} + \frac{1}{I_B} \tag{2-27}$$

となる。式 (2-24)，式 (2-25) と組み合わせ変形すると，

$$I = \frac{I_L}{1 + \frac{m_R}{m_O} \exp\left\{-\frac{nF}{RT}(E - E^{0'})\right\}} = \frac{I_L}{1 + \exp\left\{-\frac{nF}{RT}(E - E_{1/2}^r)\right\}} \tag{2-28}$$

が得られる。式 (2-28) は可逆系のボルタグラムの式を表していて，この式から導かれる対称性のよいシグモイド形のボルタモグラムを図 2-3(a) に示す。電流値が限界電流値 I_L の半分になる電位を可逆半波電位 $E_{1/2}^r$ といい，式 (2-28) より，

$$E_{1/2}^r = E^{0'} + \frac{RT}{nF} \ln \frac{m_R}{m_O} \tag{2-29}$$

となるので，$E^{0'}$とは式 (2-29) で関係づけられる。物質移動係数 m_i を拡散係数で表すと，拡散のモード（表2-3 参照）により式 (2-29) は次のように表される。

$$E^{\mathrm{r}}_{1/2} = E^{0'} + \frac{RT}{nF} \ln\left(\frac{D_\mathrm{R}}{D_\mathrm{O}}\right)^p \tag{2-30}$$

$p = 1/2$　　電極に垂直な直線拡散
$p = 2/3$　　対流拡散
$p = 1$　　　二次元以上の拡散

酸化体の拡散係数 D_O と還元体の拡散係数 D_R がほぼ等しければ，このとき，

$$E^{\mathrm{r}}_{1/2} \approx E^{0'} \tag{2-31}$$

可逆半波電位 $E^{\mathrm{r}}_{1/2}$ は標準電極電位 $E^{0'}$ に等しいとみなすことができる。

また，式 (2-29) と式 (2-30) を組み合わせて変形すると，

$$E = E^{\mathrm{r}}_{1/2} + \frac{RT}{nF} \ln \frac{I}{I_\mathrm{L}-I} = E^{\mathrm{r}}_{1/2} + \frac{2.30RT}{nF} \log \frac{I}{I_\mathrm{L}-I} \tag{2-32}$$

が得られる。式 (2-32) も可逆系のボルタモグラムを表していて，右辺の常用対数値の値を電極電位 E に対してプロットすると（log プロットと称される）直線関係が得られ，その傾きの逆数は 25°C において $0.0592/n$ V の値となり，対数値がゼロのところの電位は可逆半波電位 $E^{\mathrm{r}}_{1/2}$ に等しい。

まとめると可逆系のボルタモグラムはネルンスト式に従うので，このとき電極反応は可逆 (reversible) あるいはネルンスト的 (nernstian) といわれる。

一方，電荷移動速度が物質移動速度に比べて極端に小さい系は非可逆系となり，このとき電極反応は電荷移動律速となる。非可逆系では，式 (2-23) の右辺の第2項（逆反応の寄与）を無視することができ，この電流値は，

$$\frac{1}{I} = \frac{1}{I_\mathrm{L}} + \frac{1}{I_\mathrm{K}} \tag{2-33}$$

で表され，式 (2-26) を用いて変形すると，

$$I = \frac{I_\mathrm{L}}{1 + \dfrac{m_\mathrm{R}}{k^{0'}} \exp\left\{-\dfrac{\alpha_a nF}{RT}(E-E^{0'})\right\}} \tag{2-34}$$

が得られる。非可逆系のボルタモグラムの例を図2-3(c)に示す。式(2-34)を変形すると，

$$E = E_{1/2} + \frac{RT}{\alpha_a nF} \ln \frac{I}{I_L - I} \tag{2-35}$$

$$E_{1/2} = E^{0'} + \frac{RT}{\alpha_a nF} \ln \frac{m_R}{k^{0'}} \tag{2-36}$$

となる。同様に半波電位 $E_{1/2}$ は電流が限界電流 I_L の半分のときの電位であり，非可逆系では式(2-36)より標準速度定数が小さくなるほどボルタモグラムはなだらかな傾斜を持ち $E_{1/2}$ はより正側にシフトする。

可逆系と非可逆系の中間の電極反応系である準可逆系では $k^{0'} \cong m$ であり，式(2-23)～式(2-26)を組み合わせることで，図2-3(b)のような定常状態ボルタモグラムが得られる。

電極反応の標準速度定数 $k^{0'}$ は，目的とする酸化還元対，電極，溶媒，支持電解質からなる反応系によって決まる定数（表2-1参照）であるのに対し，表2-2に示される物質移動係数 m は測定法に依存し，またその中には実験可変パラメータを含む。例えば回転電極での定常状態ボルタンメトリーでは，回転数 ω を実験的に変化させることができる。すなわち，ω を大きくすると m も ω の1/2乗に比例して大きくなる。例えば，低回転数では $k^{0'} \gg m$ を満たしていてボルタモグラムは可逆な振る舞いをするが，高回転数では $m \gg k^{0'}$ になり非可逆な振る舞いを示す。言い換えるとボルタンメトリー測定手法で決まる m は実験的に変化させることができ，したがって，相対的に $k^{0'}$ との大小関係も変化する。

可逆性は反応系で決まるのではなく，測定系を含めた電極反応系全体で決まる。電極反応が可逆的あるいは可逆な振る舞いを示すというのは，この $k^{0'}$ と m との相対的な大小関係のためである。

定常状態ボルタモグラムはボルタモグラムの基本形であり，可逆系では式(2-28)および図2-3(a)で表される点対象を持つシグモイド形のボルタモグラムを示すが，ボルタンメトリー測定で最もよく用いられる手法は次節で述べるCVである。図2-4によく用いられるボルタンメトリー手法で得られる，可逆系のボルタモグラムの例を示す。一般に，電圧に微小な摂動をかけたり，拡散

2 電気化学測定と解析法

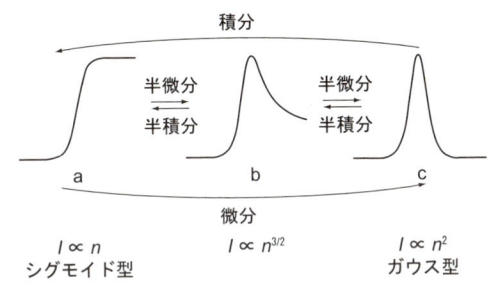

積分 ↑
半微分 ⇄ 半積分（a→b）
半微分 ⇄ 半積分（b→c）
微分 ↓

a: $I \propto n$　シグモイド型
b: $I \propto n^{3/2}$
c: $I \propto n^2$　ガウス型

ボルタンメトリーの例
a：パルスボルタンメトリー，回転電極での定常状態ボルタンメトリー，微小電極での定常状態ボルタンメトリー
b：リニアスイープボルタンメトリー（CV）
c：微分パルスボルタンメトリー（パルス電位幅極限小），リニアスイープ薄層ボルタンメトリー（薄層厚み極限小）

図 2-4　ボルタモグラムの形

モードを半無限拡散（電極表面から溶液に向かって無限とみなせる拡散）から限界拡散とする手法では，得られるボルタモグラムは定常状態ボルタモグラムの微分形であるガウス型になり，電流は電子数 n の 2 乗に比例する。リニアスイープボルタンメトリーあるいは CV 法は大きな電位の摂動をかけることになり，得られるボルタモグラムはシグモイド形とガウス形の中間に位置する。シグモイド形およびその微分形のガウス形の可逆ボルタモグラムは比較的簡単な式で表されるのに対し，シグモイド形の半微分形である CV 法の解析解は得られず，式で表すことはできない。

2-3　サイクリックボルタンメトリー（CV）

2-3-1　はじめに

サイクリックボルタンメトリー（cyclic voltammetry, CV）は，静止溶液中で作用電極の電位を図 2-5(a)のように目的の酸化あるいは還元反応が起こるまで時間に対して直線的に変化（リニアスイープ）させ，次いで電位を逆方向に変化させたときの電流を測定する（図 2-5(b)）手法である。このとき物質移動は拡散のみとなる。電極反応として次の n 電子酸化反応を考える。

$$R = O + ne^- \quad (E^{0'} = 0 \text{ V}) \tag{2-37}$$

初期条件として，最初溶液中には還元体 R のみが濃度 C_R^* で存在し，酸化生成物 O は溶液中に安定に存在する．また，両者の拡散係数が等しい，$D_R = D_O$ と仮定すると式 (2-30) より $E_{1/2}^r = E^{0'}$ になる．初期電位 E_i は $E^{0'}$ よりも充分負の電位に設定することで，式 (2-37) の酸化反応は生じないので電解電流は無視できる．つぎに，電極電位を図 2-5(a) のように一定の速度で正電位方向に $E^{0'}$ を通過させ，$E^{0'}$ より充分正の電位 E_λ まで変化させる．このときの直線の傾きを走査速度 (scan rate) あるいは掃引速度 (sweep rate) といい，図 2-5(a) の例ではその値は $\nu = 0.1 \text{ V s}^{-1}$ である．この電位走査では，$E^{0'}$ 付近で電解酸化電流が増加しピークに達した後，拡散層の厚み δ_R が近似的に時間の平方根に比例して増加するので，電流値は式 (2-19)，式 (2-21) に従って減少するが，ゼロになることはない．ここまでの過程で測定を終わるときの手法は，リニアスイープボルタンメトリーという．電位を E_λ に達した後，電位掃引を往きの正電位掃引と同じ走査速度で，逆に負電位側に E_i までもどす CV が一般的に行われる．このとき，電位 E_λ を反転電位という．逆掃引（図 2-5 では 6 秒後）

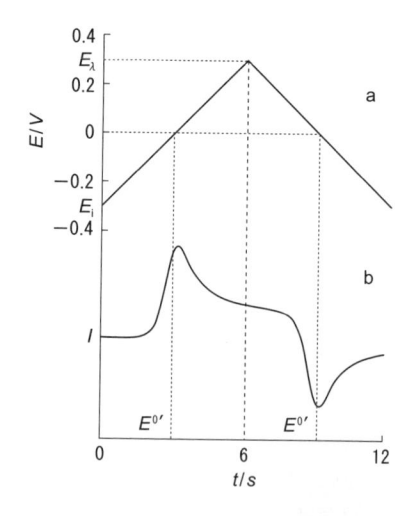

図 2-5 サイクリックボルタンメトリー測定における電位-時間および電流-時間曲線

での最初のうちは，まだ電位は $E^{0'}$ より充分正電位にあるので，酸化電流は時間の平方根に反比例して減少していく。電位が $E^{0'}$ に近づくと，拡散層内にある酸化体 O が R に還元し始める。電位を引き続き負電位に掃引すると，R が O に酸化される電流と O が R に還元される電流が等しい，すなわち電流ゼロの位置を通過し，その後，O が R への還元が主として起こり，往きの掃引と同様に還元電流はピークに達した後ゆっくり減少する。図 2-5(b) は電解電流の時間的変化を表したものであるが，電位は時間と直線的に変化するため，横軸を電位に置き換えてもよい。このとき電流-電位曲線は電位 E_λ で折り返した形，すなわちサイクリックボルタモグラム（CV 波）が得られる。CV 波は必ず時計回り方向に描かれなければならない。

2-3-2　可逆系の CV 波

電子移動過程の速度が物質移動過程（拡散過程）の速度よりも充分大きく，電極反応が拡散律速になるとき，

$$k^{0'} \gg m = \left(\frac{\pi nFDv}{RT}\right)^{1/2} \tag{2-38}$$

$$\frac{k^{0'}}{\mathrm{cm\ s^{-1}}} \gg \frac{0.03}{\mathrm{cm V^{-1/2} s^{-1/2}}}\left(\frac{nv}{\mathrm{Vs^{-1}}}\right)^{1/2} \quad \text{at } 25℃,\ D = 1\times10^{-5}\,\mathrm{cm^2\ s^{-1}} \tag{2-39}$$

図 2-5 の可逆 CV 波が得られる。可逆 CV 波では次の関係式が成り立つ。順方向の掃引での酸化ピーク電流 I_pa は，

$$I_\mathrm{pa} = 0.4463 nFAD_\mathrm{R}^{1/2}\left(\frac{nF}{RT}\right)^{1/2} v^{1/2} C_\mathrm{R}^* \tag{2-40}$$

で表され，25℃では，

$$I_\mathrm{pa} = kn^{3/2}AD_\mathrm{R}^{1/2}v^{1/2}C_\mathrm{R}^* \tag{2-41}$$

$$k = 2.69\times10^5\,\mathrm{A\ s\ mol^{-1}\ V^{-1/2}} \tag{2-42}$$

となり，ピーク電流値は電子数 n の 3/2 乗，走査速度 v の 1/2 乗および還元体の初濃度 C_R^* に比例する。一方，酸化ピーク電位 E_pa は可逆半波電位 $E_{1/2}^\mathrm{r}$ と次

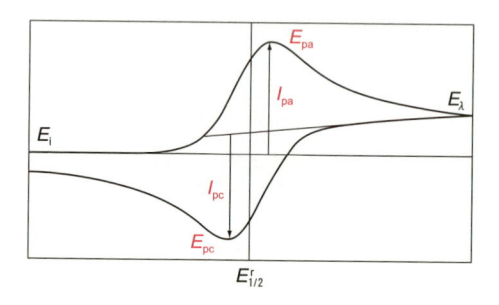

図2-6 可逆系のサイクリックボルタモグラム

の関係がある。

$$E_{pa} = E_{1/2}^r + 1.109 \frac{RT}{nF} \quad (2\text{-}43)$$

25℃では，

$$E_{pa} = E_{1/2}^r + \frac{0.0285}{n} \text{V} \quad (2\text{-}44)$$

となる。逆掃引での還元ピーク電流値 I_{pc} は，図2-5のように外挿ベースラインからの値で与えられる。反転電位 E_λ が $E_{1/2}^r$ より充分正にあるときにはベースラインは比較的容易に外挿できるが，E_λ が $E_{1/2}^r$ から離れていないときにはベースラインの外挿は容易でなく，I_{pc} に誤差が生じる。E_λ が $E_{1/2}^r$ より充分正にあるときには還元ピーク電流 I_{pc} の絶対値は酸化ピーク電流の絶対値 I_{pa} に等しい。

$$\left| \frac{I_{pc}}{I_{pa}} \right| = 1 \quad (2\text{-}45)$$

この関係は式 (2-21) より明らかなように，酸化体と還元体の拡散係数が異なっていても可逆系であれば常に成立する。また，酸化ピーク電位 E_{pa} と還元ピーク電位 E_{pc} の平均値は可逆半波電位 $E_{1/2}^r$ に等しく，酸化体と還元体の拡散係数がほぼ同じ ($D_O \approx D_R$) であればその電位は $E^{0'}$ とみなせる。

$$\frac{E_{pa} + E_{pc}}{2} = E_{1/2}^r \approx E^{0'} \quad (E_\lambda \gg E^{0'}) \quad (2\text{-}46)$$

一方酸化ピークと還元ピークの電位差はピーク電位差 ΔE_p といい，その値は25℃で $57/n$ mV となる。

$$\Delta E_{\mathrm{p}} = E_{\mathrm{pa}} - E_{\mathrm{pc}} = \frac{0.057}{n}\,\mathrm{V} \qquad (E_{\lambda} \gg E^{0'}) \tag{2-47}$$

2-3-3　準可逆系の CV 波

CV 測定では必ずしも可逆な CV 波が得られるわけではなく，むしろ準可逆系の CV 波が一般的である．また，2 章 3 節 2 項の可逆系の CV 波の解析からは，その性質上電荷移動過程の速度論的パラメータである k^0 および α_{a} を求めることができない．このような場合には走査速度 v を大きくすることにより物質移動係数 m_{R} を大きくし，$k^{0'} \approx m_{\mathrm{R}}$ の準可逆系の CV 波を得て，その解析より電極反応速度論的パラメータが求められる．

準可逆系の CV 波には 2 章 3 節 2 項の可逆 CV 波のような単純な関係式は存在しない．CV 波の形は電極反応速度論的パラメータである k^0 および α に依存するが，ここでは移動係数 $\alpha_{\mathrm{a}} \approx \alpha_{\mathrm{c}} \approx 0.5$ のときの CV 波の形を定性的に述べる．図 2-7(b) に $k^{0'} = 1 \times 10^{-2}\,\mathrm{cm\,s^{-1}}, m_{\mathrm{R}} = 3.5 \times 10^{-2}\,\mathrm{cm\,s^{-1}}$ のときの CV 波を示す．可逆 CV 波（図 2-7(a)）に比べると，酸化ピーク電位 E_{pa} はより正電位に，還元ピーク電位 E_{pc} はより負電位にシフトし，その結果ピーク電位差 ΔE_{p} は大きくなる．また酸化および還元ピークは鋭さがなくなり，なだらかになっている．この傾向は，相対的に k^0 が m_{R} に比べて小さくなる．すなわち可逆性が小さく

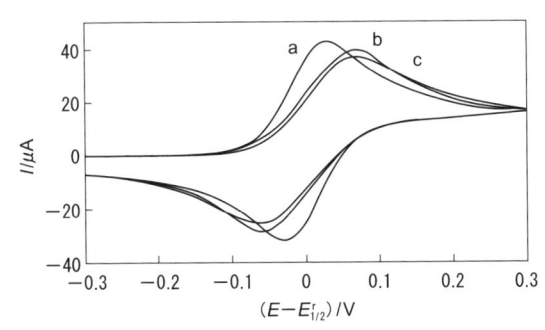

条件パラメーター：$T = 298\,\mathrm{K}$, $A = 0.05\,\mathrm{cm^2}$, $C_{\mathrm{R}}^{*} = 1\,\mathrm{mmol\,L^{-1}}$, $D_{\mathrm{R}} = D_{\mathrm{O}} = 1 \times 10^{-5}\,\mathrm{cm^2\,s^{-1}}$, $\alpha_{\mathrm{a}} = 0.5$, $v = 1\,\mathrm{V\,s^{-1}}$,
a) $k^{0'} = 1 \times 10^4\,\mathrm{cm\,s^{-1}}$, $R_{\mathrm{s}} = 0\,\Omega$, b) $k^{0'} = 1 \times 10^{-2}\,\mathrm{cm\,s^{-1}}$, $R_{\mathrm{s}} = 0\,\Omega$,
c) $k^{0'} = 1 \times 10^4\,\mathrm{cm\,s^{-1}}$, $R_{\mathrm{s}} = 800\,\Omega$

図 2-7　準可逆系のサイクリックボルタモグラム

なるほど大きくなる。しかしながら可逆 CV 波ほどではないが，近似的には次の関係が得られる。

$$\frac{E_{pa}+E_{pc}}{2} \approx E_{1/2}^r \approx E^{0'} \qquad (0.3 < \alpha_a < 0.7) \qquad (2\text{-}48)$$

準可逆 CV 波の形は電極反応速度論的パラメータで決まるが，$n=1$ のときのそれらを無次元化したパラメーター Ψ が次式で定義される[4]。

$$\Psi = \frac{(D_R/D_O)^{\alpha_a/2} k^{0'}}{[\pi D_R \nu (F/RT)]^{1/2}} \qquad (n=1) \qquad (2\text{-}49)$$

ここで，$D_O \approx D_R$，$0.3 < \alpha_a < 0.7$ のときには式 (2-49) は，次式のようにより簡単な式に近似でき，Ψ はピーク電位差 ΔE_p と容易に数値解として関係付けられる。

$$\Psi = \frac{k^{0'}}{m_R} = \frac{k^{0'}}{[\pi D_R \nu (F/RT)]^{1/2}} = f(\Delta E_p) \qquad (n=1) \qquad (2\text{-}50)$$

表 2-3 に無次元速度パラメータ Ψ とピーク電位差 ΔE_p との関係を示した[5]。表 2-3 と式 (2-50) を用いることにより，還元体の拡散係数 D_R がわかっていれば，準可逆 CV 波の ΔE_p より電極反応速度定数 $k^{0'}$ が求まる。

表 2-3 無次元速度パラメータ Ψ とピーク電位差 ΔE_p の関係

ΔE_p/mV	Ψ	ΔE_p/mV	Ψ
61.6	6.0	220	0.10
62.5	5.0	288	5.0×10^{-2}
63.8	4.0	382	2.0×10^{-2}
66.0	3.0	454	1.0×10^{-2}
70.3	2.0	525	5.0×10^{-3}
82.8	1.0	620	2.0×10^{-3}
90.6	0.75	691	1.0×10^{-3}
105	0.50	763	5.0×10^{-4}
123	0.35	857	2.0×10^{-4}
144	0.25	929	1.0×10^{-4}

$n=1$, $E_\lambda - E^{0'} = 1$ V

2-3-4 CV 測定

CV 測定から得られるボルタモグラムを，2 章 3 節 2 項および 2 章 3 節 3 項で表された式に従って解析することにより熱力学的パラメータである式量電位

$E^{0'}$, 物質移動パラメータである拡散係数 D あるいは電極反応速度論的パラメータである標準反応速度定数 $k^{0'}$ などの電極反応パラメータを求めることになるが，測定 CV 波は必ずしも図 2-7(a)，(b)のような理論的あるいは理想的な CV 波に一致するとは限らない。非理想的な要因として主として以下の 3 要因について述べる。

CV 測定での電極への物質移動は拡散のみであるが，2 章 3 節 2 項および 2 章 3 節 3 項で考えた拡散モードは電極表面に垂直な線形拡散だけである。しかしながら，電極表面積は有限であり電極には必ず周が存在する。例えば CV 測定によく用いられる微小円盤電極での拡散モードは，図 2-8 に示すように実線の矢印で表される電極面に垂直な線形拡散だけでなく，波線の矢印で表される電極円周への三次元的な拡散が存在する。この効果をエッジ効果という。

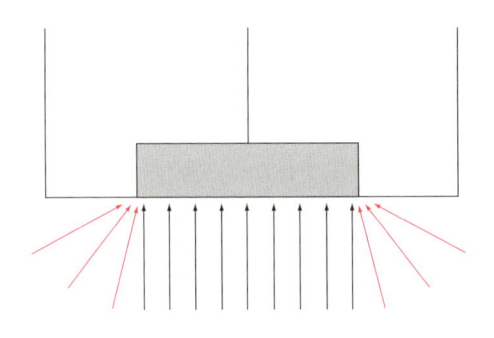

図 2-8 円盤電極での拡散モード

電極表面と円周への拡散による物質移動量の相対的大きさは，電極半径と走査速度に依存する。電極半径が大きいあるいは走査速度が大きいときは線形拡散が優先的になり，図 2-9(a)の理想的な CV 波が得られる。無次元パラメータ p の値で表すと次の式になる[6]。

$$p = \left(\frac{nFr^2v}{RTD_R}\right)^{1/2} > 150 \qquad 線形拡散 \qquad (2\text{-}51)$$

ここで r は円盤電極の半径である。逆に電極半径が小さいか走査速度が小さいときには円周拡散が優先的になり，図 2-9(c)の定常状態ボルタモグラムが得られる。すなわち，順掃引でも逆掃引でも同じ電流-電位曲線となる。

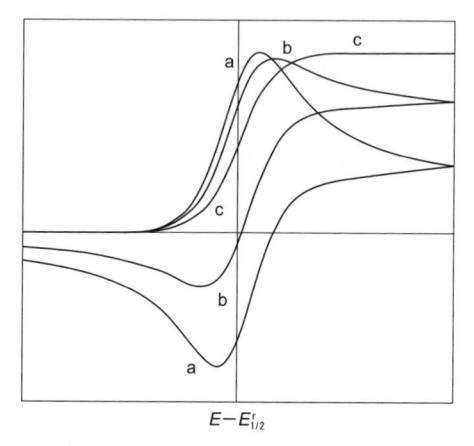

a) 電極面に垂直な線形拡散, b) 線形拡散＋円周拡散, c) 電極周への円周拡散

図 2-9　拡散モードの違いによるサイクリックボルタモグラム

$$p = \left(\frac{nFr^2v}{RTD_R}\right)^{1/2} > 0.08 \quad 円周拡散 \quad (2\text{-}52)$$

両者の拡散モードが互いに無視できない条件では，図 2-9(c)のような中間的な非理想的な CV 波が得られ，解析は困難となる．例として，半径 $r = 0.08$ cm の円盤電極を用いて走査速度 $v = 0.1$ V s^{-1} で 1 電子酸化反応の CV 測定を行うと，CV 波には約 3% のエッジ効果が含まれることになり，実測 CV 波の解析精度を考えるとエッジ効果はほとんど問題とならない．

　CV 測定において次に問題となるのは，溶液抵抗による電位降下（IR 降下とも呼ばれる）である．電解質溶液の抵抗はゼロではなく，作用電極と参照電極間には有限の抵抗，すなわち溶液抵抗 R_s が必ず存在し，作用電極と対極間に電流 I が流れると，IR_s 分だけ作用電極の電位降下が生じる．

$$E = E_{app} - IR_s \quad (2\text{-}53)$$

ここで，E_{app} はポテンシオスタットの設定電位である．図 2-7(c)に可逆 CV 波（図 2-7(a)）が電位降下により歪んでいることがわかる．すなわち，IR_s の値が大きくなればなるほど，酸化ピーク電流は正電位に，還元ピーク電位は負電位にずれる．図 2-7(b)の準可逆系の CV 波と図 2-7(c)の可逆系で IR 降下を生

じている CV 波では，たまたま ΔE_p の値が同じである．したがって，ΔE_p から式 (2-50) を利用して k^0 を求めるとき IR 降下の影響がないことを確かめる必要がある．例えば，濃度 C_R^* を変化させても ΔE_p の値が変わらなければ，IR 降下の影響を受けていないことになる．この IR 降下の影響を少なくするには，溶液抵抗 R_s を小さくするか，電流 I を小さくする必要がある．このために，

① 比誘電率の大きい溶媒を用いる（R_s 小）．
② 支持電解質濃度を高くする（R_s 小）．
③ 電極面積を大きくしない（I 小）．
④ 電極活性種の濃度を大きくしない（I 小）．
⑤ 走査速度を大きくしない（I 小）．

などが考えられるが，現実的には電流値を小さくする方が有効である．

最後に，電気二重層容量の CV 波への影響について述べる．電極-電解質溶液界面には必ず電気二重層が存在し電極界面での電荷移動の担い手になっている．CV 測定において，初期電位 E_i を作用電極に印加したとき，瞬間的に電気二重層を充電するに要する電流が流れる．

$$I_\mathrm{c} = \frac{\Delta E}{R_\mathrm{s}} \exp\left(-\frac{t}{R_\mathrm{s} C_\mathrm{d}}\right) \tag{2-54}$$

$$\Delta E = E_\mathrm{i} - E_\mathrm{rest} \tag{2-55}$$

ここで，R_s は溶液抵抗であり，C_d は電気二重層容量で電極面積に比例する．また，E_rest は開回路状態での作用電極の電極電位（平衡電位）で静止電位（resting potential）と呼ばれることもある．この電流は通常ミリ秒以下でほぼゼロになる．CV 測定では引き続き電位を掃引するが，掃引前に E_i の状態に数秒おくことが多いが，これは二重層への充電を完了するためでもある．電位掃引時の容量性電流 I_c は次の式で与えられる．

$$I_\mathrm{c} = C_\mathrm{d} \nu \tag{2-56}$$

二重層容量 C_d の値は，電位によっても変化し必ずしも測定電位窓範囲で一定ではない．容量性電流 I_c は走査速度 ν に比例するのに対し電解電流は $\nu^{1/2}$ に比例するので，CV 波の解析にとって走査速度 ν をむやみに大きくすることは得

策ではない。

2-4 化学反応を伴う電極反応解析
2-4-1 はじめに

電極反応が式 (2-7) の電子移動のみから成り立っている場合，サイクリックボルタモグラム（CV 波）の形は走査速度 ν を変化させてもそれほど極端には変わらない。しかしながら電極での電子移動（E）に溶液内での均一化学反応（C）が伴う場合は，化学反応の速度と走査速度の時間スケールの相対的な大きさが CV 波の形に大きく影響する。したがって，サイクリックボルタンメトリー（CV）法は化学反応を伴う電極反応を視覚的にとらえることができるが，定量的な解析は他のボルタンメトリー手法やディジタルシミュレーション法[7]を利用することが望ましい。以下に，実際によく見られる電極反応機構，とくに電子移動の後，電極反応生成物が化学反応を起こす EC 機構について述べる。

2-4-2 EC 機構

電極反応生成物が化学的に不安定で他の化学種に変化するとき，全体の反応を EC 機構といい，C は後続化学反応と呼ばれる。ここでは次の簡単な例を示す。

$$R = O + e^- \quad \text{(可逆)} \tag{2-57}$$
$$O \rightarrow X \quad \text{(一次反応速度定数 } k_f\text{)} \tag{2-58}$$

ここで後続化学反応生成物 X は電位掃引範囲では電気化学的に不活性な化学種である。

図 2-10 に EC 機構での CV 波形の無次元パラメータ λ の依存性を示す。

$$\lambda = \frac{k_f}{\nu}\left(\frac{RT}{F}\right) \tag{2-59}$$

順掃引では CV 波形は λ にあまり依存しないが，逆掃引では，λ の値が大きくなる，すなわち後続化学反応の一次速度定数 k_f が大きくなるほど，あるいは走査速度 ν が小さくなるほど還元ピーク電流値 I_{pc} は小さくなる。無次元パラメータ λ を小さくすれば，後続化学反応の影響を受けず可逆 CV 波が得られることになる（図 2-10(a)）。そのためには k_f を小さくするか ν を大きくすれば

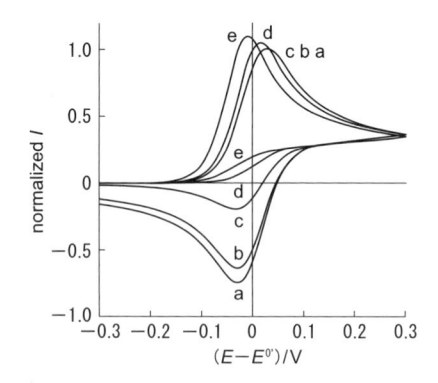

$D_O = D_R$, $E_\lambda - E^{0'} = 0.3$ V, $\lambda = (k_f/\nu)(RT/F)$: a) 0, b) 0.01, c) 0.1, d) 1, e) 10

図 2-10 EC 機構のサイクリックボルタモグラム

よいが，実験上 ν を大きくし過ぎると，電極反応の可逆性の低下，IR 電位降下の影響，電気二重層の容量性電流の増加の原因となるので注意が必要である。

一方，CV 測定温度を低くすることにより k_f を小さくすることができる。このとき電極反応速度定数 k^0 も小さくなるが，この CV 波形への影響は k_f の減少による影響に比べて極端に小さい。

図 2-11 および図 2-12 には，一次反応速度定数 $k_f = 1.39$ s^{-1}，すなわち半減

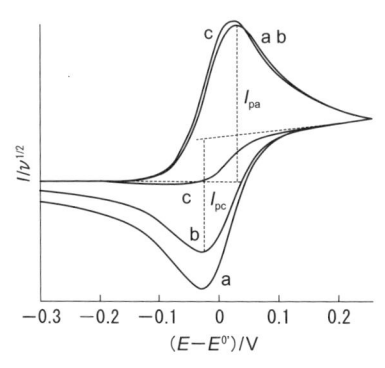

$k_f = 1.39$ s^{-1} ($t_{1/2} = 0.5$ s), $D_O = D_R$, ν : a) 10, b) 1, c) 0.1 V/s

図 2-11 EC 機構のサイクリックボルタモグラムにおよぼす ν の影響

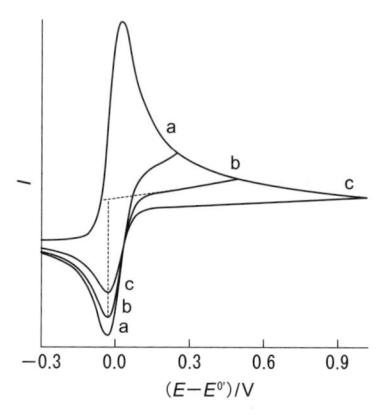

$k_f = 1.39 \text{ s}^{-1}$ ($t_{1/2} = 0.5$ s), $D_O = D_R$, $E_\lambda - E^{0'}$: a) 0.25, b) 0.5, c) 1 V

図 2-12 EC 機構のサイクリックボルタモグラムにおよぼす E_λ の影響

期 $t_{1/2} = 0.5$ s のときの，CV 波の走査速度 ν の依存性および反転電位 E_λ の依存性を示した。例えば図 2-11(b) の CV では，電位が $E^{0'}$ から E_λ に至り $E^{0'}$ に戻ってくるまでの時間は 0.5 s であり，その時間では反応物 O の半分が X に変化する。その結果 CV 波の還元ピーク電流 I_{pc} は酸化ピーク電流 I_{pa} のおよそ半分となる。同様に，反転電位 E_λ も逆掃引の CV 波形に影響を与える。すなわち E_λ がより正電位になるほど，O から X への後続化学反応が進み還元ピーク電流は小さくなる。その様子を図 2-12 に示した。順掃引での酸化ピーク電流に対

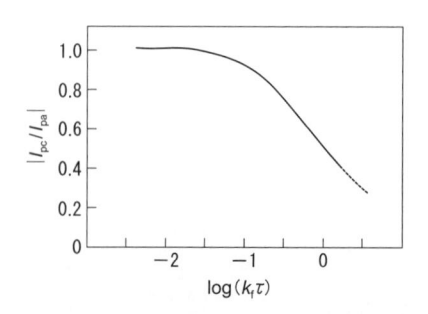

τ : 電位が $E^{0'}$ から E_λ までの走査に要する時間

図 2-13 EC 機構のサイクリックボルタモグラムのピーク電流比の作業曲線

する逆掃引での還元ピーク電流の比の値$|I_{pc}/I_{pa}|$から，図 2-13 の作業曲線を利用して後続化学反応の一次速度定数 k_f を求めることができる。

2-4-3 EC$_{cat}$ 機構

反応物である還元体 R の一電子酸化生成物 O が電気化学的に不活性な他の化学種 Z により，もとの還元体 R に再生される後続化学反応を伴う機構を EC$_{cat}$ (catalytic EC) 機構という。

$$R = O + e^- \quad (可逆) \quad (2\text{-}60)$$
$$O + Z \rightarrow R + (Y) \quad (二次反応速度定数 \quad k_2) \quad (2\text{-}61)$$

ここでは，電極反応式 (2-60) は可逆であり，後続二次反応式 (2-61) において反応種 Z が還元体 R 比べて過剰に存在する（$C_Z^* \gg C_R^*$），あるいは Z が触媒である場合で，Z の定常濃度が C_Z^* とみなせる条件での CV 波について考える。

図 2-14 では，走査速度が一定のとき，擬一次反応速度定数 $k_1 (= k_2 C_Z^*)$ の値により，CV 波がどのように変化するかを示した。速度定数 k_1 が大きくなるにつれて酸化電流値は大きくなり，酸化ピークがなくなり平坦な酸化電流値が得られる。逆掃引でも還元ピーク電流は見られなくなり，CV 波はシグモイド型（図 2-3(a) および図 2-4(a)）となる。図 2-15 には，走査速度を変化させた

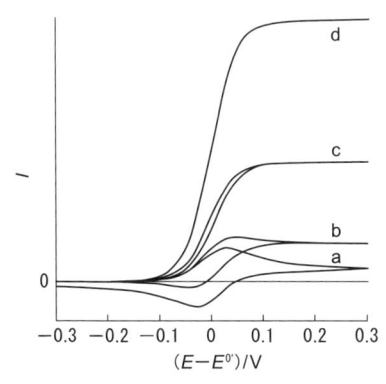

$D_R = D_O, \nu = 1 \text{ V s}^{-1}, k_2 C_Z^*$: a) 0, b) 10, c) 100, d) 500 s^{-1}

図 2-14 EC$_{cat}$ のサイクリックボルタモグラム（擬一次反応速度定数依存性）

$D_R = D_O$, $k_2 C_Z^* = 20\ \mathrm{s}^{-1}$, ν: a) 0.1, b) 1, c) 5 V s^{-1}

図 2-15 EC$_{cat}$ のサイクリックボルタモグラム（走査速度依存性）

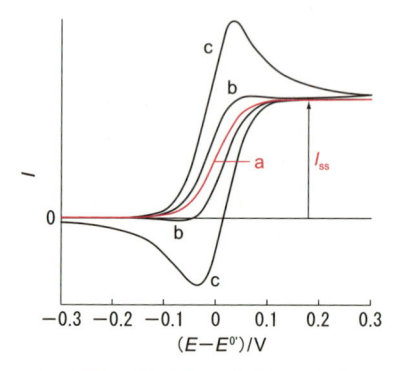

とき，CV 波の変化を示した。走査速度 ν が大きいとき（図 2-15(c)），時間に依存する拡散層の厚み δ_R は時間に依存しない化学反応層の厚み δ_C ($= \sqrt{D_R/k_1}$) に比べて小さく，ピーク状の CV 波を示す。一方 ν が小さくなると（図 2-15(a)），δ_C は δ_R よりも小さくなり，反応物 R の電極への供給，すなわち物質移動は拡散よりも化学反応が担い，CV 波も時間に依存しないシグモイド型の定常状態 CV 波が得られる。ただし，還元体と酸化体の拡散係数の値が大きく異なるとき ($D_R \neq D_O$) には定常状態 CV 波は得られない。

パラメータ $k_2 C_Z^*/\nu$ が 100 V^{-1} より大きいときには，電極電位 E が E° に対して充分正の電位で平坦な定常電流 I_{ss} が見られ，その値は次式で表される。

$$I_{ss} = FAC_R^* \sqrt{D_R k_2 C_Z^*} \tag{2-62}$$

EC$_{cat}$ 機構では，実験的には走査速度を小さくすれば I_{ss} が得られるのでその値から式 (2-62) より擬一次反応速度定数 $k_1 = k_2 C_Z^*$ が求められる。反応種 Z の濃度が還元体 R の初期濃度よりも充分大きい ($C_Z^* \gg C_R^*$) とき（再生機構 regeneration mechanism），C_Z^* が既知であるならば再生反応式 (2-61) の二次反応速度定数 k_2 を求めることができる。一方，式 (2-61) が触媒反応で触媒 Z の定常状態濃度 C_Z^* が分からないときでも，擬一次反応速度定数 k_1 は触媒反応のターンオーバー数 (turnover frequency) に相当する。

以上 2 章 4 節では，後続化学反応を伴う電極反応で得られる CV 波の解析に

ついて述べたが，他の化学反応を伴う例については他の成書[3, 4]を参照されたい．また，それらの CV 波のより定量的な解析にはディジタルシミュレーション法[7]を活用されたい．

2-4-4　EE 機構

中心金属が酸化還元活性な多核錯体では，多電子移動の電極反応が見られる．ここでは，複核錯体の段階的な可逆 1 電子酸化反応，すなわち単純な EE 機構で進む電極反応の CV 挙動について述べる．複核錯体 R–R のそれぞれの中心金属 R が形式的に 1 電子酸化を受けて O になる場合，R–R の電極反応は次の式で表される．

$$\text{R–R} = \text{O–R} + \text{e}^- \qquad E_1^{0'} \qquad (2\text{-}63)$$

$$\text{O–R} = \text{O–O} + \text{e}^- \qquad E_2^{0'} \qquad (2\text{-}64)$$

ここで，$E_1^{0'}$ および $E_2^{0'}$ はそれぞれ一段階目および二段階目の式量電位である．また，溶液内では次の均化反応（comproportionation）が存在する．

$$\text{R–R} + \text{O–O} \rightleftharpoons 2\,\text{O–R} \qquad (2\text{-}65)$$

$$K_\text{c} = \frac{[\text{O–R}]^2}{[\text{R–R}][\text{O–O}]} = \exp\frac{F\Delta E^{0'}}{RT} \qquad (2\text{-}67)$$

ここで K_c は均化定数で，$\Delta E_1^{0'} = E_2^{0'} - E_1^{0'}$ である．

複核錯体の性質を CV 挙動と関連付けるために，複核錯体の性質を次の 3 つに分類することができる．

① 　複核錯体内で 2 つの R は独立していて，金属中心間に全く相互作用が存在せず，かつ各段階の酸化還元に伴う溶媒和ギブズエネルギー変化が等しい（$\Delta G^\text{s}(\text{O–R}) - \Delta G^\text{s}(\text{R–R}) = \Delta G^\text{s}(\text{O–O}) - \Delta G^\text{s}(\text{O–R})$，$\Delta G^\text{s}$：溶媒和ギブズエネルギー）場合には，CV 波の電流は相当する可逆 1 電子反応の 2 倍になるが，$\Delta E_\text{p} = 58$ mV で可逆 1 電子反応の CV 波形を示す．またこの場合均化定数 $K_\text{c} = 4$ であるので，$\Delta E^{0'} = 36$ mV となる．

② 　金属中心間に強い相互作用が存在し，酸化還元に伴う構造変化がほとんどない場合には，均化定数 K_c は大きな値をとり，$E_2^{0'} \gg E_1^{0'}$ となり，明瞭

a) 金属中心間に相互作用がない場合

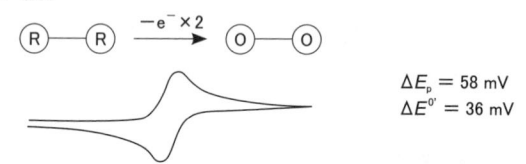

$\Delta E_\text{p} = 58$ mV
$\Delta E^{0'} = 36$ mV

b) 金属中心間に強い相互作用がある場合

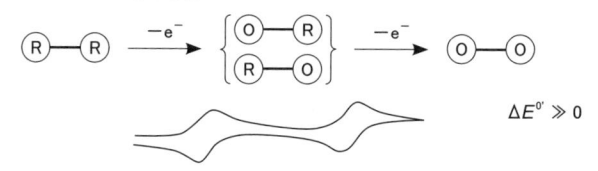

$\Delta E^{0'} \gg 0$

c) 酸化還元に伴い構造変化がある場合

$\Delta E_\text{p} = 29$ mV
$\Delta E^{0'} \ll 0$

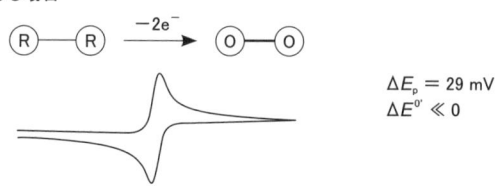

図 2-16　複核錯体の EE 機構のサイクリックボルタモグラム

な二段階の可逆 1 電子 CV 波を示す。また 1 電子酸化体 O-R は熱力学的に安定に存在し，O-R ⇄ R-O の分子内電子移動を含む混合原子価状態が存在する。

③ 酸化還元に伴い構造変化を生じる場合，二段階目の酸化還元電位が一段階目の酸化還元電位より負になり（$E_2^{0'} \ll E_1^{0'}$），一段階目の酸化が生じると同時に次の二段階目の酸化が生じ，可逆 2 電子の CV 波（$E^{0'} = (E_1^{0'} + E_2^{0'})/2$）を与える。したがって，ピーク電流値は 1 電子の場合の $2^{3/2} = 2.8$ 倍の電流値となり，$\Delta E_\text{p} = 29$ mV となる。ただしここでの酸化還元に伴う構造変化には，プロトンの脱離・付加，ハロゲン化物イオンの付加・脱離，金属間結合の生成・解離，溶媒和ギブズエネルギーの増加など可逆的な速い化学反応を含むこともあり，この場合速い ECE 機構で進み見かけ上 EE 機構となる。

多核錯体の多電子移動の実例が 3 章に多く挙げられているので参照されたい。

2-5 吸 着

2 章においてここまでは，溶液から電極への物質移動過程を伴う電極反応について述べてきたが，物質移動過程を伴わない，すなわち，電極表面上に電極活性種が固定化されている場合のサイクリックボルタモグラム（CV 波）について述べる。

ここでは，次のような電極反応について考える。

$$R_{ad} = O_{ad} + ne^- \quad (2\text{-}68)$$

① 還元体 R および酸化体 O がともに電極に単分子層で吸着しているか，単分子膜中に存在する。
② 電極反応は可逆に振る舞う。
③ 同種および異種を含めて吸着化学種間に相互作用は存在しない。

このとき CV 波は図 2-16 に示すように正および逆掃引において左右対称なガウス型を示す。また，電極反応は可逆であるので電流値に対して上下対称の CV 波を与える。ピーク電位 $E_{ad}^{0'}$ は $E^{0'}$ と次式で関係づけられる。

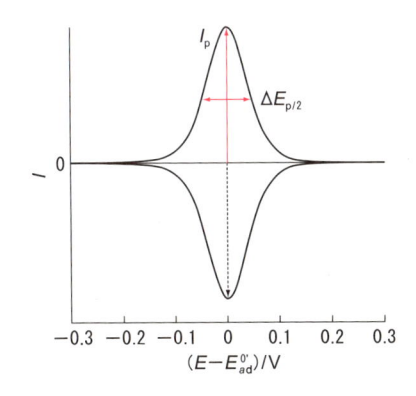

図 2-17 吸着系の可逆サイクリックボルタモグラム

$$E_{\mathrm{ad}}^{0'} = E^{0'} + \frac{RT}{nF} \ln \frac{K_{\mathrm{R}}}{K_{\mathrm{O}}} \tag{2-69}$$

ここでK_{R}およびK_{O}は，それぞれ還元体Rおよび酸化体Oの吸着係数である。一方電流値は走査速度vに比例し，ピーク電流値I_{p}は次式で表される。

$$I_{\mathrm{p}} = \frac{n^2 F^2}{4RT} A v \Gamma_{\mathrm{R}}^* \tag{2-70}$$

Γ_{R}^*は還元体Rの単位面積あたりの初期吸着物質量であり，CV測定中ではRとOの吸着量の和は初期吸着量に等しい。

$$\Gamma_{\mathrm{R}} + \Gamma_{\mathrm{O}} = \Gamma_{\mathrm{R}}^* \tag{2-71}$$

また，ピーク半値幅$\Delta E_{\mathrm{p}/2}$は次式で与えられる。

$$\Delta E_{\mathrm{p}/2} = 3.53 \frac{RT}{nF} \tag{2-72}$$

25℃では，

$$\Delta E_{\mathrm{p}/2} = \frac{90.6}{n} \mathrm{mV} \tag{2-73}$$

となる。正方向のピーク面積は，横軸電位を走査速度vを用いて時間軸とすることより吸着種Rの電解酸化に要した電気量Q_{a}となり，初期吸着量Γ_{R}^*と式(2-74)で関係づけられる。

$$Q_{\mathrm{a}} = nFA\Gamma_{\mathrm{R}}^* \tag{2-74}$$

電極反応式(2-68)で表される吸着系の電極反応は，条件①〜③をすべて満たす場合は少なく，特に密に単分子層吸着している場合には吸着種間の相互作用が働き，CV波のピーク波形は鋭くなったり，ブロードになったりすることが多い。

参考文献

1) D. T. Sawyer, A Sobkowiak, J. L. Roberts, Jr., *Electrochemistry for Chemists*, 2nd ed.

Wiley (1995).
2) 市村彰男, ぶんせき, 118 (2007).
3) 大堺利行, 加納健司, 桑畑進「ベーシック電気化学」化学同人 (2000).
4) A. J. Bard, L. R. Faulkner, *Electrochemical Methods : Fundamentals and Applications*, 2nd ed. ; Wiley (2001).
5) A. Ichimura, S. Tanimoto, *J. Chem. Educ.* **90**, 778 (2013).
6) K. Aoki, K. Akimoto, K. Tokuda, H. Matsuda, J. Osteryoung, *J. Electroanal. Chem.*, **171**, 219 (1984).
7) M. Rudolph, D. P. Reddy, S. W. Feldberg, *Anal. Chem.*, **66**, 589A (1994). 著者の一人 S. W. Feldberg は差分法によるディジタルシミュレーションの開発者であり, 市販ソフト DigiSim™（日本販売元ビー・エー・エス株式会社）の開発にも携わっている。

3 金属錯体の電気化学的性質

はじめに

　金属錯体の酸化還元挙動には様々な魅力がある。単独で極めて可逆な酸化還元を行うものが多く，その電位も金属と配位子の組合せにより大きく動かすことができる。金属イオンは複数の酸化数をとり得るので，1つの錯体で多段の電子移動を起こすものも多い。多電子移動を起こす錯体もある。プロトン移動と共役した電子移動，光化学反応と組み合わせた電子移動も金属錯体の特長である。それらの様々な酸化還元挙動を示す金属錯体は，多くの生体系や人工系の化学反応において電子移動触媒として働き，有用である。本章では，これらの金属錯体の魅力的な酸化還元挙動を解説する。

3-1　金属錯体の酸化還元挙動

3-1-1　はじめに

　金属錯体は中心金属の電子授受に伴い，いろいろな安定な酸化数をとることが可能である。また，中心金属に配位している配位子がレドックス活性な場合には配位子の酸化・還元状態によりさらに多様な電子状態をとることが可能である。このように金属錯体は電子移動に伴い安定な酸化還元種が生成するので，電子移動触媒や金属酵素など電子移動触媒系に広く用いられている。ここでは，金属錯体の酸化還元電位の一般的傾向，特にd電子配置の点から述べる。次に，金属まわりの配位子を変えた場合の酸化還元電位がどのように変化するかの定量化について述べる。そして，レドックス活性な代表的な錯体のいくつかを取り上げ，その酸化還元挙動について述べる。最近，いくつかの錯体電気化学の成書がでている[1〜4]。

3-1-2　酸化還元電位とd電子配置との関係

　金属錯体の酸化還元電位（標準電極電位，E^0）は，クープマン（Koopmans）

の定理から酸化還元を受ける軌道エネルギー ε (redox) と考えることができる。六配位八面体型錯体 $[M(L)_6]^{2+}$ においては，周期表で同周期にある一連の同じ配位環境・酸化数の遷移金属錯体の酸化還元電位は，d 電子数 n の増加とともに中心の核電荷が増加するので，正側にシフトする。また，中心金属 M の d 電子配置に伴い，酸化還元電位も規則的に変化する。すなわち，配位子場による d 軌道の分裂に伴う配位子場安定化エネルギーの大きさにより，高スピンおよび低スピン錯体が生成するために，酸化還元電位もその影響を受ける。電位を決めるのは，電子対形成エネルギー P および配位子場安定化エネルギー Δ_{oct} の大きさである。これまでに報告されている金属錯体の酸化還元電位 ε (redox) を高スピン型と低スピン型に分けて，周期表に沿って中心金属の電子数 n に

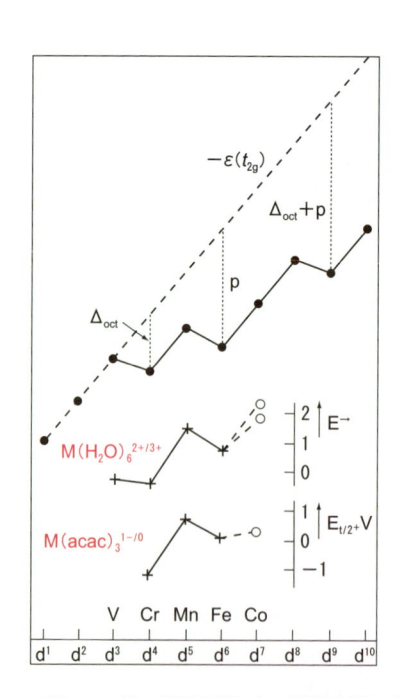

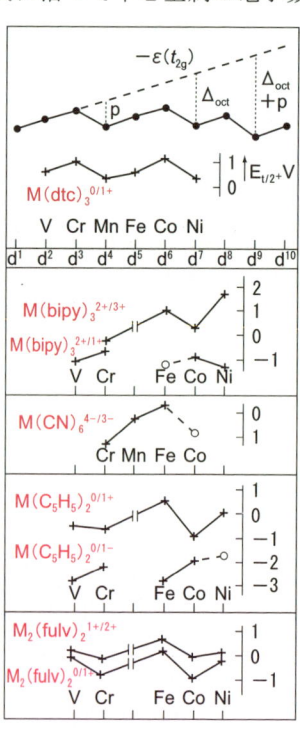

図 3-1 第一遷移周期（3d 遷移金属元素）の種々の高スピン型（左）および低スピン型（右）金属錯体の酸化還元電位の d 電子数依存性[5]
dtc ＝ ジチオカーバメイト，bipy ＝ ビピリジン，fulv ＝ フルバレン

3 金属錯体の電気化学的性質

対してプロットしたのが図 3-1 である[5]。

この図から明らかなように，低スピン錯体では，d^3 から d^4 電子配置への変化，d^5 から d^6，d^8 から d^9 への変化の際に錯体は酸化電位が低くなり（負側にシフトし），より酸化されやすくなる傾向がある。d^3 から d^4 電子配置への変化の場合には電子対形成エネルギー P による d^4 電子配置の不安定化に起因している。また，d^7 電子配置の場合，配位子場分裂により t_{2g} 軌道が充填されて，e_g 軌道に新たに電子が詰まることによる不安定化のために d^6 電子配置に比べて酸化電位は低くなり，酸化されやすくなる。一方，高スピン錯体では d^3 から d^4 電子配置になると配位子場による不安定化のため，d^5 から d^6 になる場合には電子対形成エネルギー P のために酸化電位は低くなり，d^8 から d^9 に変わると酸化電位はまた低くなる。同じ構造で d 電子数の異なるいくつかの錯体シリーズについて，これまでに報告された錯体の酸化還元電位を図 3-1 に示した。配位子場安定化から予想される結果とほぼ一致した結果となっている。

図 3-2 は，多電子移動鎖を示す第二（4d），第三（5d）遷移金属元素からなる $[MCl_6]^{n-}$ 錯体について，その酸化還元電位を d 電子数に着目してプロットした

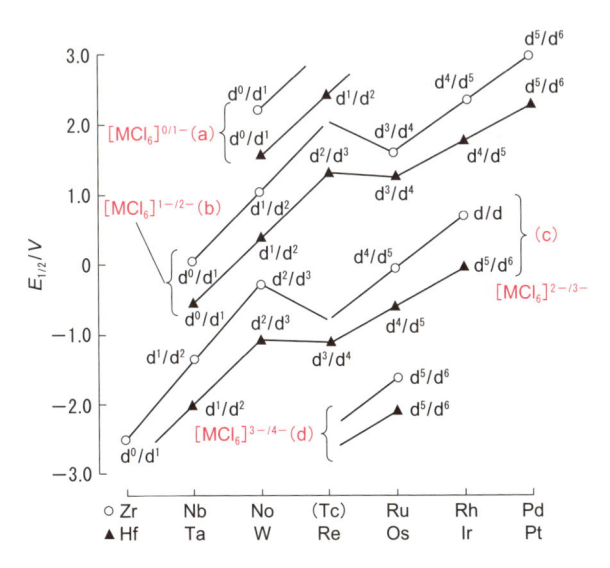

図 3-2 4d（○），5d（▲）遷移金属元素からなる一連の $[MCl_6]^{n-}$ 錯体の酸化還元電位の d 電子依存性[6]

ものである[6]。周期表での原子番号の増大と共に酸化還元電位は正側にシフトする傾向が見られるが，先に述べたd^3からd^4電子配置に変化する際に酸化還元電位の低下が見られ，電子対形成エネルギーPの効果が現れることがわかる[7]。

3-1-3 酸化還元電位におよぼす配位子の影響

金属錯体は，中心金属まわりの配位子により電子状態が大きく影響を受けるので，酸化還元電位は配位子によってチューニングすることができる。酸化還元電位のチューニングは，電子移動の関与する反応系を設計するときに特に重要になるために，多くのデータの蓄積がこれまでに報告されてきた。たとえば，TreichelやBurstenらは，一連の$[M(CO)_{6-n}(CNMe)_n]^{m+}$（M = Mn, $m = 1$；Cr, $m = 0$）系においてイソシアニド配位子の数と酸化電位の間に直線関係が成立し，HOMO軌道エネルギーにおよぼす配位子の影響が加成的に表れることを報告した[8,9]。このような酸化還元電位への配位子の加成性に基づいて，配位子が酸化還元電位におよぼす影響を，有機化学反応におけるHammettやTaftの置換基定数のように定量化できないか検討された。

Chatt, Leigh, Pickettらは，配位子Lによるσ-供与性とπ-受容性が電位におよぼす影響を，$Cr(CO)_6$と$Cr(CO)_5L$との酸化電位の差から定義して"配位子誘起パラメータ"P_Lを，配位子の電子供与・受容性の尺度とすることを提案した[10]。そして，ある錯体の酸化電位$E_{1/2}^{ox}$は錯体の中心金属の電子密度に関わるパラメータE_sと配位子と金属のHOMOとの相互作用による中心金属の分極率に関係するパラメータβ_Lにより式 (3-1) のような直線関係から予測できると定義した。

$$P_L = E_{1/2}^{ox}[Cr(CO)_5L] - E_{1/2}^{ox}[Cr(CO)_6]$$
$$E_{1/2}^{ox}[M_sL] = E_s + \beta_L P_L \qquad (3\text{-}1)$$

この配位子誘起パラメータは2つの異なる配位子 (X, Y) を持つML_4XY型錯体の場合には配位子の加成性により，$P_L(X) + P_L(Y)$として得られる（表3-1および表3-2参照）。

このP_L値は特定の錯体系についてはよいパラメータであるが，新しい錯体系については新たにE_sおよびβ_L値を求めないといけないので，予測の範囲が限られてしまう。

3　金属錯体の電気化学的性質

表 3-1　いくつかの配位子の P_L 値[10]

配位子	P_L	配位子	P_L
NO^+	1.40	NCS^-	-0.88
CO	0.00	CN^-	-1.00
PPh_3	-0.35	H^-	-1.22
PhNC	-0.38	I^-	-1.15
CH_3CN	-0.43	Br^-	-1.17
ピリジン	-0.59	Cl^-	-1.19
NH_3	-0.77	OH^-	-1.55

表 3-2　Chatt の配位子誘起パラメーターを用いる場合の経験パラメーター[10]

$M_S[MYX_4]$	E_S (V vs SCE)	β_L	$P_L(Y)$
$W(CO)_5$	1.52	0.90	0.00
$Cr(CO)_5$	1.5	1.00	0.00
$[Re(CO)(dppe)_2]^+$	1.42	0.62	0.00
$Mo(CO)(dppe)_2$	-0.11	0.72	0.00
$[FeH(dppe)_2]^+$	1.04	1.00	-1.22
$ReCl(dppe)_2$	0.68	3.40	-1.19

このような制限を取り除くために提案されたより一般的なパラメータが，Lever の配位子電気化学パラーメータ $E_L(L)$ である[11]。表 3-3 に Lever の配位子電気化学パラーメータ $E_L(L)$ の一例を示した。この配位子電気化学パラメータ $E_L(L)$ は，

① 多くの Ru 錯体が可逆な Ru(III/II) 反応を示すこと。
② Ru イオンに配位する配位子を系統的に変えたときに，電位におよぼす影響に配位子の加成性がみられること。

から多くの錯体系の電位を体系的に整理する中から経験的パラメータとして導かれた。

今，錯体 $[Ru(U)(V)(W)(X)(Y)(Z)]$ の $E_{1/2}[Ru(III/II)]$ は次のように各配

表 3-3　Lever の配位子電気化学パラメータ $E_L(L)$ [11]

配位子	$E_L(L)$	配位子	$E_L(L)$
1,10-フェナントロリン (phen)	0.26	NCS^-	-0.06
CO	0.99	CN^-	0.02
PPh_3	0.39	2,2'-ビピリジン (bpy)	0.26
PhNC	0.41	H_2O	0.04
CH_3CN	0.34	Br^-	-0.22
ピリジン (py)	0.25	Cl^-	-0.24
アセチルアセトナト (acac)	-0.08	OH^-	-0.59

位子の E_L の和として予測できる。

$$E_{1/2}[\text{Ru}^{II}/\text{Ru}^{III}] = E_L(\text{U}) + E_L(\text{V}) + E_L(\text{W}) + E_L(\text{X}) + E_L(\text{Y}) + E_L(\text{Z})$$

$$= \sum E_L(\text{L}) \qquad (3\text{-}2)$$

この配位子電気化学子パラメータ $E_L(\text{L})$ は Ru 錯体だけではなく他の多くの錯体系に適用することができ，金属錯体の分子設計により酸化還元電位をコントロールしたい場合の設計指針を与えてくれる。酸化還元電位として，つぎの一般式 (3-3) が提案されている（電位は vs SHE 基準である）。

$$E_{1/2}[\text{M}^{n+1}/\text{M}^{n+}] = S_M \sum E_L(\text{L}) + I_M \qquad (3\text{-}3)$$

ここで，S_M，I_M はそれぞれ配位数，立体化学，スピン状態および溶媒和エネルギーの影響を考慮した定数である（表 3-4 参照）。たとえば，アセトニトリル中では式 (3-4) となり，ここから配位子電気化学パラメータを用いて電位を計算することができる。

$$E_{\text{obs}} = 0.97\left[\sum E_L\right] + 0.04 \qquad (3\text{-}4)$$

表 3-4 いろいろなレドックス対に関する S_M および I_M データ

レドックス対	S_M	I_M	溶媒
Cr(III)/Cr(II) (LS)	1.18	−1.72	非水系
Cr(III)/Cr(II) (LS)	0.58	−1.12	水系
Fe(III)/Fe(II) (LS)	1.10	−0.43	非水系
Fe(III)/Fe(II) (LS)	0.68	0.24	水系
Ru(III)/Ru(II) (LS)	1.14	−0.35	水系
Ru(IV)/Ru(III) (LS)	0.93	1.65	非水系

一例として，Lever の配位子電気化学パラメータを用いていくつかの Ru 錯体の酸化電位を予想し，実測値と比較してみよう。たとえば，$[\text{Ru}(\text{phen})_2(\text{py})_2]^{2+}$ については，phen の $E_L = 0.26$，py の $E_L = 0.25$ であるので，

$$E_{\text{obs}} = 0.97 \times [(0.26 \times 4) + (0.25 \times 2)] + 0.04 = +1.53 \text{ V} \qquad (3\text{-}5)$$

（実測値は +1.51 V vs. SHE）

3 金属錯体の電気化学的性質

同様に，[Ru(phen)$_2$(acac)]$^+$ では phen の $E_L = 0.26$，acac の $E_L = -0.08$ であるので，

$$E_{obs} = 0.97 \times [(0.26 \times 4) + (-0.08 \times 2)] + 0.04 = +0.89 \text{ V} \quad (3\text{-}6)$$

（実測値は $+0.87$ V vs. SHE）

と計算できる。計算値は，実測の電位をよく再現しており，あらたに錯体系を分子設計する場合の酸化還元電位を予測することができる。

3-1-4 金属錯体の電位マップ

安定なレドックス対を形成する金属錯体では多くの誘導体が合成されている。先に述べた配位子電気化学パラメータから推定されるように，同じ金属イオンの配位環境を変えると，広い電位範囲を持つ一連の錯体群の電位マップができる。電子移動を伴う生体機能や酸化触媒反応の錯体デザインの際に錯体の電位マップがあると，生体の機能を模倣した配位子の設計指針が得られるので重宝する。その一例として，図 3-3 にはニッケルヒドロゲナーゼモデル探索のニッケル錯体の電位マップ[12]，および図 3-4 には光増感剤となるルテニウム錯体の配位子を系統的に変えた場合の電位マップの報告例を示した[13]。反応と電位との関係を明確に示す例として，電子移動が絡んだ銅錯体を触媒として用いる高分子の精密重合に原子移動ラジカル重合法（ATRP）がある。この重合反応はリビング重合で，分子量分布がきわめて小さい高分子を合成できる特徴がある。この反応に用いる銅（Ⅱ）錯体の還元電位と重合反応の速度を決める ATRP 平衡定数 K_{ATRP} との間には非常に良い直線関係のあることが報告されている（図 3-5）[14]。

$$P_m\text{-}X + Cu^I Y/L_n \underset{}{\overset{K_{ATRP}}{\rightleftharpoons}} P_m\cdot + X\text{-}Cu^{II} Y/L_n \quad (3\text{-}7)$$

$$\searrow Pm-Pm$$
（重合）

このように錯体の電位が配位子を系統的に変えた時にどのように変化するかを電位マップとして蓄積しておくことは重要である。

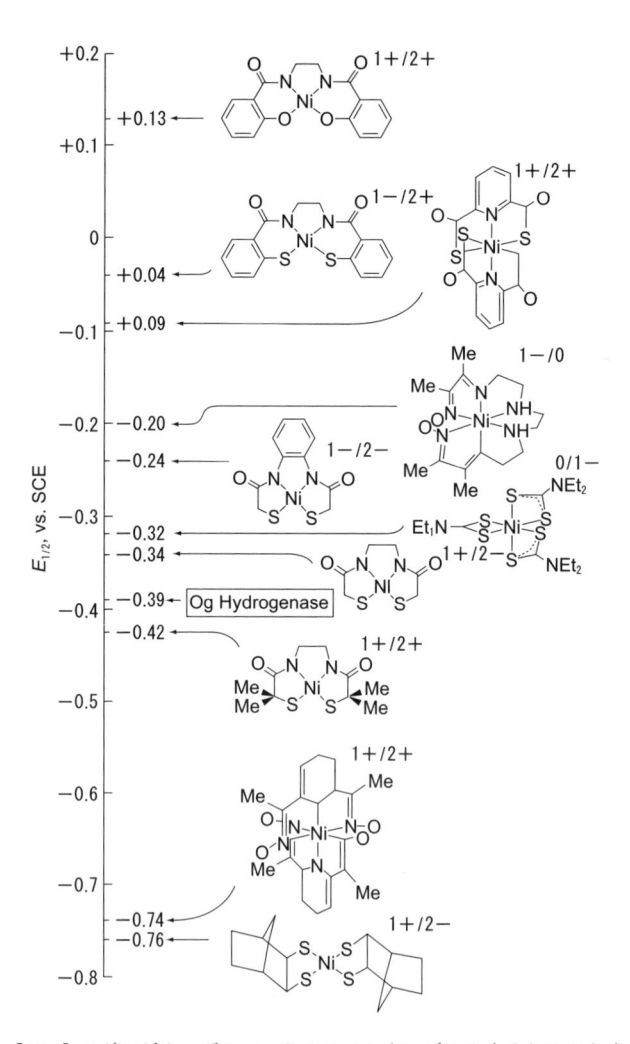

図 3-3 ［NiFe］ヒドロゲナーゼのニッケルサイトをモデル化するために合成されたニッケル錯体の Ni(Ⅲ/Ⅱ) 電位マップ[12]

3 金属錯体の電気化学的性質

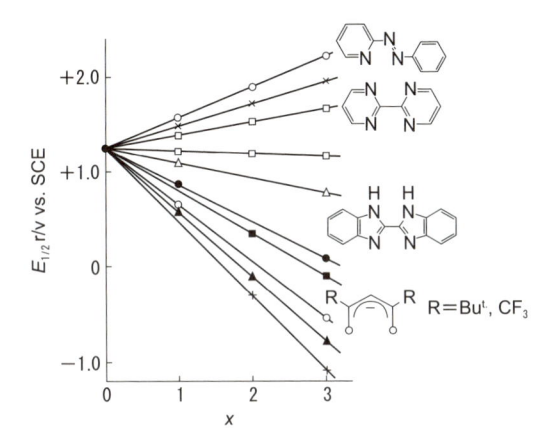

図3-4 ルテニウム錯体 [Ru(bpy)$_{3-x}$(L)$_x$] の配位子の数 x を変化させた時の Ru(Ⅲ/Ⅱ) 電位の変化[13]

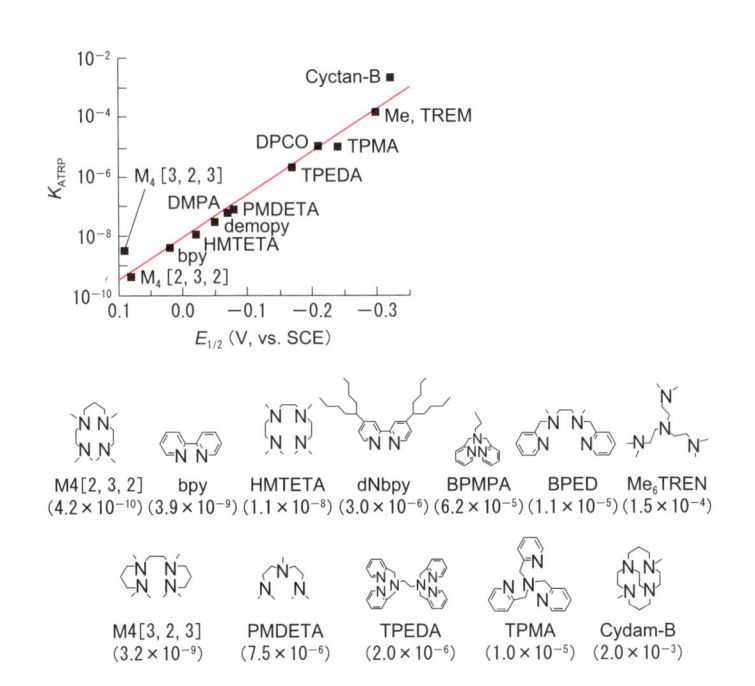

M4[2, 3, 2]　bpy　HMTETA　dNbpy　BPMPA　BPED　Me$_6$TREN
(4.2×10^{-10}) (3.9×10^{-9}) (1.1×10^{-8}) (3.0×10^{-6}) (6.2×10^{-5}) (1.1×10^{-5}) (1.5×10^{-4})

M4[3, 2, 3]　PMDETA　TPEDA　TPMA　Cydam-B
(3.2×10^{-9}) (7.5×10^{-6}) (2.0×10^{-5}) (1.0×10^{-5}) (2.0×10^{-3})

図3-5 原子移動ラジカル重合法（ATRP）に用いられる銅触媒の配位子を変えた時の Cu(Ⅱ/Ⅰ) 還元電位と重合反応速度の関係[14]

3-1-5　代表的な金属錯体の酸化還元挙動
(1)　フェロセン

フェロセンは，金属錯体の中で安定な酸化還元系として非水溶媒系の電位基準に使われる化合物として有名である。1980年にフェロセニウム/フェロセン（Fc^+/Fc）の酸化還元対が +0.400 V vs. SHE であり，溶媒に依存しないと報告され，IUPAC からも非水溶媒系に Fc^+/Fc 対を用いることが推奨された。しかしながら，最近，溶媒や支持電解質での電位が報告されており，Fc^+/Fc を参照極とする場合には測定条件を書くとともに各自が測定に用いた参照電極でのフェロセンの電位を明記しておくと他の研究者が電位を換算する助けになるので留意する必要がある。

表 3-5　フェロセニウム/フェロセン（Fc^+/Fc）の酸化還元電位（式量電位 $E^{0'}$）[1]
（V vs. SCE at 25℃，作用電極：白金電極　　走査速度：0.1 V・s^{-1}）

溶媒	支持電解質	式量電位 $E^{0'}$ V vs SCE	ΔE_p mV
ニトロメタン	Bu$_4$NClO$_4$	0.31	66
アセトニトリル	Bu$_4$NClO$_4$	0.38	90
DMSO	Et$_4$NClO$_4$	0.40	88
ジクロロメタン	Bu$_4$NClO$_4$	0.45	95
	Bu$_4$NPF$_6$	0.41	98
アセトン	Bu$_4$NClO$_4$	0.46	88
ジメチルホルムアミド	Et$_4$NClO$_4$	0.49	72
ピリジン	Bu$_4$NClO$_4$	0.50	76
テトラヒドロフラン	Bu$_4$NClO$_4$	0.54	137

また，フェロセンにCOOH基を導入するとその酸化電位は，0.25 V 正電位側にシフトする。一方，フェロセンの C_5H_5 環の水素のすべてがメチル基に置換した C_5Me_5 環を1個および2個持つ [Fe(C_5H_5)(C_5Me_5)] および [Fe(C_5Me_5)$_2$] は，それぞれアセトニトリル中で +0.18，−0.12 V vs SCE と順次酸化されやすくなる。さらに，C_5H_5 環あるいは C_5Me_5 環，1個をヘキサメチルベンゼン環に置換した [Fe(η^5-C_5H_5)(η^6-C_6Me_6)] および [Fe(η^5-C_5Me_5)(η^6-C_6Me_6)] では，DMF 中での電位は −1.55 V および −1.76 V vs. SCE となる[15]。

(2)　シクロペンタジエニル基を持つその他の金属錯体

18電子系を持つフェロセンの中心の鉄イオンを他のイオンに置き換えた一

3 金属錯体の電気化学的性質

連のサンドイッチ化合物であるバナドセン [V(C_5H_5)_2]，クロモセン [Cr(C_5H_5)_2]，マンガノセン [Mn(C_5H_5)_2]，コバルトセン [Co(C_5H_5)_2]，ニッケロセン [Ni(C_5H_5)_2] はそれぞれ $15e^-$，$16e^-$，$17e^-$，$19e^-$，$20e^-$ 系であり，これらの M^{III}/M^{II} の酸化還元電位は [V(C_5H_5)_2] が -0.55 V vs SCE，[Cr(C_5H_5)_2] が -0.67 V であるである。[Mn(C_5H_5)_2] は反応性が非常に高く測定が難しいが，C_5H_5 環を C_5Me_5 環にした [Mn(C_5Me_5)_2] では -0.56 V に M^{III}/M^{II} が見られる。一方，[Co(C_5H_5)_2] は -0.98 V vs SCE (in CH_3CN) に，[Ni(C_5H_5)_2] は -0.09 V に M^{III}/M^{II} を示す[1]。これらの錯体の中には，さらに還元あるいは酸化された M^{II}/M^{I}，M^{IV}/M^{III} が観測される系も知られている（図3-1右欄参照）。

(3) カルボラン錯体

カルボラン錯体の中にはフェロセンと同様に図3-6のような $[C_2B_9H_{11}]^{2-}$ 化合物が金属イオンを挟んだサンドイッチ構造を取る一連の化合物が知られており，フェロセンと同様に安定な酸化還元系を形成することが知られている。

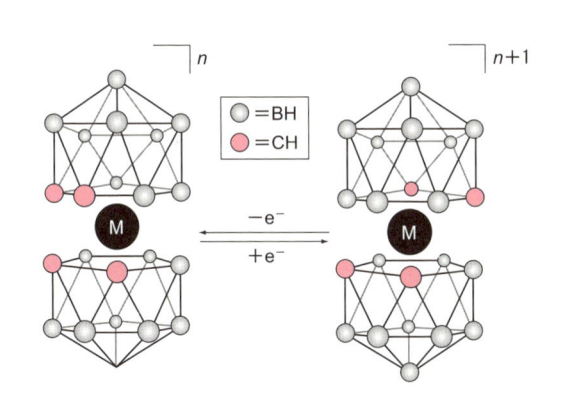

図3-6 [Ni(C_2B_9H_{11})_2] の酸化還元に伴うカルボラン環の回転

たとえば，中心金属がニッケルの場合の [Ni(C_2B_9H_{11})_2] は Ni^{IV}/Ni^{III}，Ni^{III}/Ni^{II}，Ni^{II}/Ni^{I} がそれぞれ $+0.25$ V，-0.57 V，-2.10 V vs. SCE (in CH_3CN) に可逆波として観測される[1]。熱的にも安定な化合物であるので，グレッツェル (Grätzel) 型色素増感太陽電池の酸化還元シャトルである I_3^-/I^- の代替として働くことが報告されている[16]。さらに，炭素に置換基をつけることで酸化還元

に伴う上下のビカルボリド $C_2B_9H_{11}^{2-}$ 配位子の回転を誘起できる分子機械としても働くことが報告されている（図3-6参照）[17]。

中心金属を変えた $[M(C_2B_9H_{11})_2]^n$ の場合，M = Fe ($n=-1$) では，Fe^{III}/Fe^{II} が -0.42 V vs SCE，M = Co ($n=-1$) では Co^{IV}/Co^{III} および Co^{III}/Co^{II} が $+1.61$ V および -1.38 V vs SCE に可逆な1電子過程として観測される[1]。

(4) $[M(bpy)_3]^{n+}$

2,2'-ビピリジン（bpy）は多くの金属イオンと錯形成し，得られる 2,2'-ビピリジン錯体は安定な電子移動鎖を形成する。3d 遷移金属の 2,2'-ビピリジン錯体の酸化・還元電位について表3-6にまとめた。

表3-6 2,2'-ビピリジン（bpy）金属錯体の酸化還元電位[1]

$[M(bpy)_3]^{n+}$ の M	$E_{ox}(3+/2+)$	$E_{red1}(2+/1+)$	$E_{red2}(1+/0)$	$E_{red3}(0/-1)$
V	+0.52	-0.52 (irr)		
Cr	-0.15	-0.56	-1.33	
Mn	$+1.36^*$	-1.36	-1.54	
Fe	$+1.06$	-1.35	-1.54	-1.78
Co	$+0.34$	-0.95	-1.57	

$E(n+1/n)$, V vs. SCE

ルテニウム-2,2'-ビピリジン錯体 $[Ru(bpy)_3]^{2+}$，は安定な多段の電子移動鎖を持ち，リン光発光を示すことからこれまで多くの研究に利用されてきている。$[Ru(bpy)_3]^{2+}$ の励起状態から光電子移動反応が起こり，太陽電池の光増感色素として用いられたり，リン光が酸素で消光されたりするときに生成する一重項酸素をセンサーなどに応用することが可能である。図3-7には $[Ru(bpy)_3]^{2+}$ の CH_3CN 中でのサイクリックボルタモグラム（CV波）を示した。

酸化側には中心金属の Ru(III/II) が観測される。その酸化電位は，bpy 上の置換基によりチューニングすることができる。一方，還元側には bpy 配位子の還元による還元波が三段の1電子還元波として見られる。電子求引性の EtCOO 基を bpy に導入した $[Ru(EtCOObpy)_3]^{2+}$ では六段の還元波がきれいに観測された（図3-8参照）[18]。

一般に，レドックス活性な bpy のような配位子 L が金属イオンに配位した場合の酸化還元について考える[19]。測定可能な電位窓の範囲内で，二段の逐次

3 金属錯体の電気化学的性質

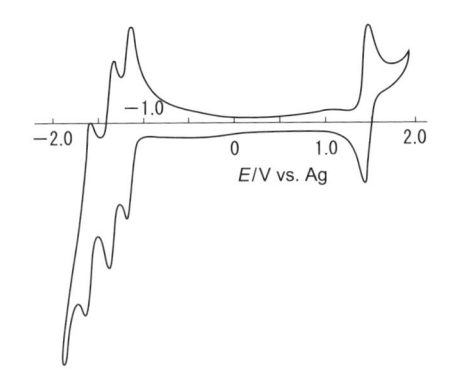

図 3-7 [Ru(bpy)$_3$]$^{2+}$ の CH$_3$CN 中でのサイクリックボルタモグラム

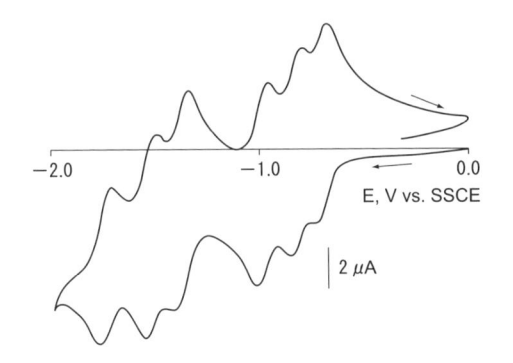

図 3-8 DMF 中での [Ru(EtCOObpy)$_3$]$^{2+}$ 錯体の還元側のサイクリックボルタモグラム[18]

1電子還元が可能な配位子 L が金属 M に1個だけ配位した場合，電位はフリーの配位子 L の還元電位に比べて正方向にシフトする。しかし，図 3-9 に示したように両者の間で一段目と二段目の1電子還元の電位幅に大きな違いは見られない。3個の配位子 L が配位した ML$_3$ 錯体の場合には，配位子間・金属を介した配位子間の相互作用および還元された配位子内にある電子の間の相互作用により，2組の三段階1電子還元過程として配位子 L の還元が観測され，第三段目の還元では M(L$^-$)$_3$ が生成し，第六段目では M(L^{2-})$_3$ が生成することになる。図 3-8 で見られる [Ru(EtCOObpy)$_3$]$^{2+}$ の還元パターンは，この典型的な例である。

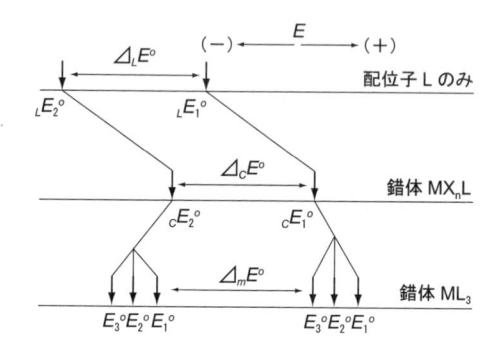

図3-9 配位子Lだけの場合と，配位子Lが1個および3個金属イオンに配位した錯体MX$_n$LおよびML$_3$の場合に観測される1電子還元過程の分裂の概念図（配位子Lは二段階の1電子還元が可能であると仮定している）[19]

(5) 非イノセント（non-innocent）配位子を持つ金属錯体

ジオキソレンやベンゾキノンジイミンは多くの金属イオンとトリス型錯体を形成し，安定な電子移動鎖を形成することが知られている[20, 21]。これらの配位子自身が段階的な二段の1電子酸化を受ける非イノセント配位子である[22, 23, 24]。たとえば，図3-10でカテコール（図3-10中でX = O）がクロムに配位した場合には，図3-11のように多段の電子移動鎖が見られ，カテコールに置換基を導入することで酸化還元電位を制御できる[25]。ここで，カテコール配位子の非イノセント性により，電荷を持たない出発錯体のトリス体（図3-11の四角で囲んだ出発物S）は，極限構造としてはCr(0)-(キノン)$_3$とCr(VI)-(カテコール)$_3$であるが，X線構造のC–O結合距離などの情報を総合してCr(III)-(セミキノン)$_3$構造をとると考えられる。

X = NHのベンゾキノンジイミンが配位した平面四配位Ni錯体Ni[C$_6$H$_4$-

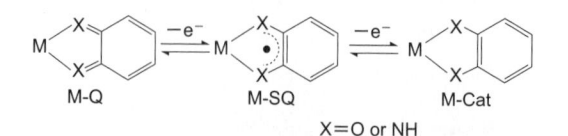

図3-10 ジオキソレン（X = O）やベンゾキノンジイミン（X = NH）などの非イノセント配位子を持つ金属錯体の酸化還元過程

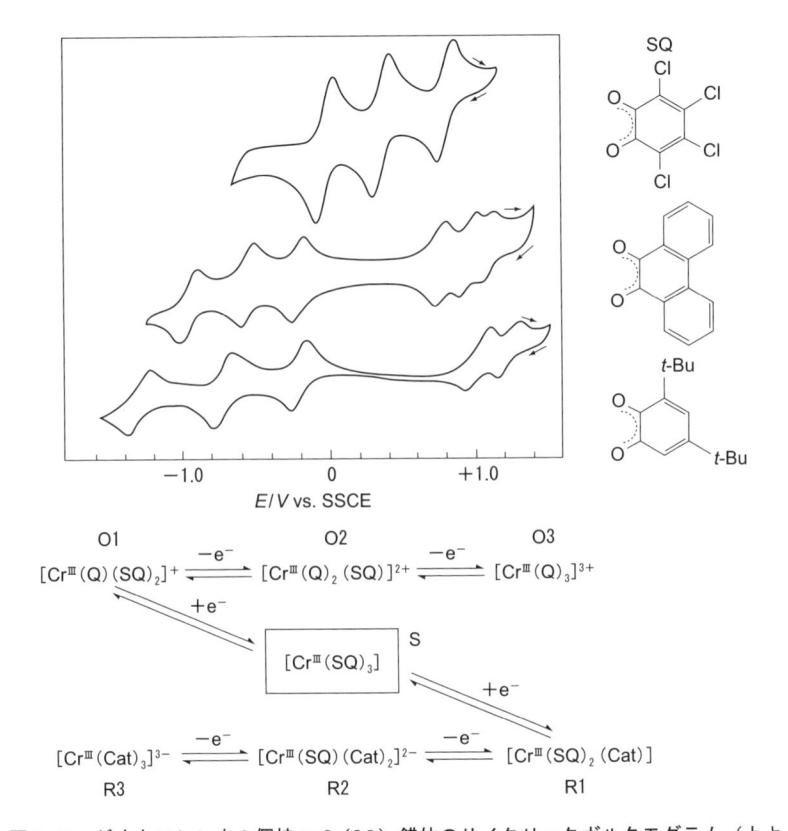

図 3-11 ジオキソレンを 3 個持つ Cr(SQ)$_3$ 錯体のサイクリックボルタモグラム（上より O$_2$C$_6$Cl$_4$, O$_2$C$_{14}$H$_8$, O$_2$C$_6$H$_2$(t-Bu)$_2$ 配位子）およびその酸化還元過程（Q：キノン，SQ：セミキノン，Cat：カテコール型配位子）[25]

(NH$_2$)$_2$]^Z の場合には，四段階の電子移動鎖が観測される．それぞれ $Z = +2/+1$ の電位が $+0.73$ V vs. SCE, $+1/0$ が $+0.14$ V, $Z = 0/-1$ が -0.89 V, $-1/-2$ が -1.43 V（アセトン中）である[21]．そのうちの二段階の酸化還元系（$+1/0$ と $0/-1$）を下式に示した．この Ni 錯体は HOMO-LUMO ギャップが約 1.03 V であり，酸化と還元の両方が可能であるので，薄膜トランジスタ用の半導体層として，p 型，n 型両方の性質を持つアンバイポーラートランジスタとして動作することが示された[26]．

$$\text{(構造式)} \quad (3\text{-}8)$$

Ni 錯体に配位している配位原子の組み合わせを変えた場合，$[\text{Ni-N}_4] < [\text{Ni-N}_2\text{S}_2] < [\text{Ni-S}_4] < [\text{NiO}_2\text{S}_2] < \text{Ni-O}_4$ の順に $Z = 0/-1$，$-1/-2$ の電位が貴電位となる。

X	Y
OX	OY
NH	NH
NH	S
O	S

この他に，ベンゾキノンジイミンが配位した錯体として平面四配位の Co，Pd，Pt 錯体に加えて，八面体六配位構造を持つ Fe，Ru，Os，Re 錯体が知られており，いずれも多段階の電子移動鎖を形成する。

(6) [M (ジチオレン)$_2$] 錯体

イオウ原子を含むジチオレンやジチオラト配位子は多くの金属イオンと錯体を形成し，安定な電子移動鎖を形成するものが多い[27]。よく知られた系として，ニッケラジチオレン錯体での電子移動鎖が知られている。$[\text{Ni}\{\text{S}_2\text{C}_2(\text{CN})_2\}_2]^z$ で $Z = 0/-1$ および $-1/-2$ はそれぞれ $+1.02$ V，$+0.23$ V vs SCE に観測される。

$$\text{(構造式)} \quad (3\text{-}9)$$

また，有機電子伝導性固体などによく用いられる Ni(dmit)$_2$ も同じ系列に属する化合物である。$[\text{Ni(dmit)}_2]^-$ は $Z = -1/0$ の 1 電子酸化を $+0.22$ V 付近で受けるが，この酸化過程で生成する酸化体が電極上に吸着するので，CV 波

のカソード側の波は吸着により複雑になる。また $Z = -1/-2$ の一電子還元は -0.13 V に可逆波として観測される[1]。

Ni(dmit)$_2$ の構造

(7) 金属ポルフィリン錯体 [M (porphyrin)]

ポルフィリン環は生物無機化学の分野で非常に重要な化合物であり，中心金属や環周辺の修飾により光合成や酸素の運搬など多彩な役割を演じる。非常に多くの研究から有用なデータベースが用意されている[28]。

まず，テトラフェニルポルフィリン（TPP）の場合，配位子自身がレドックス活性であるが，報告されている電位にはばらつきがある。Bu$_4$NBF$_4$ を支持電解質とする CH$_2$Cl$_2$ 中で，$+1.11$ V および $+1.36$ V vs. SCE に 2 個の酸化波と -1.08 V および -1.43 V に 2 個の還元波を持つと報告されている。金属ポル

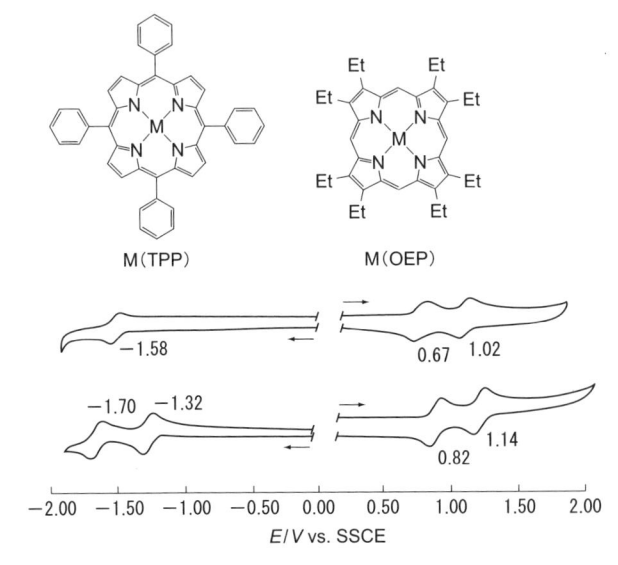

図 3-12　Zn(P) (P = OEP (上)，TPP (下)) のサイクリックボルタモグラム[29]

フィリンの場合には，測定溶媒や支持電解質の種類によってはアキシャル部位への配位の可能性があり，酸化還元挙動を考えるときに注意する必要がある。中心金属 M ＝ Zn の場合の Zn (TPP) では，Bu_4NClO_4 を支持電解質とするベンゾニトリル中で第一酸化波，および第二酸化波が ＋0.82 V および ＋1.14 V vs. SCE に観測され，また第一還元および第二還元波が －1.32 V および －1.70 V vs. SCE に観測される。オクタエチルポルフィリン (OEP) の場合には Bu_4NClO_4 を支持電解質とする CH_2Cl_2 中で，＋0.81 V および ＋1.30 V vs. SSCE に二段の酸化波と －1.46 V および －1.89 V vs. SSCE に二段の還元波を持つ。これが亜鉛と錯形成した Zn (OEP) では同じ測定条件で第一酸化および第二酸化波が ＋0.63 V および ＋1.02 V vs. SCE に観測され，また第一還元が －1.61 V vs. SCE に観測される。その他多くの金属 OEP 錯体の測定からポルフィリンの第一酸化は π カチオンラジカルを，ポルフィリンの第一還元は π アニオンラジカルを生成し，その電位差は 2.25±0.15 V で一定であることが報告された。また，第一酸化と第二酸化の電位差は 0.29±0.05 V，第一と第二還元の電位差は 0.42±0.05 V であることが，OEP，TPP 両方の金属錯体の多くの測定データから明らかになってきている[29]。

(8) [$Ru_3O(AcO)_6(L)_3$]

一連の [$M_3O(AcO)_6(L)_3$] 型錯体は金属 M が Cr，Mn，Fe，Co，Rh，Ir，Ru などで同じ構造を持つことが知られているが，Wilkinson らが合成した M ＝ Ru は酸化還元活性の点から多くの研究が蓄積されてきた。[$M_3O(AcO)_6(L)_3$] は配位 L の選択により電位を制御することができる。[$Ru_3O(AcO)_6(py)_3$] は $E_{1/2}$ ＝ ＋1.93，＋0.97，－0.05，－1.32 V vs. SSCE に四段の 1 電子波が観測される[30]。[$Ru_3O(AcO)_6(py)_2(BPE)$]（BPE ＝ trans-1,2-ビス (4-ピリジル) エチレン）では図 3-13 のように 5 個の可逆波が $E_{1/2}$ ＝ ＋1.96，＋0.99，－0.05，－1.28，－1.67 V vs. SSCE に観測された。[$Ru_3O(AcO)_6(py)_2(BPE)$] をユニットとして架橋配位子によりつなぎ合わせて"クラスターのクラスター"を合成することができる。伊藤，山口らは，架橋基をピラジンに置き換えて 14 個の可逆波を持つ [$Ru_3O(AcO)_6(py)_2(\mu\text{-pz})$] のクラスター錯体を報告した (3 章 3 節 2 項参照)[31]。また佐々木，阿部らは，このクラスター錯体を用いて表面での積層化に成功し，表面固定した可逆な多段階電子移動鎖を示すことを明らかにしている[32]。

3 金属錯体の電気化学的性質

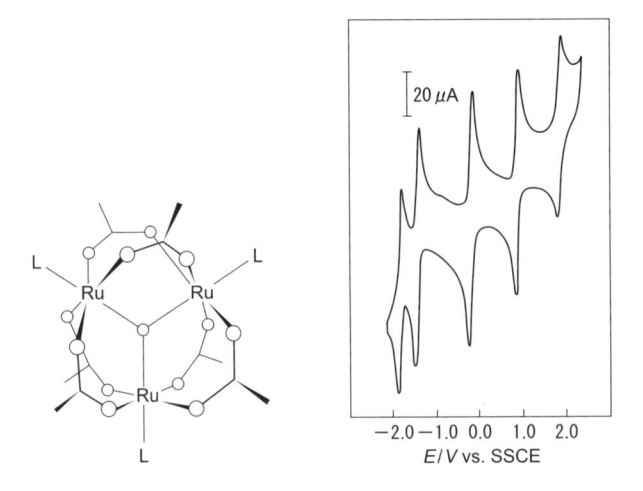

図 3-13 [Ru₃O(AcO)₆(L)₃] 錯体の構造と [Ru₃O(AcO)₆(py)₂(BPE)] のサイクリックボルタモグラム（CH₃CN 中，500 mV/s）[30]

(9) 鉄-イオウクラスター錯体

鉄-イオウクラスターは生体の酸化還元における電子移動鎖や窒素固定などに重要な役割を演じることが知られている。このために生体を模倣した酸化還元酵素モデルとしての鉄-イオウクラスター錯体が合成され，その電気化学的研究が報告されている。ここでは基本となる図 3-14 に示した三種類の錯体についてのみ述べる[33]。

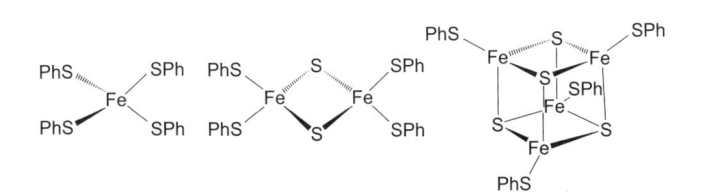

図 3-14 鉄-イオウタンパク質のモデル錯体

$[Fe(SR)_4]^-$ は $E_{1/2} = -1.11$ V vs. SCE (R = i-Pr), -0.52 V (R = Ph) で還元される。分子内での N–H ⋯ S 水素結合は $[Fe(SR)_4]^{2-}$ の電位を正電位側に

シフトさせることが報告されている。

$$[\text{Fe}(\text{SR})_4]^- + e^- \rightarrow [\text{Fe}(\text{SR})_4]^{2-} \quad (3\text{-}10)$$

$[\text{Fe}_2\text{S}_2(\text{SR})_4]^{2-}$ は DMF 中で二段階の 1 電子還元を $E_{1/2} = -1.13$ V と -1.41 V vs SCE に示す。

$$[\text{Fe}_2\text{S}_2(\text{SR})_4]^{2-} \rightarrow [\text{Fe}_2\text{S}_2(\text{SR})_4]^{3-} \rightarrow [\text{Fe}_2\text{S}_2(\text{SR})_4]^{4-} \quad (3\text{-}11)$$

この $[\text{Fe}_2\text{S}_2(\text{SR})_4]^{2-}$ はプロトン性溶媒中では簡単に $[\text{Fe}_4\text{S}_4(\text{SR})_4]^{2-}$ に構造変化することが知られている。

$$2[\text{Fe}_2\text{S}_2(\text{SR})_4]^{2-} \rightarrow [\text{Fe}_4\text{S}_4(\text{SR})_4]^{2-} + \text{RS}^- + \text{RSSR} \quad (3\text{-}12)$$

そしてキュバン構造を持つ $[\text{Fe}_4\text{S}_4(\text{SR})_4]^{2-}$ はアセトニトリル中で可逆な二段の還元を $E_{1/2} = -1.00$ V と -1.72 V に示す。そしてこれらの還元体の構造解析から還元に伴い構造が大きく歪むことが示された。

(10) ポリ酸

ポリ酸(あるいはポロオキソメタラート，POM と略して呼ばれることがある)は遷移金属イオンの周りにオキソアニオンが配位してできる MO_6 のような多面体がオキソ架橋により縮合して形成される多核錯体であり，高い負の電荷を有し，酸化還元活性や高い触媒活性を持つことから知られている。ポリ酸の中でよく知られているのは，M^{z+} が W^{6+}，Mo^{6+}，V^{5+} などからなる MO_6 ユニットが集まり他の原子を囲むヘテロポリ酸構造である。なかでも，P 原子の周り

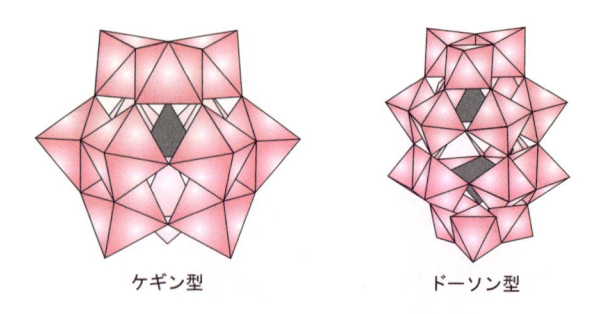

ケギン型　　　　　　　ドーソン型

図 3-15　代表的なヘテロポリ酸のケギン型およびドーソン型構造

をWO$_6$がP：W＝1：12の比で取り囲んだケギン型構造を取る[PW$_{12}$O$_{40}$]$^{3-}$や2：18の比で囲んだドーソン型構造を取る[P$_2$W$_{18}$O$_{62}$]$^{6-}$がよく知られており，その酸化還元挙動がよく研究されている．

たとえば，図3-16に[P$_2$W$_{18}$O$_{62}$]$^{6-}$の1Mおよび12.4M塩酸中でのCV波を示した[34]．1M塩酸中では1：1：2：2電子の四段階の可逆還元波がE_{pc}＝0.005V，−0.135V，−0.380V，−0.610V vs. SCEに見られる．ここでの3番目および4番目の還元波のピーク間隔（ΔE_p）は25〜30mVと1番目や2番目の波のピーク間隔（50〜55mV）に比べて半分になっていることから2電子過程であることがわかる．また，図3-16のCV波では見えていないが，電位をさらに負側に掃引すると5番目の多電子還元が非可逆過程として−0.8V（1M塩酸中）付近に観測される．12.4M塩酸中では最初の1電子過程が融合して2：2：2電子の三段階の0.005V，−0.240V，−0.460V vs. SCEの還元過程に変わる．一方，ケギン型構造をとる[PW$_{12}$O$_{40}$]$^{3-}$は，1M HClO$_4$で1：1：2電子の三段階の可逆還元波がE_{pc}＝0.020V，−0.275V，−0.590Vに見られる．これらの還元過程は非水溶媒と水との混合溶媒系を用いた場合には，還元に伴い増加し

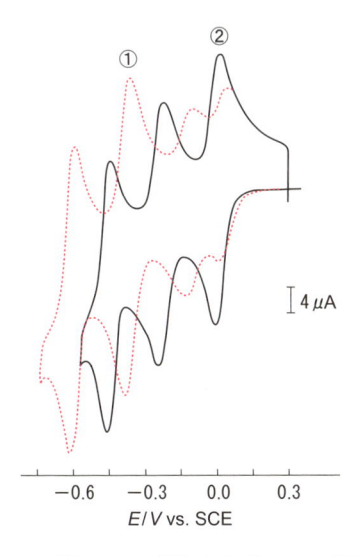

図3-16　[P$_2$W$_{18}$O$_{62}$]$^{6-}$の1M（①）および12.4M（②）塩酸中でのサイクリックボルタモグラム[34]

た電荷を補償するためのイオン対形成によるH$^+$, Li$^+$, Na$^+$ などのイオンの存在により電位が変わることが知られている[2]。

ケギン型構造を取る[XW$_{12}$O$_{40}$]$^{n-}$ や[XW$_{11}$VO$_{40}$]$^{n-}$ で中心Xを変えていくと，第一還元電位はポリ酸の持つ電荷nにより直線的に変化する[2]。このように，ポリ酸は多電子移動鎖を形成でき，カチオンとのイオン対の形成によりイオンを蓄えることができる。また多電子移動触媒としても働くことが知られている。

3-2 混合原子価錯体

3-2-1 はじめに

一つの純粋な錯体の中に含まれる同一金属元素が，複数の原子価状態（酸化数）を取っているとみなされることがある。このような錯体を"混合原子価錯体"と呼び，そのような状態を"混合原子価状態"と呼ぶ。この節では，混合原子価錯体に特徴的な電気化学的挙動について述べる。最初に単純な複核錯体の混合原子価錯体の挙動を取り上げた後、さらに複雑な混合原子価系の電気化学的挙動について言及する。

3-2-2 複核（2核）混合原子価錯体

ここではまず，混合原子価錯体に特徴的な電気化学的挙動の一例として，次の2つの鉄複核錯体の例をとりあげてみよう。図3-17に示した錯体A，Bは，いずれも分子内に2つのフェロセングループを持っている。錯体Aではフェロセングループが1つのアセチレン基で架橋されているのに対し，Bでは架橋アセチレン基は2個である。図3-17にこれら2つの錯体のサイクリックボルタモグラム（CV波）を示す。錯体Aは1つの酸化還元波を示すのに対し，錯体BのCV波には二段の酸化還元波が現れている[35]。さらに，錯体Aの波（0.725 V）は2電子が関わっているのに対し[36]，錯体Bが示す2つの酸化還元波（0.595 Vと0.945 V）にはそれぞれ1電子が関わっていることが解っている。このような電気化学的挙動の違いはどのようにして生じ，どのように理解されるのだろうか。電気化学的挙動をもう少し詳しく眺めて見よう。錯体A，Bはいずれも単離状態では電気的に中性の化合物であり，A，B内のそれぞれ2つの鉄はいずれも形式的に2価（Fe^{II}）の酸化状態にある。サイクリックボルタンメトリー（CV）測定において，単離状態が存在する電位領域（この系の場合，酸化還

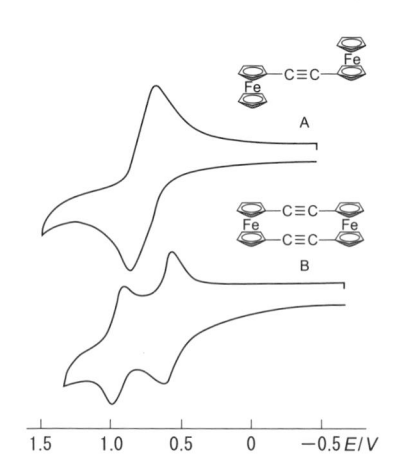

図3-17 2種類のフェロセン2量体の構造とそのサイクリックボルタモグラム

波の位置よりも負の電位領域)から作用電極電位を正電位側に掃引したとき,錯体Aでは,0.725 Vを過ぎたところで中性の状態(Fe^{II}-Fe^{II})から電位が近接した二段階の1電子酸化により2電子酸化を受け(Fe^{III}-Fe^{III})の均一酸化状態が生成する。この(Fe^{III}-Fe^{III})状態から逆に負電位方向に掃引すると,2電子還元を受け元の(Fe^{II}-Fe^{II})の状態,錯体Aに戻る。一方錯体Bは,電位が明確に分かれた二段階の1電子ずつの酸化を受ける〔(Fe^{II}-Fe^{II}) → ((Fe^{III}-Fe^{II}) → (Fe^{III}-Fe^{III})〕。すなわち,最初の1電子酸化を受けた状態(0.595 Vを超えた電位領域)では,Bの中の2つの鉄イオンのうち1つだけが酸化を受け,形式的には(Fe^{III}-Fe^{II})の状態,すなわち,混合原子価状態が発現している。さらに,正電位側に掃引すると2つ目の波のところ(0.945 V)でさらなる1電子酸化を受け,分子内の2つの鉄イオンはいずれも3価の状態,(Fe^{III}-Fe^{III})の状態になる。この(Fe^{III}-Fe^{III})状態から逆に負電位方向に掃引すると,1電子ずつの二段階にわたる還元を受け(Fe^{III}-Fe^{II})状態を経て元の(Fe^{II}-Fe^{II})錯体Bに戻る。上記のようにCV測定から,錯体Bの系では混合原子価状態が発現するが,錯体Aの系では明確に安定な混合原子価状態は発現しないことがわかる。このような違いをもたらす理由は次のように考えられている。この鉄(II)複核錯体において2つの鉄原子が完全に独立していれば,電気化学的酸化により両鉄原子が酸化を受け,CV波には1つの酸化還元波を示す。これに対し錯体Bに

おいては，1電子酸化を受けたときに2つの鉄原子間に原子価交換の相互作用が生じ，そのため，2つの鉄原子はお互いの影響を受けた酸化還元挙動を示すことになる。その結果BのCV波には二段の1電子酸化還元波が観測される。錯体AとBのフェロセングループを繋ぐ架橋構造の違い，すなわち，アセチレン基の架橋が1つか2つかの違いが，上記の異なる電気化学挙動をもたらしている。錯体A内の2つの鉄原子（2つのフェロセン）は互いの存在をほとんど意識することなく独立に振る舞っている。これに対し錯体Bの1電子酸化体（混合原子価錯体）においては，分子内の2つの鉄原子（2つのフェロセン）間に電子的な相互作用が働いており，そのためこれらは電気化学的に独立に振る舞っていない。この系では2つのアセチレン架橋基を通して効果的な原子価交換（分子内電子移動）が起こっている。上記の記述において，酸化還元は鉄原子のところで起こり，鉄の酸化数が増減すると単純化して形式的に表現したが，実際には授受される電子は，ある程度は分子全体に非局在化していると考えるべきであろう。

混合原子価錯体が示す電気化学的データ（酸化還元電位）は，混合原子価状態の安定性を量的に示す，重要な熱化学的数値と関連付けることができる。金属原子Mが1電子酸化されてM^+を与えるとし，Mを2個含む化学種M–Mを考える。M–M中の両金属原子が互いに独立しているとき，どちらの金属も$M \to M^+$に相当する酸化還元電位を示す。一方，両金属原子間に電子的な相互作用が存在するとき，M–Mは電気化学的酸化により電位$E^1_{1/2}$のところで，1電子酸化体である混合原子価化学種（M–M$^+$）を与え，さらに，電位$E^2_{1/2}$のところで2電子酸化体（M^+–M^+）を与える。これら三種の化学種の溶液内での平衡を考える。

$$\text{M–M} + (\text{M}^+\text{–M}^+) \underset{}{\overset{K_c}{\rightleftharpoons}} 2(\text{M–M}^+) \tag{3-13}$$

この平衡定数（K_c）は均化定数（comproportionation constant）と呼ばれ，この値が大きいほど混合原子価状態は安定である。K_cは，ネルンスト式から次のように上記の電位差$\Delta E_{1/2} = E^2_{1/2} - E^1_{1/2}$と関係付けられる。

$$\Delta G = -nF(\Delta E_{1/2}) = -RT \ln K_c \tag{3-14}$$

3 金属錯体の電気化学的性質

式 (3-14) から明らかなように，混合原子価状態が安定なほど (K_c が大きいほど) 酸化還元波の分裂幅 ($\Delta E_{1/2}$) が大きい。錯体 B の系の場合，$T = 298$ K のとき $\Delta E_{1/2} = 350$ mV であり，$K_c = 8.2 \times 10^5$ となる。なお，反応 (1) の逆反応は不均化反応 (disproportionation reaction) であり，その平衡定数は不均化定数 (disproportionation constant) と呼ばれる。

もう一つ，代表的な混合原子価錯体として知られている Creutz–Taube 錯体 ($[(NH_3)_5Ru(pz)Ru(NH_3)_5]^{5+}$，pz = ピラジン)[37] の電気化学的挙動を示そう。この錯体は，分子内に形式酸化数が 2 価と，3 価のルテニウムをそれぞれ 1 個ずつ含んでおり，その混合原子価状態がさまざまな方法で詳しく研究されている。その分子構造と CV 波[38] を図 3-18 に示す。この錯体は 2 つの可逆な酸化還元波を 0.138 V と 0.570 V に示しているが，混合原子価状態 $Ru_2^{II,III}$ はこれらの 2 つの波の中間の電位領域において存在する。0.138 V の波は混合原子価状態 $Ru_2^{II,III}$ から，$Ru_2^{II,II}$ への 1 電子還元過程によるものであり，0.570 V の波は混合原子価状態 $Ru_2^{II,III}$ から，$Ru_2^{III,III}$ への 1 電子酸化過程によるものである。

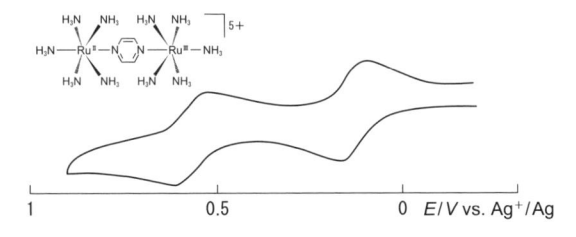

図 3-18 Creutz–Taube 錯体 ($[(NH_3)_5Ru(pz)Ru(NH_3)_5]^{5+}$) のサイクリックボルタモグラム (電位の基準は $Ag/AgNO_3$)

図 3-18 の 2 つの波の電位差 ($\Delta E_{1/2} = 432$ mV) を式 (3-14) に適用すると ($T = 298$ K)，均化定数 ($K_c = 2.0 \times 10^7$) が得られる。この系の場合，二段の 1 電子酸化還元波が現れており，分子内の 2 つのルテニウムイオンは電気化学的に独立しておらず，互いに電子的な相互作用をおよぼしあっているといえる。

混合原子価状態の研究手段として，電気化学的手法は有用である。混合原子価状態の分類として，Robin, Day[39] が提唱しているクラス I，II，III がある。クラス I の系においては，2 つのレドックス核間に相互作用は働いておらず，

同じ電位で酸化や還元を受けるので酸化還元波の分裂を示さない（上記錯体 A が当てはまる）。これに対しクラス II およびクラス III の系は，一般に酸化還元波の分裂を示す。クラス III の系はいかなる手段を用いて観測しても，「混合原子価」ではなく「平均原子価」を与える化合物であるが，この系の酸化還元（電子の授受）には非局在化した電子軌道の準位が関係している。クラス II の系では，観測可能な速度で原子価交換（分子内電子移動）が起こっている。定性的には，その速度が速いほど電位の分裂 $\Delta E_{1/2}$ 値は大きい。一連の類似の混合原子価化合物の性質を比較するとき，電気化学的手法で得られる情報は有用である。電気化学的な測定法により得られる $\Delta E_{1/2}$ 値には，溶媒や対イオンの影響や電極近傍における拡散の効果も含まれている。混合原子価状態の安定性の比較，原子価交換の尺度を K_c の値に基づいて行う際，あるいは他の手法により得られた K_c を電気化学的に求めた値と比較するときには注意が必要である。

3-2-3　3核ルテニウム錯体の電気化学的挙動

ここでは，可逆的な多段の酸化還元波を示し電気化学的挙動がよく研究されているルテニウムのオキソ，カルボキシラト架橋ルテニウム 3 核錯体，[Ru_3(μ_3-O)(CH_3COO)$_6$(L)$_3$]$^+$（L はピリジンなどの単座配位子）を取り上げる。一例として図 3-19 に分子構造とその CV 波[40]を示した。この錯体の中に含まれる 3 個のルテニウムイオンはいずれも 3 価であり，単離状態では混合原子価錯体ではない。酸化物イオンを中心に金属イオンが正三角形に配置されているこの構造は特殊なように見えるが，それぞれの金属イオン周りは正八面体構造に極めて近く，多くの 3 価遷移金属イオンについて共通に見られる一般的な構造である。図 3-19 に示すように，この 3 核ルテニウム錯体は四段の可逆的な酸化還元波を示し，それぞれの波は 1 電子が関与している。以下それぞれの酸化還元波を，その波の酸化還元電位およびその酸化還元過程により $E_{1/2}$ (O/R) と表すことにする。ここで O, R には錯体全体の電荷を用いる。単離状態におけるこの錯体の酸化状態は，ルテニウムの形式酸化数を用いると $Ru_3^{III, III, III}$ と表され，錯体全体の電荷は +1 である。図 3-19 の四段の酸化還元波は上記の表記法を用いると，正電位側から負電位方向に向かい次のような酸化還元過程に帰属できる。

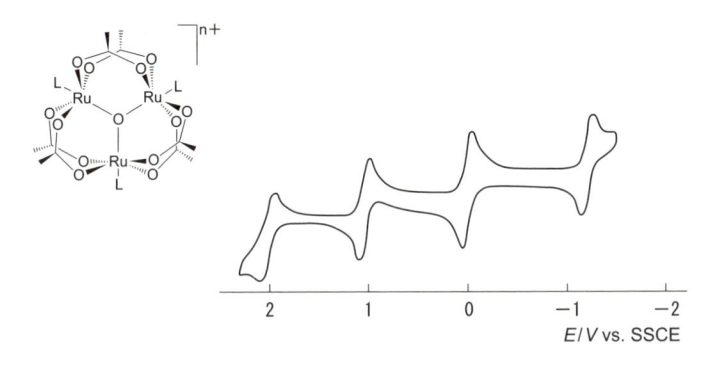

3 金属錯体の電気化学的性質

図 3-19 $[\mathrm{Ru}_3(\mu_3\text{-}\mathrm{O})(\mathrm{CH}_3\mathrm{COO})_6(\mathrm{py})_2(\mathrm{pz})]^+$ のサイクリックボルタモグラム[40]

$$\mathrm{Ru}_3^{\mathrm{III,IV,IV}} \underset{E_{1/2}(+3/+2)}{\longleftrightarrow} \mathrm{Ru}_3^{\mathrm{III,III,IV}} \underset{E_{1/2}(+2/+1)}{\longleftrightarrow} \mathrm{Ru}_3^{\mathrm{III,III,III}} \underset{E_{1/2}(+1/0)}{\longleftrightarrow} \mathrm{Ru}_3^{\mathrm{III,III,II}} \underset{E_{1/2}(0/-1)}{\longleftrightarrow} \mathrm{Ru}_3^{\mathrm{III,II,II}}$$

(3-15)

図 3-19 の CV 波や上式が示すように，この 3 核ルテニウム錯体は多段の可逆的な 1 電子酸化還元を行う。単離状態では均一原子価であるが，酸化体，還元体はいずれも混合原子価錯体である。例えば，$\mathrm{Ru}_3^{\mathrm{III,III,II}}$ の混合原子価状態は酸化還元波 $E_{1/2}(+1/0)$ と $E_{1/2}(0/-1)$ の間の電位領域で発現している。

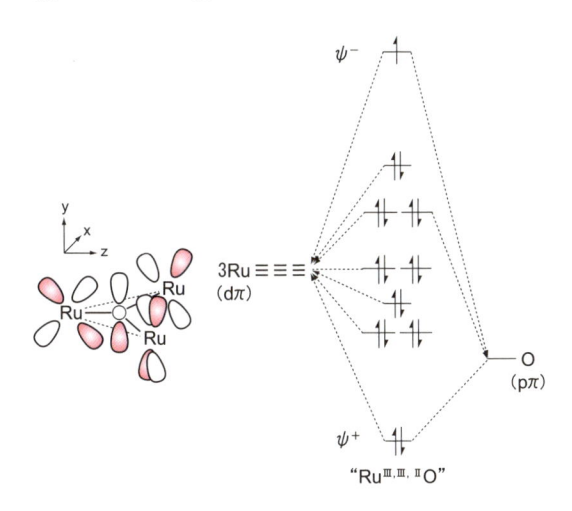

図 3-20 μ_3-オキソ基の pπ 軌道と 3 個のルテニウムの dπ 軌道から形成される分子軌道

上述した酸化還元挙動は，この3核錯体があたかも多くの電子エネルギー準位を持った1個の金属イオンのように振る舞っていると見なすことができる。すなわち，この錯体中の3個のルテニウムイオンはμ_3-オキソ基を通して強く相互作用している。具体的には，μ_3-オキソ基のpπ軌道とルテニウムのdπ軌道が強く混ざり合い，非局在化した電子状態が発現していることを強く示唆している（図3-20）。

3-2-4 3核ルテニウム錯体の架橋2量体における3核クラスター骨格間混合原子価状態

(1) 3核ルテニウム錯体の架橋2量体

3核ルテニウム錯体 $[Ru_3(\mu_3\text{-O})(CH_3COO)_6(L)_3]^+$ のLで示される末端配位座にピラジン（pz）などの架橋配位子を用いることにより2つの3核錯体を連結させた架橋2量体を作ることができる。ここでは，カルボニル基を有するルテニウム3核錯体をユニットする一連の架橋2量体を取り上げる。前節で述べたように，このタイプの3核ルテニウム錯体は非局在化した電子構造を持ち，電気化学的にはあたかも多数の電子エネルギー準位を持った1個の仮想金属イオンのようにふるまう。したがって表題の系は，仮想金属イオンの架橋2量体と見なすことができ，3章2節で述べた複核錯体系と類似している。一例として図3-21に示したピラジンで架橋した2量体，$[\{Ru_3(\mu_3\text{-O})(CH_3COO)_6(CO)(dmap)\}_2(\mu\text{-pz})]$（dmap = ジメチルアミノピリジン）の酸化還元挙動（CV波）を混合原子価状態との関連において詳しく見てみよう[41]。

正電位側に二段の可逆な2電子酸化還元波が，負電位領域に二段の可逆1電子酸化還元波が現われている。以下それぞれの酸化還元波を，前節と同様に，その波の酸化還元電位およびその酸化還元過程により $E_{1/2}(O/R)$ と表すことにする。

ここでO，Rには2量体全体の電荷を用いることにすると，図3-21の4つの酸化還元波は，最も正電位側にある波から負電位方向に向かい，順に $E_{1/2}(+4/+2)$，$E_{1/2}(+2/0)$，$E_{1/2}(0/-1)$，$E_{1/2}(-1/-2)$ と表すことができる。この化合物は単離状態では2量体全体として電荷が中性であり，この分子中に含まれる6個のルテニウムの酸化数を含めて，$Ru_3^{III, III, II}$-pz-$Ru_3^{III, III, II}$ と表すことができ

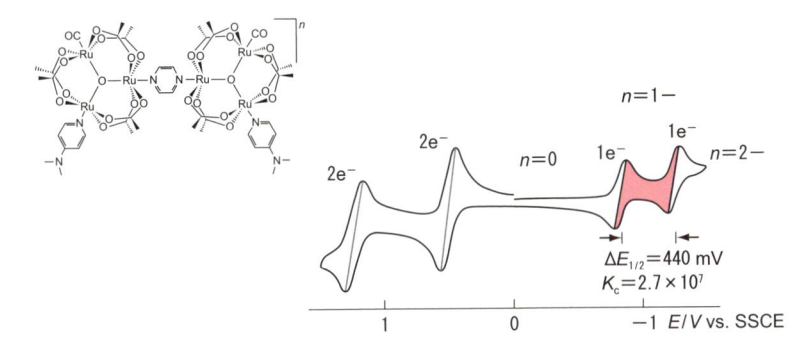

図 3-21　ピラジン架橋 2 量体，[{Ru$_3$(μ_3-O)(CH$_3$COO)$_6$(CO)(dmap)}$_2$(μ-pz)]
（dmap ＝ ジメチルアミノピリジン）の酸化還元挙動

る。この状態の化学種は，$E_{1/2}$(+2/0) と $E_{1/2}$(0/−1) の中間の電位領域において存在する。この状態が酸化を受けたとき，すなわち，正電位方向へ向かい $E_{1/2}$(+2/0) 波を越えたとき，全体の電荷が 2+ の化学種 Ru$_3^{III,III,III}$-pz-Ru$_3^{III,III,III}$ が生成する。この化学種の両端の Ru$_3$ ユニットは，いずれも +1 の電荷を持っている。一方，単離状態の化学種が還元を受けた場合，CV 波上には二段の 1 電子波が現われている。化学種 Ru$_3^{III,III,II}$-pz-Ru$_3^{III,II,II}$ は全体の電荷が −1 で 2 つの 3 核クラスターユニットの一方が中性，もう一方は −1 の電荷を持っており，3 核クラスター骨格間混合原子価状態になっている。$E_{1/2}$(0/−1) と $E_{1/2}$(−1/−2) の電位差（酸化還元波の分裂幅）$\Delta E_{1/2}$（この系では 440 mV）から，式 (3-13)，式 (3-14) を用いて計算すると $K_c = 2.7 \times 10^7$ が得られ，非常に安定な混合原子価クラスターが生成していることがわかる。

$$\text{Ru}_3^{III,III,II}\text{-pz-Ru}_3^{III,III,II} \underset{E_{1/2}(0/-1)}{\longleftrightarrow} \text{Ru}_3^{III,III,II}\text{-pz-Ru}_3^{III,II,II} \underset{E_{1/2}(-1/-2)}{\longleftrightarrow} \text{Ru}_3^{III,II,II}\text{-pz-Ru}_3^{III,II,II}$$

(3-16)

　次に上記の 3 核クラスター骨格間混合原子価状態の安定性が，架橋配位子 (BL) や末端配位子 (L) の性質の違いによってどのような影響を受けるかを見てみよう[41b]。図 3-22 に 2 量体の一般構造式と架橋配位子および末端配位子の構造を示した。図 3-23 には，架橋配位子をピラジン (pz) に固定し末端配位子の電子供与性を変化させた一連の化合物の CV 波を，また，図 3-24 には，末

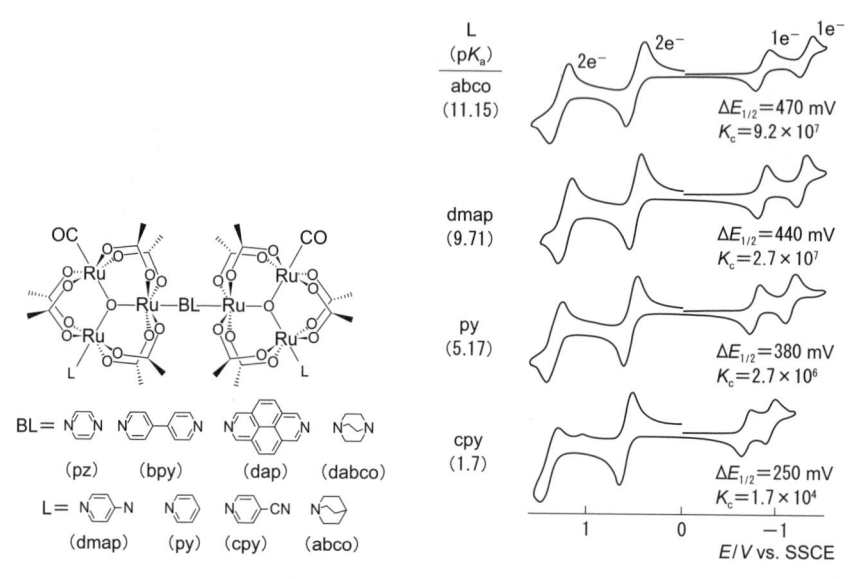

図 3-22 さまざまなルテニウム 3 核クラスター 2 量体 $[\{Ru_3(\mu_3\text{-}O)(CH_3COO)_6(CO)(L)\}_2(\mu\text{-}BL)]$ の構造

図 3-23 一連のピラジン架橋 3 核クラスター 2 量体 $[\{Ru_3(\mu_3\text{-}O)(CH_3COO)_6(CO)(L)\}_2(\mu\text{-}pz)]$ のサイクリックボルタモグラム (L = abco, dmap, py, cpy) ― 末端配位子の pK_a とクラスター骨格間混合原子価状態の安定性

端配位子をピリジン (py) に固定し架橋配位子の π 共役性を変化させた一連の化合物の CV 波を示した。図中には，3 核クラスター骨格間混合原子価化学種 $Ru_3^{III,III,II}$-pz-$Ru_3^{III,II,II}$ が存在する電位領域の広さ (酸化還元波 $E_{1/2}(0/-1)$ と，$E_{1/2}(-1/-2)$ 酸化還元波の分裂幅 $\Delta E_{1/2}$) とこれから得られる K_c も示されている。図 3-23 中に示されている一連の系の $\Delta E_{1/2}$, K_c を比較すると，末端配位子の電子供与性が高いほど (pK_a の値が大きいほど)，$\Delta E_{1/2}$, K_c の値が大きく，より安定な混合原子価状態が発現していることがわかる。このクラスター骨格間混合原子価状態は，Ru_3O 骨格内に生成している π 型分子軌道の反結合性軌道同士が架橋配位子の π^* レベルを介して相互作用して生じている。末端配位子の電子供与性が高いほど，Ru_3O 骨格の反結合性軌道の準位が上昇し架橋配位子の π^* レベルに近づくので，クラスター骨格間の電子的相互作用が強

3 金属錯体の電気化学的性質

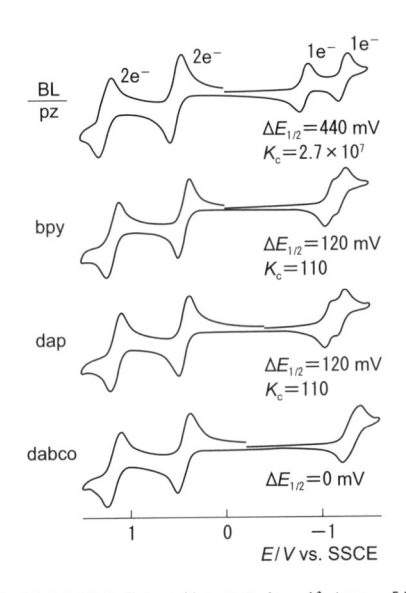

図 3-24 さまざまな架橋配位子を含む 3 核クラスターダイマー [{Ru$_3$(μ_3-O)(CH$_3$COO)$_6$(CO)(py)}$_2$(μ-BL)] のサイクリックボルタモグラム (BL = pz, bpy, dap, dabco) ークラスター骨格間混合原子価状態の安定性

まり，より安定な混合原子価状態が発現する。

次に図 3-24 に示した一連の系の混合原子価状態について考察する。図中に示されている酸化還元波の分裂幅 $\Delta E_{1/2}$ と，これから得られる K_c の数値の比較から次のようなことがいえるであろう。$\Delta E_{1/2}$，K_c の値は，架橋配位子が π 系を持つ 2 量体の方が π 系を持たない場合に比べてずっと大きく，より安定な混合原子価状態が発現している。このデータもクラスターユニット間の電子的相互作用が，架橋配位子の π 系を経由して行われていることを支持している（両ユニット間には，架橋配位子を介した直接的なもの以外にも，クーロン相互作用など弱い相互作用が存在することがわかっている）。π 系が異なる架橋配位子を含む系を比較して見ると，ピラジン架橋錯体の方が 4,4'-ビピリジンやジアザピレン架橋系よりも安定な混合原子価状態が発現している。互いに相互作用しているクラスターユニット間の距離が近いほど，有効な相互作用が働いている結果と見なすことができる。因みに架橋がピラジン，4,4'-ビピリジ

ンの場合，3核ルテニウムクラスター中心間の距離はそれぞれ約10.9 Å，15.3 Åである。

(2) 3核ルテニウムクラスターの骨格間混合原子価状態における分子内電子移動速度

本項では，混合原子価中心間の分子内電子移動速度が，振動スペクトルの線形解析から推定された珍しい研究例を紹介する[41]。この研究は前項に記載した $[\{Ru_3(\mu_3\text{-}O)(CH_3COO)_6(CO)(L)\}_2(\mu\text{-}BL)]$ について行われた。図3-25にこのタイプのクラスター2量体の1つである $[\{Ru_3(\mu_3\text{-}O)(CH_3COO)_6(CO)(L)\}_2(\mu\text{-}pz)]^n$ について，クラスター骨格間混合原子価状態を図示した。この化合物は単離状態では中性 ($n = 0$) で均一原子価状態にあるが，1電子還元を受けたときの系全体の電荷は -1 となり骨格間混合原子価状態が発現する。この状態で3核クラスター骨格間に架橋ピラジンを介した電子移動相互作用が起こっていると考えられる。2電子還元体 ($n = -2$) は $n = 0$ のとき（単離状態）と同様に均一原子価状態にあり，分子内電子移動は起こっていない。非常に興味深いことに，この分子内電子移動の有無の違いが，それぞれの状態のカルボニル伸縮運動の赤外スペクトルの線形の変化として現われることが見出された。図3-26に，$[\{Ru_3(\mu_3\text{-}O)(CH_3COO)_6(CO)(dmap)\}_2(\mu\text{-}BL)]$ のそれぞれの酸化状態におけるカルボニル伸縮運動の赤外スペクトルの線形の変化の様子を，ピラジン架橋（BL = pz）および4,4'-ビピリジン架橋錯体（BL = bpy）について示した。この赤外線吸収スペクトルは，反射法による電解赤外分光セルを用い，

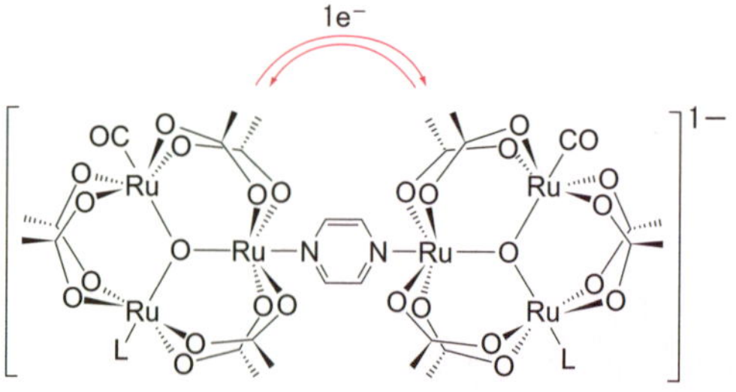

図3-25 ピラジン架橋3核クラスター2量体の可逆な二段階1電子還元挙動。1電子還元体においてクラスター骨格間混合原子価状態が発現

3　金属錯体の電気化学的性質

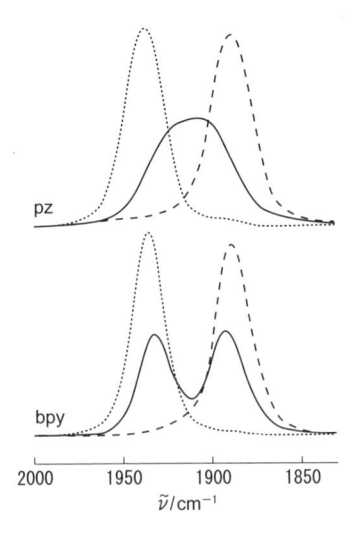

図 3-26　$[\{Ru_3(\mu_3\text{-}O)(CH_3COO)_6(CO)(dmap)\}_2(\mu\text{-}BL)]^n$（L = pz および bpy）におけるクラスター骨格間の混合原子価状態および均一原子価状態におけるカルボニル基の CO 伸縮赤外吸収線形。pz 架橋と bpy 架橋 2 量体のスペクトルの比較。点線（$n = 0$），実線（$n = -1$），破線（$n = -2$）

厚さが約 1 mm 程度の溶液層の試料について測定された。カルボニルグループは通常線幅の狭いシャープな伸縮振動スペクトルを示す。図 3-26 に示したように，ピラジン架橋錯体および 4,4'-ビピリジン架橋錯体それぞれの電荷 0 および －2 状態の化学種は，期待されるような線幅の狭い CO 伸縮振動スペクトルを示している。2 電子還元体（電荷が －2）が示す CO 伸縮吸収帯の位置が，電荷 0 の化学種（単離状態と同じ酸化数を持つ化学種）のそれよりも低波数側にあるのは，還元によりルテニウムクラスター骨格の電子密度が増大し，これが CO グループの π 反結合性軌道に一部流れ込み（π 逆供与）カルボニル基の炭素-酸素間の結合が弱まったためと考えることができる。

非常に興味深いことに，ピラジン架橋錯体の混合原子価状態（電荷が －1 の化学種）の CO 伸縮振動スペクトルは，線幅が著しくブロード化しており，その吸収帯は，単離状態と 2 電子還元体が示す吸収帯の中間に位置している。一方，4,4'-ビピリジン架橋 2 量体の 1 電子還元体（混合原子価状態）は，その CO 伸縮スペクトルを 2 本，単離状態と 2 電子還元体が示す吸収帯と同じ位置

に示し，それらの線幅は狭く（ほとんどブロード化していない），かつ吸収強度は単離状態と2電子還元体のそれの約半分になっている。このような観測結果は，どのように説明できるであろうか。以下のような解釈が提案されている。ピラジン架橋錯体の混合原子価状態において，クラスターユニット間に赤外スペクトルのタイムスケールで骨格間の電子移動が起こり，これがCO伸縮吸収帯のブロードニング現象を誘起している。一方，4,4'-ビピリジン架橋錯体の混合原子価状態においては，クラスター骨格間の分子内電子移動が起こっていないか，起こっていたとしても，その速度が振動のタイムスケールよりもずっと遅く，CO伸縮スペクトルの吸収線形に影響を与えていない。このような解釈の妥当性は，次の実験からも支持されている。図3-27に一連のピラジン架橋2量体 $[\{Ru_3(\mu_3\text{-}O)(CH_3COO)_6(CO)(L)\}_2(\mu\text{-}pz)]$（L = abco, dmap, py, cpy）の 0，−1，−2状態のCO伸縮赤外スペクトルの吸収線形を比較して示した。いずれの錯体系においても0および−2状態の吸収線形はほぼ同じである。

一方，混合原子価状態のスペクトルを比較すると，末端配位子（L）の電子供与性の低下に伴い（pK_a値が減少するにつれ）CO吸収線形のブロード化の程度が低くなり，L = cpy錯体系では2つのピークが明瞭に分離して観測されている。この観測結果は，Lがabco, dmap, py, cpyと変化するにつれて，骨格間の分子内電子移動速度が遅くなり相互作用の程度が低下してゆくことを示唆している。この結果は，図3-23に示したこれらの一連の2量体の電気化学データが示す混合原子価状態の相対的な安定性 "分裂電位幅 ΔE^0 の大きさ" の序列と一致している。

ここでは詳述しないが，上記のCO伸縮赤外スペクトルの吸収線形を解析することにより，3核クラスター骨格間分子内電子移動速度定数を評価する試みがなされている。求められた速度定数は，例えば，図3-26のピラジン架橋2量体については $9\times10^{11}\,s^{-1}$ であり，極めて速い，振動スペクトルのタイムスケールで電子移動が発現していることを示唆している。

3 金属錯体の電気化学的性質

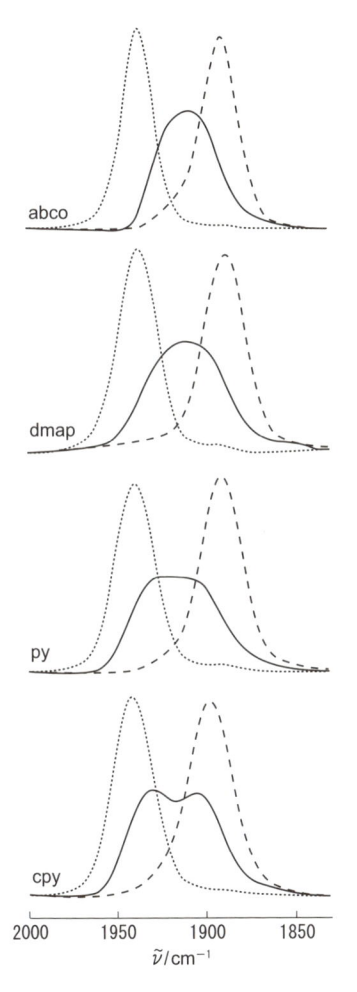

図 3-27 末端配位子の違いがもたらす pz 架橋 2 量体 $\{Ru_3(\mu_3\text{-}O)(CH_3COO)_6(CO)(L)\}_2(\mu\text{-}pz)]^n$ (L = abco, dmap, py, cpy) の CO 伸縮吸収線形の変化。点線 ($n = 0$), 実線 ($n = -1$), 破線 ($n = -2$)

3-3 多核錯体，クラスター錯体，高分子錯体，金属ナノ粒子

3-3-1 はじめに

前節では，レドックス錯体が 2 個連結され，両錯体ユニット間に電子的に強

い相互作用を示す複核錯体は，熱力学的に安定な混合原子価状態を生じることを述べた。酸化還元ユニットを3個以上存在する多核錯体の電気化学は，複核錯体に比較して複雑になる。

　ここでは，多核錯体の電気化学と電子移動挙動を取り上げる。まず，上述した複核錯体（およびその類縁体）に関連した錯体系を中心に，いくつかの多核錯体系を取り上げ，次に，溶媒や電解質に電気化学挙動が大きく依存する環状および金属－金属結合を持つメタラジチオレン多核錯体について解説する。さらに，一次元のレドックス多核系として，単純なフェロセンオリゴマーの酸化還元特性とそのシミュレーションについて述べ，最後に，金属ナノ粒子の酸化還元特性を取り上げ，分子からバルク金属への電子状態の変化について記述する。

3-3-2　多核錯体の電子移動[42]

　多核錯体を構築することにより，多電子移動系をより容易に組み立てることができる。この場合には，必ずしも1個の金属イオンの酸化数を大きく変化させる必要がない。各金属イオンの酸化数変化が1でも，全体では金属イオンの数だけの電子が移動できることになる。これらの酸化還元過程は，もし金属原子間にまったく相互作用がない場合や，分子全体の電荷の変化に伴う静電的な不安定化の効果が小さい時には，一段階多電子移動として観測されることになる。構成する金属原子の間に相互作用があれば，しばしば酸化還元電位が分裂して，二段階2電子移動ないし多段階多電子移動として観測される。すなわち，一段階で多電子が移動するような多核錯体を構築するためには，一般には金属間の相互作用を小さくすれば良いことになる。このためには，実質的に1か2電子の出し入れができる単核金属イオンを相互作用の伝搬ができにくい架橋配位子で連結すれば良い。そのような多核錯体は，実質的には独立した単核錯体を弱く連結したような系ということになる。しかしながら，このような系はむしろ単核錯体の集まりと見る方が妥当であり，多電子移動系としては例外的である。次には，金属原子間に多少とも相互作用があり，多核錯体全体で多くの電子が出し入れできる系を取り上げる。

　3章2節4項で述べた[$Ru_3(\mu_3\text{-}O)(\mu\text{-}CH_3COO)_6$]型3核骨格を持つルテニウム錯体では，個々のRuの酸化数は+2と+4の間を変化するが，この骨格

3 金属錯体の電気化学的性質

内では，Ru 間の相互作用が強いので，3 つの Ru は独立ではなく，電子は 3 核骨格あたり 1 個ずつ段階的に移動し，途中の混合原子価状態をすべて安定に取ることができる。骨格全体としては，$Ru_3(II, II, II)$ から $Ru_3(IV, IV, IV)$ まで 6 電子分の出入りが可能であるが，実質的には両端を除く 4 電子分の可逆な酸化還元が取り上げられることが多い（図 3-13 参照）。酸化還元の過程でプロトンの脱着は起こらず，基本的な構造に変化がないが，酸化還元過程での全電荷の変化は大きな問題とはならない。そのような電荷の変化は，この 3 核錯体ではサイズの大きさにより吸収され，大きな不安定化要因とはならない。すなわち，多核錯体では，錯体の全電荷の変化による不安定化はそれほど大きな問題とはならない。

前節で述べたように，この 3 核骨格をさらに架橋配位子で連結することにより，より多くの電子が出入りできる多電子移動系を構築することができる。架橋配位子としては，ピラジン等が用いられる。図 3-28 に示した 3 核錯体の 4 量体は，図 3-29 に示すような，可逆な十四段階 15 電子移動挙動を示す[31]。このように 1 電子ごとに分離された酸化還元ピークを示すのは，各 3 核錯体ユニットの配位子が少しずつ異なるように設計されたためであり，ユニット間の相互作用による分裂がおもな理由ではない。この他にも，この 3 核ユニットを用いたデンドリマー型 10 量体，環状 6 量体，直鎖状 4 量体などの多量体が報告されている。これらの場合には，3 核ユニットが基本的に同等である。その

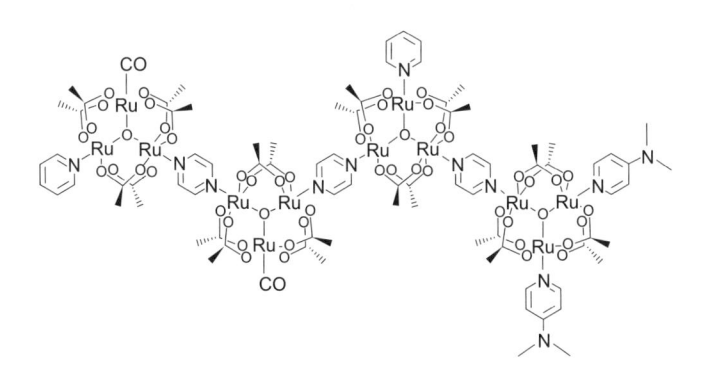

図 3-28 オキソ-アセタト架橋を持つルテニウム 3 核骨格 4 個をピラジンで架橋した錯体の構造（骨格の配位子が少しずつ異なることに注意）

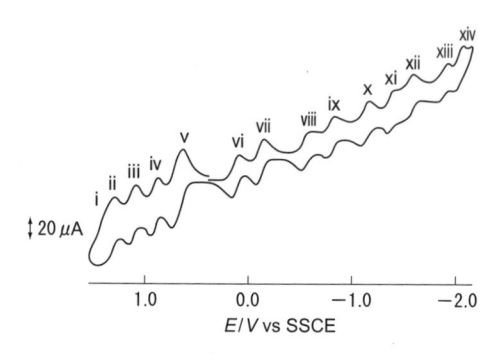

図 3-29 図 3-28 に示したルテニウム 3 核骨格を 4 個連結した錯体のサイクリックボルタモグラム (0.1 M [$(n$-$C_4H_9)_4$N]PF_6-CH_3CN 溶液)[43]

ような多量体の場合には，図 3-29 に見られるような，分裂した酸化還元波は観測されないものの，それぞれ 15〜20 電子を越える可逆多電子移動系となっていると思われる[43〜46]。このような多核骨格と酸化還元活性な配位子を組み合わせることでも，より多くの電子を可逆的に出し入れできる分子系を構築することができる。例えば，2 個の電子を可逆的に出し入れできる配位子 N-メチル-4,4'-ビピリジニウムイオン (mbpy$^+$) をこのルテニウム 3 核骨格の各ルテニウムに導入した錯体，[$Ru_3(\mu_3$-$O)(\mu$-$CH_3COO)_6$(mbpy$^+$)$_3$]$^{n+}$ は，配位子 3 個で計 6 個，さらに 3 核骨格 4 個で，合わせて 10 個の電子を出し入れできる分子系である[47]。

カルボニルクラスター錯体の中にも，多電子移動機能を持つものが知られている。巨大白金カルボニルクラスター錯体はその代表的なものである。図 3-30 に，24 量体 [$Pt_{24}(CO)_{30}$]$^{2-}$ のサイクリックボルタモグラム (CV 波) を示す[48]。6 電子の出し入れが観測されている。この他，19 量体 [$Pt_{19}(CO)_{22}$]$^{2-}$，38 量体 [$Pt_{38}(CO)_{44}$]$^{2-}$ などの酸化還元挙動も報告されているが[49]，これらも 6〜8 個の電子の出し入れをする系である。これらのカルボニルクラスター錯体では，核数が増加するにつれ，電子の数が増えるような傾向は必ずしも見られない。構造面から見るとこれらのカルボニルクラスター錯体は，金属原子が集まってできた骨格の外側を CO 配位子が取り囲むような構造を取っている。骨格中では，金属原子の軌道の重なりによって，HOMO-LUMO 領域に非結合性

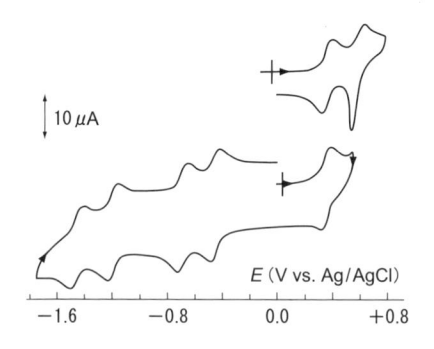

図 3-30 $[Pt_{24}(CO)_{30}]^{2-}$ の 0.2 M $[n-(C_4H_9)_4N]PF_6$–CH_2Cl_2 溶液中でのサイクリックボルタモグラム（室温）[48]

や弱い反結合性の軌道がいくつかでき，それらの軌道が電子の出し入れに関与していると考えられている．白金の他にも，ロジウムやコバルトなどのカルボニルクラスター錯体の，酸化還元反応性が調べられているが，白金クラスターに比べると，出入りする電子数も少なく，可逆性も劣るようである[50,51]．

3章1節5項で言及したMoやWのホモおよびヘテロポリ酸も，多電子移動系として早くから注目されている系である．こららは，Mo(VI)やW(VI)イオンがオキソ架橋で連結された構造を取っており，それにバナジウムなどの金属イオンや，リン，イオウなどが取り込まれたものも多数知られている．しかし，これらの系は単独では1か2電子の出し入れしかできず，図3-16に示したような多電子移動には，オキソ架橋へのプロトン付加が必要である[52,53]．

3-3-3 クラスター錯体：メタラジチオレン系の酸化還元特性

混合原子価状態の安定性が，錯体のおかれた環境（溶媒，電解質など）に大きく依存する系が知られている[54~58]．ここではその例として，メタラジチオレンクラスター錯体を取り上げる．メタラジチオレンは，1個の金属原子と2個のイオウ原子，2個の炭素原子からなるヘテロ五員環で，特に金属が後周期遷移金属の場合には平面構造になり，芳香族性を帯びるので，強い光吸収能，可逆な酸化還元能などの興味深い物性を示す[59]．

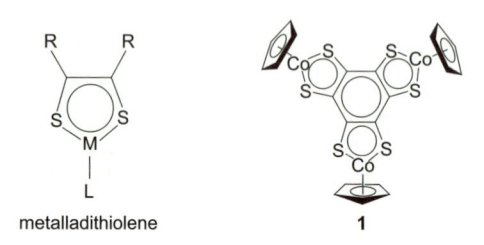

metalladithiolene   1

　三角形3核ジチオレン錯体1は，3個の酸化還元活性なコバルタジチオレンユニットが等価にπ共役連結しているので，混合原子価状態を経由する三段の可逆な還元反応を起こし，Co(Ⅲ)Co(Ⅲ)Co(Ⅲ) (40) から Co(Ⅲ)Co(Ⅲ)Co(Ⅱ) (1^{1-})，Co(Ⅲ)Co(Ⅱ)Co(Ⅱ) (1^{2-}) を経て Co(Ⅱ)Co(Ⅱ)Co(Ⅱ) (1^{3-}) になる。この混合原子価状態の熱力学的安定性は，電解質溶液中のカチオンの大きさや溶媒の極性などのマトリックスに強く依存する[60〜62]。例えば，電解質－溶媒の組合せが Bu_4NClO_4-MeCN のようにカチオンのサイズが大きく，溶媒の極性が高い場合には，混合原子価状態の熱力学的安定性の指標となる酸化還元電位差，$\Delta E_1^{0'} = E^{0'}(1^0/1^{1-}) - E^{0'}(1^{1-}/1^{2-}) = 0.26$ V, $\Delta E_2^{0'} = E^{0'}(1^{1-}/1^{2-}) - E^{0'}(1^{2-}/1^{3-}) = 0.29$ V と大きい。しかし，$NaBPh_4$-THF 系のように陽イオンのサイズが小さく，溶媒の極性が低くなった場合には，電位差は $\Delta E_1^{0'} = 0.14$ V, $\Delta E_2^{0'} = 0.11$ V と小さい。その溶液に18-クラウン-6を加えて Na^+-18-クラウン-6の包接体を作りカチオンサイズを大きくすると，電位差は $\Delta E_1^{0'} = 0.32$ V, $\Delta E_2^{0'} = 0.37$ V まで拡がる（図3-31）。この電解質―溶媒の効果は，錯体還元体の磁性にも表れ，大きなカチオン-高極性溶媒の $[(C_5Me_5)_2Co]^+$-炭酸プロピレン中では，Co(Ⅱ)Co(Ⅱ)Co(Ⅱ) (1^{3-}) は $S = 1/2$ の低スピン状態だが，

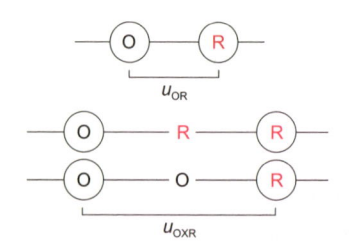

図 3-31　最近接核間相互作用 u_{OR} および第二隣接核間相互作用 u_{OXR}

3 金属錯体の電気化学的性質

小さなカチオン—低極性溶媒の Na^+-THF 中では，$S = 3/2$ の高スピン状態をとる。以上の混合原子価状態，1^{1-}，1^{2-} の熱力学的安定性ならびに 1^{3-} の磁性の大きなマトリックス依存性は，溶媒和カチオンと 3 核錯体上の負電荷との静電引力が，強いと負電荷が局在化するためと考えることができる[62]。

1 のような三角形 3 核ジチオレン錯体はコバルトの他の 9 族金属でも合成できるが，中心金属の異なる三種の錯体，{$(\eta^5$-$C_5Me_5)M$}$_3(C_6)$ (M = Co(2), Rh(3), Ir(4)) の UV-Vis スペクトル，単結晶 X 線構造解析による分子構造，酸化還元特性，および分子軌道計算を総合すると，錯体の中心に位置するベンゼン環の芳香族性は，Co(2) > Rh(3) > Ir(4) の順に減少する（図 3-32)[63]。

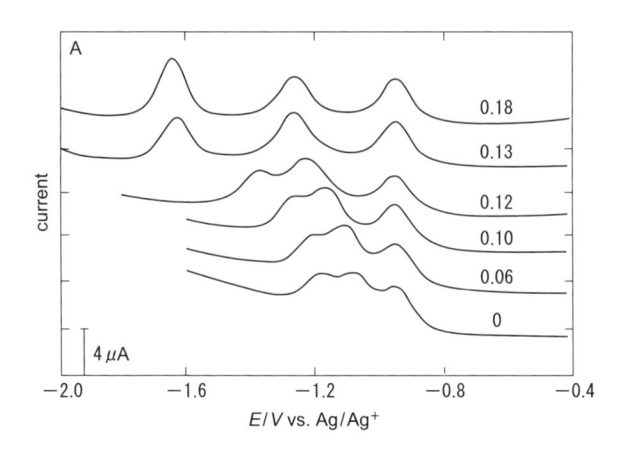

図 3-32 三角形 3 核コバルタジチオレン錯体 1（60 μM）の 18-クラウン-6 を添加するにつれての 0.1 M NaBPh$_4$-THF 中での Osteryoung 矩形波ボルタモグラム線上の数値は 18-クラウン-6 の濃度（M）を示す。

金属-金属結合を持つクラスター錯体の酸化還元特性は複雑である。メタラジチオレンの反応性を利用すると，種々の金属-金属結合を持つジチオレン多核錯体を合成することができる。Co(III)-Mo(0)-Co(III) 錯体 5 と同構造の Rh(III-Mo(0)-Rh(III) 錯体 6 の異なる酸化還元特性を取り上げる。

Co(III)-Mo(0)-Co(III) 錯体 5 は二段階の可逆な 1 電子還元反応を起こす。このことは，両側のコバルタジチオレンユニットが架橋となっているモリブデ

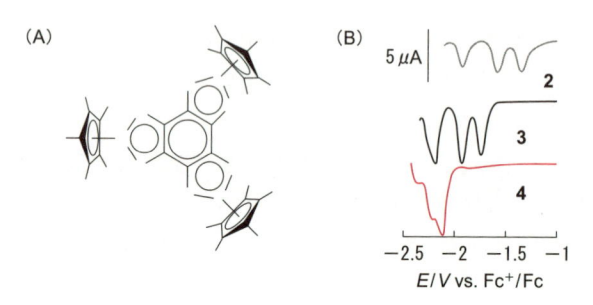

図 3-33　三角形 3 核ジチオレン錯体 **2**, **3**, **4** の構造と 0.1 M Bu$_4$NClO$_4$-ベンゾニトリル中での微分パルスボルタモグラム

ン錯体ユニットを通して電子的相互作用をし，混合原子価状態が熱力学的に安定になっていることを意味している[64, 65]。ところが，同じ構造の等電子化合物 Rh-Mo-Rh 錯体 **6** は，一段階 2 電子還元を起こす[66]。すなわち，混合原子価状態が熱力学的に不安定で，1 電子目の還元 $6^0/6^-$ の電位より，2 電子目の還元 $6^-/6^{2-}$ の電位の方が正側にある。この原因は，6^0 では Mo 上のカルボニル基が Rh 間に少し架橋した状態だが，還元体 6^{2-} では Mo-Rh 間に完全に架橋した三重項基底状態をとる構造になるためである。したがって，**6** の 2 電子還元反応は分子内 ECE（電子移動-化学変化-電子移動）反応と見なすことができる系である（3 章 4 節参照）。

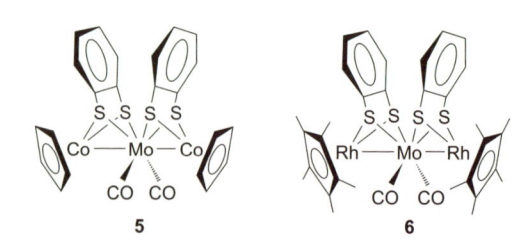

3-3-4　高分子錯体：一次元フェロセンオリゴマーの酸化還元特性

3 章 2 節に述べたように，複核錯体において核間に電子的相互作用が存在する場合には，電子交換による混合原子価状態の熱力学的安定化の程度に応じて，

Robin-Day のクラス I ～ III に分類される。クラス II またはクラス III では，混合原子価状態が熱力学的に十分安定となり電気化学的に 2 個の核の酸化還元反応が 1 電子ずつ異なる電位で起こることが観測される。それではもし，3 個以上のレドックス核が連結した場合に，混合原子価状態はどのように安定化され，酸化還元特性はどうなるだろうか？

それを説明する考え方として，1995 年に青木と陳（Chen）により提案された多核錯体の混合原子価状態を経由する酸化還元特性に関する理論[67]を紹介する。その考え方では，酸化体（O）と還元体（R）の線形結合系において，O と O，R と R，および O と R の三種の組合せの隣接核間電子相互作用を考え，それぞれを u_{OO}，u_{RR} および u_{OR} と置く。まず電子交換相互作用による安定化に寄与する u_{OR} は負の値をとる。O あるいは R がイオンである場合は，同符号電荷間の静電反発により，u は正の値をとる。例えば，R をフェロセン，O をフェロセニウムイオンとすると，フェロセン間には相互作用がほぼないが（$u_{RR} \approx 0$）正電荷を持つ O-O 間の静電反発により，u_{OO} は正の値を取ると予想される。

まず，3 核錯体について考える。R-R-R から O-O-O に酸化されるまで，3 個の電子が除去される。その間に 1 電子酸化体と 2 電子酸化体という二種の混合原子価状態が存在するが，クラス II のように電荷がある程度局在化した状態をとるとき，1 電子酸化体には R-R-O と R-O-R の二種の電子的異性体が存在する。どちらの方が熱力学的に安定であるかは，相互作用の大小に左右され，その値は前者では $u_{RR}+u_{OR}$，後者では $2u_{OR}$ となる。上述したように，u_{OR} による安定化が主要因なので，u_{OR} の数が多い後者 R-O-R の方が熱力学的に安定となる。同様に 2 電子酸化体についても R-O-O と O-R-O の二種の電子的異性体が存在するが，相互作用はそれぞれ $u_{OR}+u_{OO}$ と $2u_{OR}$ であり，O-R-O の方が熱力学的に安定である。以上のような考えから，酸化還元過程は，

$$\text{R-R-R} \xrightleftharpoons{-e} \text{R-O-R} \xrightleftharpoons{-e} \text{O-R-O} \xrightleftharpoons{-e} \text{O-O-O} \quad (3\text{-}17)$$

と表すことができる。

次に，酸化還元電位 E^0 を u_{OO}，u_{RR} および u_{OR} を用いて表す。R-R-R の電気化学ポテンシャルは $3\mu_R+2u_{RR}$，R-O-R では $2\mu_R+\mu_O+2u_{OR}$，O-R-O では $\mu_R+2\mu_O+2u_{OR}$，O-O-O では $3\mu_O+2u_{OO}$ である。ここで μ_R，μ_O はそれぞれ R およ

びOの化学ポテンシャルである。酸化還元電位は2つの酸化状態間のエネルギー差なので該当する電位は，

$$\begin{aligned} E_1^0(\text{R-O-R/R-R-R}) &= (2\mu_R+\mu_O+2u_{OR})-(3\mu_R+2u_{RR}) \\ &= -\mu_R+\mu_O+2u_{OR}-2u_{RR} \end{aligned} \quad (3\text{-}18)$$

同様に，

$$\begin{aligned} E_2^0(\text{O-R-O/R-O-R}) &= (\mu_R+2\mu_O+2u_{OR})-(2\mu_R+\mu_O+2u_{OR}) \\ &= -\mu_R+\mu_O \end{aligned} \quad (3\text{-}19)$$

$$\begin{aligned} E_3^0(\text{O-O-O/O-Re-O}) &= (3\mu_O+2u_{OO})-(\mu_R+2\mu_O+2u_{OR}) \\ &= -\mu_O+\mu_O+2u_{OO}-2u_{OR} \end{aligned} \quad (3\text{-}20)$$

である。

したがって，酸化還元電位の差は，

$$\begin{aligned} \Delta E_{12} &= E_2^0(\text{O-R-O/R-O-R})-E_1^0(\text{R-O-R/R-R-R}) \\ &= -2u_{OR}+2u_{RR} \end{aligned} \quad (3\text{-}21)$$

$$\begin{aligned} \Delta E_{23} &= E_3^0(\text{O-O-O/O-R-O})-E_2^0(\text{O-R-O/R-O-R}) \\ &= -2u_{OR}+2u_{OO} \end{aligned} \quad (3\text{-}22)$$

となる。

上述したように，フェロセニウム／フェロセン系のような酸化体が電荷を持ち還元体が中性の場合には，$u_{OO}>0$，$u_{RR}\approx 0$ および $u_{OR}<0$ だと考えられるので，$\Delta E_{23}>\Delta E_{12}$ となる。

同様な考え方を4核以上の錯体にも適用すると，表3-7のようになる。

この考え方で興味深いのは，レドックス核数が増えると酸化還元電位の割れ方も増えていくのではないことである。4核錯体までは核数と同じ数の一電子酸化還元波が出現するが，5核になると最初の2電子の酸化は同電位で起こり（$\Delta E_{12}^0 = 0$，表3-7を参照），最後の2電子の酸化も同電位で起こる（$\Delta E_{45}^0 = 0$，表3-7参照）。すなわち，2電子，1電子，2電子の三段の反応になる。6核でも最初の2電子の酸化還元と，最後の2電子の酸化還元は同じ電位で起こり（$\Delta E_{12}^0 = \Delta E_{56}^0 = 0$，表3-7参照），2電子，1電子，1電子，2電子の四段の反

3 金属錯体の電気化学的性質

表 3-7 核以上の線形レドックス核結合系の隣接核間相互作用モデルによる電気化学ポテンシャルと酸化還元電位

No. of nuclei, N	Oxidation state, i	Species	μ_0	$eE_N^0, i+\mu_R-\mu_O$	$\Delta E_{N-1,i} N$
3	0	R-R-R	$3\mu_R+2u_{RR}$		
	1	R-O-R	$2\mu_R+\mu_O+2u_{OR}$	$2u_{OR}-2u_{RR}$	
	2	O-R-O	$\mu_R+2\mu_O+2u_{OR}$	0	$-2u_{OR}+2u_{RR}$
	3	O-O-O	$3\mu_O+2u_{OO}$	$2u_{OO}-2u_{OR}$	$-2u_{OR}+2u_{OO}$
$+u_{RR}$	0	R-R-R-R	$4\mu_R+3u_{RR}$		
	1	R-O-R-R	$3\mu_R+\mu_O+2u_{OR}+u_{RR}$	$2u_{OR}-2u_{RR}$	
	2	R-O-R-O	$2\mu_R+2\mu_O+3u_{OR}$	$u_{OR}-u_{RR}$	$-u_{OR}+u_{RR}$
	3	O-R-O-O	$\mu_R+3\mu_O+2u_{OR}+u_{OO}$	$u_{OO}-u_{OR}$	$-2u_{OR}+u_{OO}+u_{RR}$
	4	O-O-O-O	$4\mu_O+3u_{OO}$	$2u_{OO}-2u_{OR}$	$-u_{OR}+u_{OO}$
$2u_{OO}$	0	R-R-R-R-R	$5\mu_R+4u_{RR}$		
	1	R-R-O-R-R	$4\mu_R+\mu_O+2u_{OR}+2u_{RR}$	$2u_{OR}-2u_{RR}$	
	2	R-O-R-O-R	$3\mu_R+2\mu_O+4u_{OR}$	$2u_{OR}-2u_{RR}$	0
	3	R-O-R-O-R	$2\mu_R+3\mu_O+4u_{OR}$	0	$-2u_{OR}+2u_{RR}$
	4	O-O-R-O-O	$\mu_O+4\mu_O+2u_{OR}+2u_{OO}$	$2u_{OR}-2u_{OR}$	$-2u_{OR}+2u_{OO}$
	5	O-O-O-O-O	$5\mu_O+4u_{OO}$	$2u_{OO}-2u_{OR}$	
	0	R-R-R-R-R-R	$6\mu_R+5u_{RR}$		
	1	R-R-R-O-R-R	$5\mu_R+\mu_O+2u_{OR}+3u_{RR}$	$2u_{OR}-2u_{RR}$	
	2	R-O-R-R-O-R	$4\mu_R+2\mu_O+4u_{OR}+u_{RR}$	$2u_{OR}-2u_{RR}$	0
$+u_{OO}$	3	R-O-R-O-R-R	$3\mu_R+3\mu_O+5u_{OR}$	$u_{OR}-u_{RR}$	$-u_{OR}+u_{RR}$
	4	O-R-O-R-O-R	$2\mu_R+4\mu_O+4u_{OR}+u_{OO}$	$uu_{OO}-u_{OR}$	$-2u_{OR}+u_{RR}+u_{OO}$
	5	O-O-O-R-O-O	$\mu_R+5\mu_O+2u_{OR}+3u_{OO}$	$2u_{OO}-2u_{OR}$	$-u_{OR}+u_{OO}$
	6	O-O-O-O-O-O	$6\mu_O+5u_{OO}$	$2u_{OO}-2u_{OR}$	0
	0	R-R-R-R-R-R-R	$7\mu_R+6u_{RR}$		
	1	R-R-R-O-R-R-R	$6\mu_R+\mu_O+2u_{OR}+4u_{RR}$	$2u_{OR}-2u_{RR}$	
	2	R-R-O-R-O-R-R	$5\mu_R+2\mu_O+4u_{OR}+2u_{RR}$	$2u_{OR}-2u_{RR}$	0
	3	R-O-R-O-R-O-R	$4\mu_R+3\mu_O+6u_{OR}$	$2u_{OR}-2u_{RR}$	0
	4	O-R-O-R-O-R-O	$3\mu_R+4\mu_O+6u_{OR}$	0	$-2u_{OR}+2u_{RR}$
	5	O-O-R-O-O-R-O	$2\mu_R+5\mu_O+4u_{OR}+2u_{OO}$	$2u_{OO}-2u_{OR}$	$2u_{OO}+u_{OR}$
	6	O-O-O-R-O-O-O	$\mu_R+6\mu_O+2u_{OR}+4u_{OO}$	$2u_{OO}-2u_{OR}$	0
	7	O-O-O-O-O-O-O	$7\mu_O+6u_{OO}$	$2u_{OO}-2u_{OR}$	0

応になる。このやり方を続けていくと,奇数核 ($2n+1$ 個の核)では,n 電子,1 電子,n 電子の三段の反応になり,偶数核 ($2n+2$ 個の核)では,n 電子,1 電子,1 電子,n 電子の四段の反応になる。n が増加するにつれて,真ん中の1 電子の酸化還元波は相対的に小さくなるので,n が無限大の極限状態では偶奇によらず,二段の反応に見えることになる。

実際に,混合原子価状態が観測されているフェロセン一次元オリゴマーの酸化還元特性に,上記の考え方を適用して見よう。図 3-34 に Manners らが合成したオリゴフェロセニルシラン 9 核錯体までの報告された酸化還元電位(○)[68]と,それらの値になるべき適合するように $u_{OO} = 6$ kJ mol^{-1},$u_{RR} = 0$ kJ mol^{-1} および $u_{OR} = -4$ kJ mol^{-1} の値を用いてシミュレーションした酸化還元電位

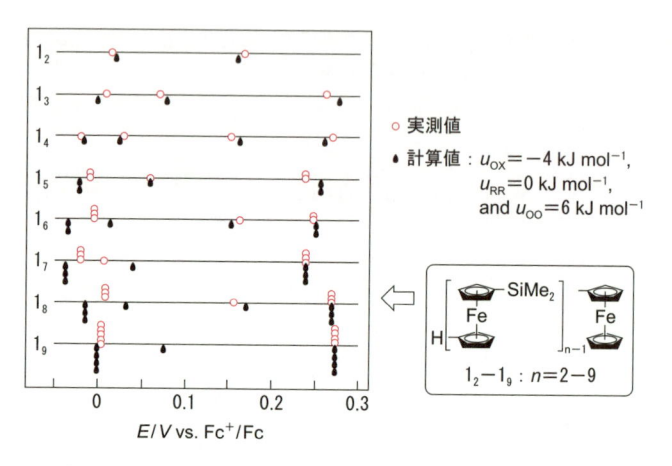

図 3-34　オリゴフェロセニルシランの酸化還元電位と隣接核間相互作用モデルによる解析

(●) を示す[69]。

　核数が増加したときに，酸化還元電位の負側および正側の両端が多電子反応になることなど，実測値と計算値にかなり良い一致を示すことが図に示されている[69]。

　上記の例に比べて核間相互作用が強いオリゴフェロセニレンの 7 核錯体までの挙動について青木，陳，西原らが報告している[70～72]。この場合は，図 3-35 に示すように，実際の酸化還元電位は 5 核以上であっても，1 電子酸化のピークに分かれており，上記の単純な隣接核間相互用モデルによる予測とは異なっている。この実験データを説明するには，上記モデルの修正が必要であるが，その修正方法は，最近接核間の相互作用に加えて，2 番目に近い核間の相互作用を考慮に入れることである。その第二隣接核間相互作用を u_{OXR}（X は O でも R でも良いと考える，図 3-31 参照）とし，例として，4 量体から 7 量体の電気化学ポテンシャルから酸化還元電位差まで見積ると，表 3-8 のようになる。

　例えば 7 量体では，最近接核間だけの隣接核間相互作用モデルを用いると，全部で 7 電子の酸化還元反応が異なる 3 つの電位で起こり，それぞれ 3 電子，1 電子，3 電子の反応だったが，第二隣接核間相互作用 u_{OXR} を導入することにより，七段の 1 電子移動になり，その一段目と二段目の電位差と，二段目と三

3 金属錯体の電気化学的性質

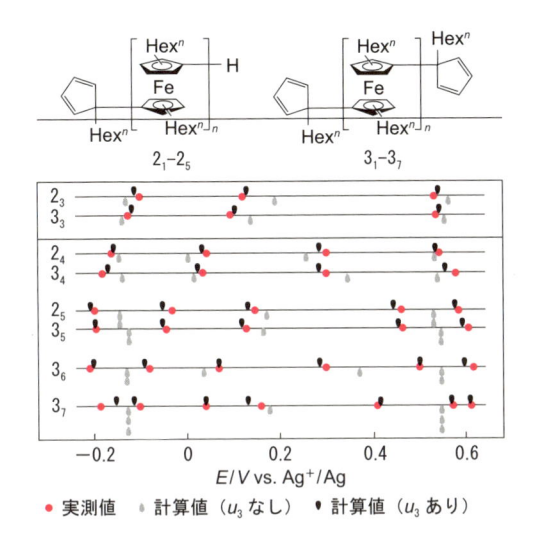

図 3-35 オリゴフェロセニレンの酸化還元電位と隣接核間相互作用モデルによる解析
$u_{OR} = -10.5 \text{ kJ mol}^{-1}, u_{RR} = 0 \text{ kJ mol}^{-1}, u_{OO} = 9 \text{ kJ mol}^{-1}, u_{OXR} = -3.8 \text{ kJ mol}^{-1}$

段目の電位差の比は 1 : 4 であり，五段目と六段目の電位差と，六段目と七段目の電位差の比は 4 : 1 であると予想される．この方法で，実際のオリゴフェロセニレンの酸化還元挙動をシミュレーションすると，図 3-35 のように実測値と計算値が良い一致を示す．このとき，$u_{RR} = 0$ と置くと，$u_{OO} = 9 \text{ kJ mol}^{-1}$，$u_{OR} = -10.5 \text{ kJ mol}^{-1}$，そして $u_{OXR} = -3.8 \text{ kJ mol}^{-1}$ である．最近接核間相互作用 u_{OR} に比べて，第二隣接核間相互作用 u_{OXR} は約 1/3 と小さいが，それでも酸化還元電位差に与える影響はかなり顕著である．このように，隣接核間相互作用モデルは，電子交換相互作用等を定量的に取り扱える利点を持つ．他のフェロセン多核錯体系の酸化還元特性については別の総説をご参考いただきたい[69]．

混合原子価においては，電気化学的なアプローチに加えて，可視－近赤外領域に現れる原子価間電荷移動遷移 (intervalence charge transfer (IVCT) band) を用いて核間相互作用を議論できる．また，多核錯体で起こる複数の混合原子価状態の IVCT バンドの解析についての報告もある[73]．

表 3-8 第二隣接核間相互作用 u_{OXR} を加えた，4 核以上の線形レドックス核結合系の隣接核間相互作用モデルによる電気化学ポテンシャルと酸化還元電位

No. of nuclei, N	Oxidation state, i	Species	μ_0	$eE^0_{N,i} + \mu_R - \mu_O$	$\Delta E_{N-1,N}$
4	0	R-R-R-R	$4\mu_R + 3u_{RR}$		
	1	R-O-R-R	$3\mu_R + \mu_O + 2u_{OR} + u_{RR} + u_{OXR}$	$2u_{OR} - 2u_{RR} + u_{OXR}$	
	2	R-O-R-O	$2\mu_R + 2\mu_O + 3u_{OR}$	$u_{OR} - u_{RR} - u_{OXR}$	$-u_{OR} + u_{RR} - 2u_{OXR}$
	3	O-R-O-O	$\mu_R + 3\mu_O + 2u_{OR} + u_{OO} + u_{OXR}$	$2u_{OR} - u_{RR} + u_{OXR}$	$-2u_{OR} + u_{OO} + u_{RR} + 2u_{OXR}$
$2u_{OXR}$	4	O-O-O-O	$4\mu_O + 3u_{OO}$	$2u_{OO} - 2u_{OR} - u_{OXR}$	$-u_{OR} + u_{OO} - 2u_{OXR}$
5	0	R-R-R-R-R	$5\mu_R + u_{RR}$		
	1	R-R-O-R-R	$4\mu_R + \mu_O + 2u_{OR} + 2u_{RR} + 2u_{OXR}$	$2u_{OR} - 2u_{RR} + 2u_{OXR}$	
	2	R-O-R-O-R	$3\mu_R + 2\mu_O + 4u_{OR}$	$2u_{OR} - 2u_{RR} - 2u_{OXR}$	$-4u_{OXR}$
	3	O-R-O-R-O	$2\mu_R + 3\mu_O + 4u_{OR}$	0	$-2u_{OR} + 2u_{RR} + 2u_{OXR}$
	4	O-O-R-O-O	$\mu_R + 4\mu_O + 2u_{OR} + 2u_{OO} + 2u_{OXR}$	$2u_{OR} - 2u_{OO} + 2u_{OXR}$	$-2u_{OR} + 2u_{OO} + 2u_{OXR}$
	5	O-O-O-O-O	$5\mu_O + 4u_{OO}$	$2u_{OO} - 2u_{OR} - 2u_{OXR}$	$-4u_{OXR}$
6	0	R-R-R-R-R-R	$6\mu_R + 5u_{RR}$		
	1	R-R-R-O-R-R	$5\mu_R + \mu_O + 2u_{OR} + 3u_{RR} + 2u_{OXR}$	$2u_{OR} - 2u_{RR} + 2u_{OXR}$	
	2	R-O-R-R-O-R	$4\mu_R + 2\mu_O + 4u_{OR} + u_{RR} + 2u_{OXR}$	$2u_{OR} - 2u_{RR}$	$-2u_{OXR}$
	3	R-O-R-O-R-O	$3\mu_R + 3\mu_O + 5u_{OR}$	$u_{OR} - u_{RR} - 2u_{OXR}$	$-u_{OR} + u_{RR} - 2u_{OXR}$
	4	O-R-O-O-R-O	$2\mu_R + 4\mu_O + 4u_{OR} + u_{OO} + 2u_{OXR}$	$u_{OO} - u_{OR} + 2u_{OXR}$	$-2u_{OR} + u_{RR} + u_{OO} + 4u_{OXR}$
	5	O-O-O-R-O-O	$\mu_R + 5\mu_O + 2u_{OR} + 3u_{OO} + 2u_{OXR}$	$2u_{OR} - 2u_{OO} + u_{OXR}$	$-u_{OR} + u_{OO} - 2u_{OXR}$
$4u_{OXR}$	6	O-O-O-O-O-O	$6\mu_O + 5u_{OO}$	$2u_{OO} - 2u_{OR} - u_{OXR}$	
7	0	R-R-R-R-R-R-R	$7\mu_R + 6u_{RR}$		
	1	R-R-R-O-R-R-R	$6\mu_R + \mu_O + 2u_{OR} + 4u_{RR} + 2u_{OXR}$	$2u_{OR} - 2u_{RR} + 2u_{OXR}$	
	2	R-O-R-R-R-O-R	$5\mu_R + 2\mu_O + 4u_{OR} + 2u_{RR} + 3u_{OXR}$	$2u_{OR} - 2u_{RR} + u_{OXR}$	$-u_{OXR}$
	3	R-O-R-O-R-O-R	$4\mu_R + 3\mu_O + 6u_{OR}$	$2u_{OR} - u_{RR} - 3u_{OXR}$	$-4u_{OXR}$
	4	O-R-O-R-O-R-O	$3\mu_R + 4\mu_O + 6u_{OR}$	0	$-2u_{OR} + 2u_{RR} + 3u_{OXR}$
	5	O-R-O-O-O-R-O	$2\mu_R + 5\mu_O + 4u_{OR} + 2u_{OO} + 3u_{OXR}$	$2u_{OO} - 2u_{OR} - u_{OXR}$	$2u_{OO} - 2u_{OR} + 3u_{OXR}$
	6	O-O-O-R-O-O-O	$\mu_R + 6\mu_O + 2u_{OR} + 4u_{OO} + 2u_{OXR}$	$2u_{OO} - 2u_{OR} + u_{OXR}$	$-4u_{OXR}$
	7	O-O-O-O-O-O-O	$7\mu_O + 6u_{OO}$	$2u_{OO} - 2u_{OR} - 2u_{OXR}$	$-u_{OXR}$

3-3-5 金属ナノ粒子の酸化還元特性

前項で例に挙げた高分子錯体やクラスター錯体は，金属核数が一桁と少ないが，これが 10 個，100 個，1000 個と増えていくと，バルク金属的な性質に近づいていくことが予想できる。バルク金属は導電体なので，電気化学的に電子の出し入れを行うと表面のキャパシタンスの連続的な充電が行われるだけである。すなわち，例えばサイクリックボルタンメトリー (CV) では，電位の正方向と負方向の掃引で電流ピークは現れないが，両方向の電流値に差が生じる。それでは，分子とバルク金属の間の物質の酸化還元特性はどうなるのか？ 最近，金属ナノ粒子がサイズを任意にかつ揃えて合成できるようになり，この謎が解けてきた[74, 75]。

ナノ粒子の直径が 3～4 nm を超える場合，電気二重層容量 C_{CLU}（CLU は個々

の金属クラスターの容量。したがって単位面積あたりではない）を持つナノ粒子がz個の電子の移動をする際の電気化学ポテンシャルの変化ΔVは式(3-23)で表される。

$$\Delta V = ze/C_{\text{CLU}} \qquad (3\text{-}23)$$

ボルツマン熱エネルギー揺らぎは，室温で$k_\text{B}T_{298\text{K}} = 25.7$ meVであり，もしΔVがこの値より小さければ，個々の電子移動は区別できず，連続的な電荷の蓄積が起こるようにしか見えない。1個1個の電子移動が区別して見えるようになるには，$C_{\text{CLU}} <$ ca. 6 aF (6×10^{-18} F)であることが必要である。今，金属ナノ粒子を同心球体キャパシタモデルで取り扱えるとし，内殻（金属ナノ粒子本体）と外殻（金ナノ粒子の場合のアルキルチオレートのような表面安定化配位子までを含む）の半径をそれぞれrおよび$r+d$とし（dは表面安定化配位子の長さに相当），表面安定化配位子層の誘電率をε，自由空間の透磁率をε_0，金属ナノ粒子核の表面積をA_{CLU}としたとき，ナノ粒子の電気容量，C_{CLU}は式(3-24)のように表される。

$$C_{\text{CLU}} = A_{\text{CLU}} \frac{\varepsilon\varepsilon_0}{r} \frac{r+d}{d} = 4\pi\varepsilon\varepsilon_0 \frac{r}{d}(r+d) \qquad (3\text{-}24)$$

そして，ナノ粒子核の電荷がZから$Z-1$に変化するときの電位は，

$$E^0_{Z,Z-1} = E_{\text{pzc}} + \frac{(z-1/2)e}{C_{\text{CLU}}} \qquad (3\text{-}25)$$

と表される。ここで，E_{pzc}はゼロ電荷ポテンシャルであり，ナノ粒子が電荷を持たない中性状態の電位を表す。興味深いことにこの式は，酸化還元電位が等間隔になることを意味する。実際にこれまで，サイズをそろえた金ナノ粒子が合成され，様々な電解質溶液で酸化還元挙動が調べられてきたが，図3-36に示したヘキシルチオレートで表面保護したAu_{147}ナノ粒子のように，上述に近い多段階の1電子移動の酸化還元波がほぼ等間隔で現れることが見い出されている。

この現象はナノ粒子が電気容量が小さいために，量子化された電気二重層充放電を起こすことを意味し，分子的な振る舞いとは言い難い。それではどこまで原子数を少なくしたら，分子的になるのか？　その答えとして，異なる数の

金ナノ粒子（クラスター）の系統的な電気化学測定から，原子数140個では量子化コンデンサーだが，原子数75個では分子的な挙動をすることが示された（図3-37）。図3-36にはAu_{38}の酸化還元特性では，1.2 eVのHOMO-LUMOギャップを持つことが示されている。

上記のような酸化還元特性は，溶媒（誘電率），電解質，安定化配位子の種類に依存する。誘電率の低い有機溶媒中では，多段階の1電子移動波が明瞭に

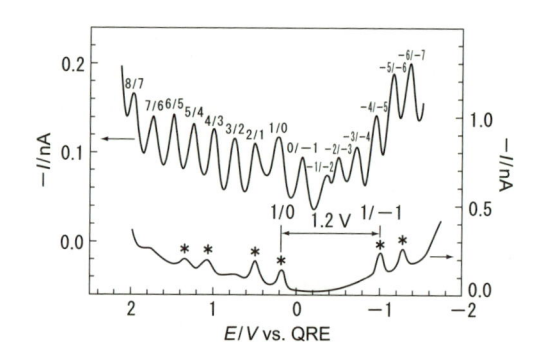

図3-36 ヘキシルチオレート保護Au_{147}粒子（上）およびAu_{38}粒子（下）の10 mM テトラキス（ペンタフルオロフェニル）ホウ酸ビス（トリフェニルホスフォラニリデン）アンモニウム（BTPPATPBF20）/1,2-ジクロロエタン（DCE）溶液中での微分パルスボルタモグラム[76]

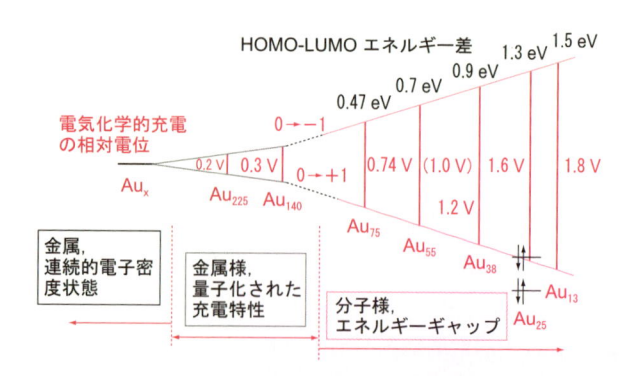

図3-37 金ナノ粒子のサイズと金属的性質，量子化キャパシタ性質，および分子的性質の関係[75]

見られるが,水のような高誘電率溶媒では,その観測は難しくなる。水系では電解質を選択したり,界面活性剤を加えて電極表面を疎水的にしたり系を最適化することによって,多段階の1電子移動波が観測されている[77]。金属ナノ粒子は金属の種類やサイズによって,触媒活性などの化学的特性も大きく変化することが知られており[78],酸化還元特性との関連性の究明は今後も興味深いテーマである。

3-4 多電子移動

3-4-1 はじめに

前節で混合原子価錯体のような多段階電子移動を示す系について述べたが,ここであらためて,捉えどころが難しい「多電子移動」という用語の意味を考えてみる。例えば,複数の電子が移動する反応として,次の様な酸化のシリーズを考えよう。

$$A \underset{-e^-}{\rightleftarrows} A^+ \underset{-e^-}{\rightleftarrows} A^{2+} \underset{-e^-}{\rightleftarrows} \cdots\cdots \underset{-e^-}{\rightleftarrows} A^{n+} \cdots\cdots. \quad (3\text{-}26)$$

「多電子移動」とは,この過程が「一度に」起こることと見るのが,1つの捉え方である。電気化学的に考えた場合,「一度に」とは,この何段かの過程が1つの電位で一気に進むことと思えば良いであろう。これが「一段階多電子移動」である。実際には,この一段階多電子移動の例はあまり多くなく,起こる場合でも,その内容は単純な一段階ではないことも多い。例えば,$Cu^0 \rightarrow Cu^{II}$のような2電子移動過程が知られているが,この場合には,まず1電子移動でCu^Iが生じ,それが$2Cu^I \rightleftarrows Cu^0 + Cu^{II}$のような不均化反応を起こすことにより,みかけ上の「一段階2電子移動」が進行するとされている。一方,異なる電位で段階的に1電子ずつが移動する「多段階多電子移動」も多く知られている。この場合でも,いくつかの段階の中に部分的に複数の電子が一挙に移動する過程が含まれることもある。これら一段階,多段階のいずれもが「多電子移動」の対象となると考えてよいであろう。

「多電子移動」を考える上での重要なポイントは,電子移動の可逆性である。実際に「多電子移動」を考える場合には,可逆であることが前提となることが多い。多電子移動触媒などの応用面を考える場合には,この可逆性が特に重要

である．その電子移動の可逆性と密接に関連するのは，電子移動に伴う系の構造変化である．多電子移動の場合には，特にその構造変化の中身が複雑であることが多い．電子移動に伴い錯体の配位子置換反応が起る場合や，配位数が変化するような場合には，電子移動過程は一般に不可逆となる．しかし，構造変化が起こっても，その変化が比較的小さい場合には，可逆性が保たれることも多い．そのような小さな構造変化の代表的な例として，電子移動に伴って配位子にプロトンの脱着が起こる場合があげられる（プロトン脱着を伴う電子移動については次の節で詳しく扱う）．実際，プロトン脱着は多電子移動系の構築に極めて重要なプロセスである[79]．金属錯体において中心金属が可逆的に一段階2電子ないし多電子移動を示す場合には，配位子へのプロトン付加などと連動している場合がほとんどである．

多電子移動を考える時のもう1つのポイントは，酸化還元中心が1個であるか，あるいは複数であるかという問題である．当然複数の酸化還元中心を持つ方が，多電子移動系の構築には有利である．そのような系としては，金属原子を複数個含む多核錯体（金属クラスター錯体ということもあるが，この時は金属原子間に直接結合を持つ錯体を指すことが多い）や[42]，金属中心と酸化還元活性な配位子の組み合わせを持つ錯体があげられよう．なお，多電子移動系には有機化合物のみを用いるものも多数報告されている．

実際に報告されている多電子移動錯体には，4d, 5d遷移金属元素，特にRu, Os, Reの錯体が多い．本節ではまずこのような事情について説明し，次に，プロトン脱着と連動した多電子移動錯体，および配位子との組み合せで構成される多電子移動系に話を進め，その過程で多電子移動系の構築に必要なアプローチについて考えて行きたい．

3-4-2 可逆多電子移動機能を持つ錯体を与える金属元素

金属錯体が可逆的な多電子移動機能を持つためには，電子移動に伴って生ずるいくつかの酸化状態で，その錯体が十分に安定であることが必要である．すなわち，中心金属の酸化数の変化に伴ない錯体の安定性が大きく変化しないことがポイントとなる．多電子移動錯体の場合には，中心金属の酸化数の変化が少なくとも3以上にわたることが多い．一般に，金属イオンは配位子置換反応

が速やかに起こる置換活性型と，少なくとも数分から数時間程度以上安定である置換不活性型に分けることができ，酸化還元反応に伴い置換活性型の金属イオンが生ずる場合には，錯体の速やかな分解が起こりうる[80]。そのような置換活性な酸化状態が生ずる場合には，可逆電子移動は期待できない。実際，第一遷移金属元素の場合には，酸化還元過程でよく見られる2価や3価の酸化状態で少なくともいずれかが置換活性である。例えば，クロム（Ⅲ）やコバルト（Ⅲ）の錯体は，置換不活性であるが，これを1電子還元して得られるクロム（Ⅱ）やコバルト（Ⅱ）の錯体は，いずれも極めて置換活性である。したがって，クロム（Ⅲ）/（Ⅱ）やコバルト（Ⅲ）/（Ⅱ）の酸化還元過程は，一般には可逆過程とはならない。また，3d遷移金属元素では，金属イオン周りの幾何構造や配位数を変えずに，4つ以上の酸化状態を取れるものはないといって良い。これらのことを考えると，3d遷移元素の単核錯体が関与する酸化還元反応を元にして多電子移動系を構築することは難しいといえる。

　4d, 5d遷移金属元素は，上に述べた3d遷移金属元素の問題点を補うことができる点で，多電子移動系の構築により適している。4d, 5d遷移金属元素は4〜6価の比較的高い酸化数を安定に取りうるものが多く，さらにそれらの元素のイオンは，配位子場安定化エネルギーが大きいので，より安定化エネルギーの大きな低スピン配置を取ることができる。具体的な金属元素として対象となるのは，7族のレニウム，8族のルテニウム，オスミウムなどである。後者では，低い方では+2価から，高い方で+6価までの酸化数を取り，そのいずれでも比較的置換不活性な状態が保たれる。これが，多電子移動錯体の研究に，おもにこれら重遷移金属錯体が用いられてきた理由である。レニウムでは，+3価から+7価までの酸化数を取りやすいが，この場合には，金属間結合を持つ複核ないしは多核錯体を形成する傾向もあり[81]，その酸化還元挙動は前者ほどわかりやすくはない。

　3d遷移元素の錯体を用いて多電子移動系を構築しようとすれば，配位子を多座キレート型にするとか，かご型にして分解を防ぐような工夫が必要となる。また，多核錯体を形成することにより，安定化をはかることも行われる。例えば，光合成系に含まれるマンガンは，生体内でも4核構造を取っているが，実際に多電子移動機能の研究対象となっているMn錯体も多核構造を持つものに

限られる[82]。本節では詳しく触れないが、水からの酸素の発生を触媒する多電子移動系としては、配位子の酸化還元と連動したRu複核錯体触媒が注目される[83]（3章6節参照）。

3-4-3 プロトン移動と連動した多電子移動機能を示す錯体

一般に、酸化あるいは還元が進むにつれ、次の段階への酸化あるいは還元はより難しくなる。エネルギー的により安定な軌道から電子を奪うか、より不安定な軌道に電子を入れることになるからである。すなわち、酸化や還元が進むにつれ、酸化過程の電位はより正に、還元過程の電位はより負になる。また、酸化還元反応が起こるとその錯体の全電荷が変化するので、溶液中では溶媒和状態が影響を受け、しばしば静電的に不利な状況が生ずる。単核錯体は、サイズが小さい分だけ電荷の変化による影響も大きい。

これらの問題を解決し、多電子移動系を構築するための1つの方法として、酸化に伴う配位水の脱プロトンが利用される。一般に、金属イオンが+1、+2価の時は、$M-OH_2$結合が安定である（+2価のとき、配位水のpK_aは10程度）が、+3価ではプロトンが外れやすくなる（配位水のpK_aが3～5）ので、中性水溶液中では$M-OH$型となる。酸化数が+4価以上となるとさらにプロトンが外れ、$M=O$結合が良く見られるようになる。これは、酸化数が高くなるほど$M-O$の結合が強くなり、プロトンが取れやすくなるからである。逆に、脱プロトンが起こると、中心金属はより酸化されやすくなり、酸化還元電位は負側にシフトする。また、酸化により増加する錯体の全電荷はプロトン脱離により解消されるので、プロトン脱離は静電的な不安定化の緩和にも有効である。これらの効果によって、より高い酸化状態が安定化するので、プロトン脱離のない系では得られない高い酸化状態も得られることになる。すなわち、プロトン脱離により、より多くの電子が移動できる。負側への酸化還元電位のシフトが大きい場合には、一段階で2ないし3電子が移動する場合も見られるようになる。これらのプロトン移動の効果については、3章5節で取り上げ説明する。ここでは、ルテニウム錯体、および次節でも取り上げるオスミウム錯体を例として多電子移動に至る過程をやや詳しく述べたい。

RuおよびOsを中心金属として、単座配位子のピリジン（py）、二座配位子

3 金属錯体の電気化学的性質

の 2,2'-ビピリジン (bpy), 三座配位子の 2,2':6,2''-テルピリジン (tpy) などのポリピリジン配位子と H_2O が配位した一連の錯体について,酸化還元挙動が調べられている[84~86]。H_2O 配位子の数によって,得られる最高酸化数はもちろん,多電子移動挙動も大きく影響を受ける。酸化還元挙動は溶液の pH により大きな影響を受けるが,ここでは典型的な挙動を示す条件での酸化還元挙動を取り上げ説明する。説明の概略は図 3-38 にまとめた。なお,詳細な pH 依存性については,引用する文献を参照されたい。まず,H_2O を配位子として含まない $[Ru^{II}Cl_2\text{-}(bpy)_2]$ について見てみよう。この錯体のアセトニトリル溶液では,Ru(III)/(II) と Ru(IV)/(III) の過程の電位が,1.63 V 以上離れて観測される[87]。これに対して H_2O を 1 個含む錯体,$[Ru^{II}(bpy)_2(py)(H_2O)]^{2+}$ では,Ru(III)/(II) と Ru(IV)/(III) の過程の電位の差がわずか 0.11 V に縮む (pH, 7)[88]。これは,1 電子酸化と共に,H^+ 1 個が脱離し,Ru(III) では,Ru-OH 型,Ru(IV) では Ru = O 型となるのに伴ない,Ru(IV)/(III) の酸化還元電位が大きく負にシフトしたためである。この過程を式 (3-27) で整理した (ポリピリジン配位子は省略)。(3 章 5 節には,類似の Os 錯体,$[Os^{II}(tpy)_2(bpy)(H_2O)]^{2+}$ の pH-電位図を示している)。

$$Ru^{II}(OH_2) \underset{-e^-, -H^+}{\rightleftarrows} Ru^{III}(OH) \underset{-e^-, -H^+}{\rightleftarrows} Ru^{IV}(O) \qquad (3\text{-}27)$$

次に,H_2O を 2 個以上持つ錯体については,類似の構造の Os 錯体を題材に

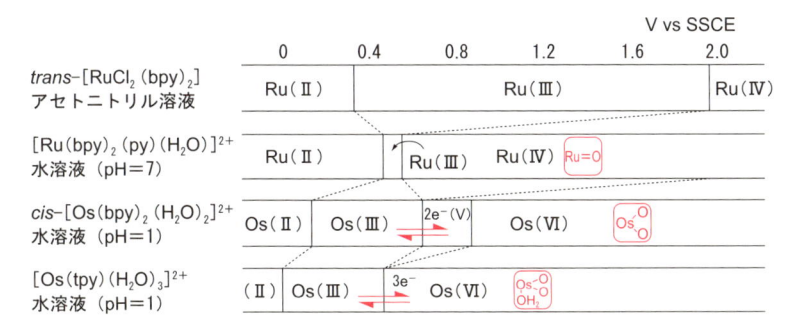

図 3-38 一連の Ru および Os 錯体の酸化還元電位。配位水の脱プロトンの効果と,一段階 2 および 3 電子移動が生ずる様子。(これらの挙動は pH に大きく依存するので,詳細は原文献参照のこと)

して話を続けたい。H_2O を2個含む錯体, $cis\text{-}[Os^{II}(bpy)_2(H_2O)_2]^{2+}$ では, pH = 1.4 の水溶液中で Os(VI) までの酸化過程が観測され, そのすべての過程が 0.7 V の電位幅の中に収まる[89]。これは, $Os^V(O)(OH)$ 型および $Os^{VI}(O)_2$ 型の安定化が大きく, Os(V)/(IV) および Os(VI)/(V) の過程の電位が大きく負にシフトして, 測定電位領域の中で観測できるようになったためである。さらに, 重要なことは, Os(IV)/(III) と Os(V)/(IV) の過程が重なり, 一段階2電子移動として観測されていることである。これは, 脱プロトンの効果による安定化に伴って, Os(V)/(IV) の電位の負側へのシフトが大きく, Os(IV)/(III) の電位との間に逆転が起こったことを示している。これらのことを整理して式 (3-28) に示す。

$$Os^{II}(OH_2)_2 \underset{-e^-, -H^+}{\rightleftarrows} Os^{III}(H_2O)_2 \underset{-2e^-, -3H^+}{\rightleftarrows} Os^V(O)(OH) \underset{-e^-, -H^+}{\rightleftarrows} Os^{VI}(O)_2$$
(3-28)

H_2O の数が3個の錯体では, 一段階3電子過程が観測される。脱離できるプロトンの数が増えたことで, 高酸化状態が一段と安定化した効果と考えられる。この Os 錯体は高い酸化状態で Os = O 錯体として合成単離されているが, 低い酸化状態の Os^{II} ではプロトン付加が完全に起り, $[Os^{II}(tpy)(H_2O)_3]^{2+}$ となっている。Os(II) から Os(VI) までの酸化還元過程が 0.5 V の範囲内におさまっており, 一段階3電子過程が観測される pH 範囲も広い。脱プロトンによる安定化で, Os(V)/(IV) および Os(VI)/(V) の過程の電位が, Os(IV)/(III) の電位よりも負側にシフトしたためと解釈される。この酸化還元過程は以下の式 (3-29) の上方の式の様に整理される[90]。

なお, 以上の説明は pH = 1 の時の変化に対応するが, pH = 7 でもやはり一段階3電子移動が観測される。この場合の反応は, 式 (3-29) の下方に示すようになる。

$$pH = 1 : Os^{II}(OH_2)_3 \underset{-e^-}{\rightleftarrows} Os^{III}(OH_2)_3 \underset{-3e^-, -3H^+}{\rightleftarrows} Os^{VI}(O)(OH)(OH_2)$$

$$pH = 7 : Os^{II}(OH)(OH_2)_2 \underset{-e^-, -2H^+}{\rightleftarrows} Os^{III}(OH)_3 \underset{-3e^-, -2H^+}{\rightleftarrows} Os^{VI}(O)_2(OH)$$
(3-29)

ここで述べた例からわかるように,プロトン脱着と連動させることにより,一連の酸化還元過程を比較的狭い電位の範囲に持ってくることができ,さらにpHを制御することによって,一段階で3電子程度の電子を移動させる系を構築することができる。ここで述べた系は基本的には可逆電子移動系であるが,高い酸化状態では,M＝O結合の形成の可逆性が問題であり,注意が必要である。

同じように,M-NH$_3$を含む錯体の,プロトン脱離に伴い生ずるM≡N結合を持つ錯体との間の多電子移動系についても報告があるが,Nの酸化やN$_2$生成など副反応が起こりやすく,可逆性が劣るようである[91]。

プロトン共役多電子移動は多電子移動触媒反応などで重要である。光合成系における酸素発生など生体内での重要な反応では,プロトン移動とカップルした多電子移動がごく一般的に起こることが知られており,この機構による多電子移動の機構が生体系では重要な意味を持っている。

3-4-4 配位子の酸化還元過程を含む多電子移動系

金属イオンに加えて配位子も酸化還元活性である時,その配位子の酸化還元過程を加え,錯体全体として,多電子が可逆的に移動している場合も少なくない。例えば,3章4節3項で紹介した錯体に含まれる2,2'-ビピリジン (bpy) や2,2':6,2"-テルピリジン (tpy) などの配位子は2電子ないし,それ以上の電子を可逆的に出し入れできる。したがって,例えば発光性で有名な [Ru(bpy)$_3$]$^{2+}$では,金属イオンの酸化還元はRu(III)/(II)の過程に関わる1電子であるが,bpyは可逆的2電子還元を示すので,錯体全体では7電子移動系ということになる(図3-7,図3-8参照)。このように,含窒素芳香族配位子は,配位子の酸化還元を含む多電子移動錯体の構築に有効である。しかし,酸化還元電位が測定の電位範囲の限界に近いこともあり,多電子移動系として注目されることはあまりない。むしろ,化学的に等価な配位子の配位子間相互作用による酸化還元波の分裂の様子の方が注目されている[42](図3-9参照)。

次に,移動する電子の数に注目して,さらに多くの電子を移動できる錯体を取り上げてみたい。架橋機能を持つ含芳香族配位子を用いることにより,酸化還元機能を持つ配位子をより多く含んだ多核錯体を構築することができる。一例として,2,3-ビス(2-ピリジル)ピラジン (bpp) を架橋配位子とした6核錯体,

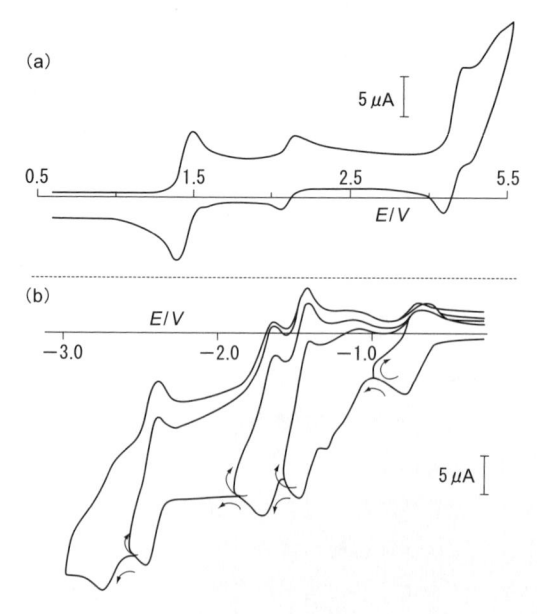

[{(bpy)$_2$Ru(μ-bpp)}$_2$Ru(μ-bpp)Ru{(μ-bpp)Ru(bpy)$_2$}$_2$]$^{12+}$（構造を図 3-39 に示す），のサイクリックボルタモグラム（CV 波）を図 3-40 に示す。このサイクリックボルタンメトリー（CV）測定にあたっては，低温で，純度の高い液体二酸化イオウ，および DMF を溶媒に用いて -3.1 V～$+4.3$ V までの電位幅を確保することにより，計 40 電子分の多段階多電子移動を観測している。この

図 3-39　Ru6 核錯体，[{(bpy)$_2$Ru(μ-bpp)}$_2$Ru(μ-bpp)Ru{(μ-bpp)Ru(bpy)$_2$}$_2$]$^{12+}$ の構造[92]

図 3-40　Ru6 核錯体，[{(bpy)$_2$Ru(μ-bpp)}$_2$Ru(μ-bpp)Ru{(μ-bpp)Ru(bpy)$_2$}$_2$]$^{12+}$ の CV[92]

6核錯体では，まず13個の配位子がそれぞれ2電子ずつの計26電子分の還元波，さらに金属中心の1電子酸化により6電子分と，各bpy配位子の1電子分の酸化波で計14個分の酸化波が観測され，合わせて40電子移動系となる[92]。

3-4-5 光誘起多電子移動

ここまでは，溶液内の化学種が電極電位の変化で多電子を出し入れする場合について述べてきた。一方，光照射により誘起される多電子移動系がいくつか知られている。関連する興味深い現象として紹介しておきたい。

光誘起多電子移動の対象となる化合物は，もともと電位変化に伴って多電子移動を起こしうるものである。電位変化により生ずる多電子の出し入れは，電極を通して行われる。これに対して光誘起電子移動の場合には，光励起状態にある化合物と，その溶液中に存在する酸化還元試薬（光を照射しない条件ではその化合物との間で酸化還元反応を起こさないもの）との間で電子移動が起こる。一般に金属錯体に光を照射すると，そのエネルギーによって，基底状態で電子が占有されている軌道から，よりエネルギーの高い空いた軌道に電子が遷移し，光励起状態となる。この状態では，電子が移動した軌道は，還元剤から電子を受け入れやすくなり，一方より高い軌道に遷移した電子は，適切な酸化剤が存在すると，その酸化剤に移動する。すなわち，光励起状態は基底状態に比べ酸化電位が負側にシフトし，還元電位は正側にシフトすることになる。しかし，系中にその励起状態の酸化還元電位に対応して電子移動を起こしうる酸化剤や還元剤が存在しなければ，励起された電子は速やかに元の軌道に戻り，その化合物として酸化還元は起こらない。したがって，光照射により，電子移動が起こるためには，光励起状態の錯体との間に電子移動を起こすような酸化還元剤が共存することが必要である。このような酸化還元剤は通常「犠牲試薬」と呼ばれる。このようにして得られる光誘起電子移動は，通常1電子過程である。この光誘起1電子過程を用いて，多電子移動系を構築するには，さらなる工夫が必要である。図3-41に，光誘起多電子移動と，電位変化により生ずる多電子移動とを比較して示したが，図の右側のプロセスを，どのようにして多電子移動過程とするかがポイントである。

これまでに報告されている光誘起多電子移動を示す金属錯体のほとんどすべ

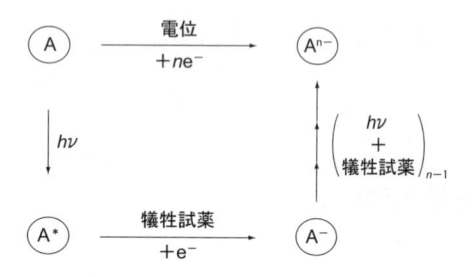

```
    A  ――― 電位 ―――→  Aⁿ⁻
         +ne⁻

    │                  │ ⎛ hν    ⎞
    │ hν               │ ⎜  +    ⎟
    ↓                  ↓ ⎝ 犠牲試薬 ⎠ₙ₋₁

    A* ――― 犠牲試薬 ――→  A⁻
             +e⁻
```

図 3-41 光誘起多電子移動と電極電位により生ずる多電子移動の比較

てが，(bpy)$_2$Ru-または (phen)$_2$Ru-ユニット（bpy = 2,2'-ビピリジン；phen = 1,10-フェナントロリン）に第三の bpy 誘導体キレート配位子が配位したトリス（キレート）ルテニウム（II）構造を持っている．この第三のキレート配位子は架橋機能を持つものが多く，その場合，錯体は全体として複核ないしは多核構造を取ることになる．この型の錯体に光を照射すると，Ru から配位子側に電子が移動した励起状態が生ずる．酸化されうる犠牲試薬が共存すれば，この励起状態の Ru に電子が与えられる．図 3-42(a)に示す Ru(II) 4 核錯体はもともと，Ru の酸化および配位子の還元を含め，10 電子の出し入れができる多段階多電子移動系である．一般的な犠牲試薬の存在下では，この錯体に光を照射しても，1 電子還元体までしか生じない．しかしこの時，犠牲試薬として (BNA)$_2$（N-ベンゾイルジヒドロニコチンアミドの 2 量体，図 3-42(b)）を用いて光照射すると，2 電子還元が観測される．1 電子移動により，BNA の 2 量体構造が壊れ，(BNA$^+$+BNA$^·$) となるが，この時生ずるラジカル BNA$^·$ が極めて強い還元力を持つため，錯体側にさらに 1 電子を与え，BNA$^+$ となると共に錯体を 2 電子還元体とする[93]．すなわち，ここでは犠牲試薬が 2 電子還元能を持つことがポイントとなる．

Ir(III) を挟んで両側に Ru(II) を持つ異核 3 核錯体，[{(bpy)$_2$Ru^{II}(μ-dbp)}$_2$Ir^{III}Cl$_2$]$^{5+}$ （dbp = 2,3-ビス（2-ピリジル）ベンゾキノキサリン）では，2 つの (bpy)$_2$Ru ユニットが，Ir(III) を挟んで独立に光励起されるので，犠牲試薬共存下で 1 電子還元体，{(bpy)$_2$Ru^{III}(μ-dbp$^{·-}$)}，が 2 単位独立に生ずる．すなわち，分子内に 2 電子が蓄えられることになる[94]．ここでは，中心の Ir^{III} がラジカル 2 個の配位を安定化する機能も持っていることが鍵となっている．ここま

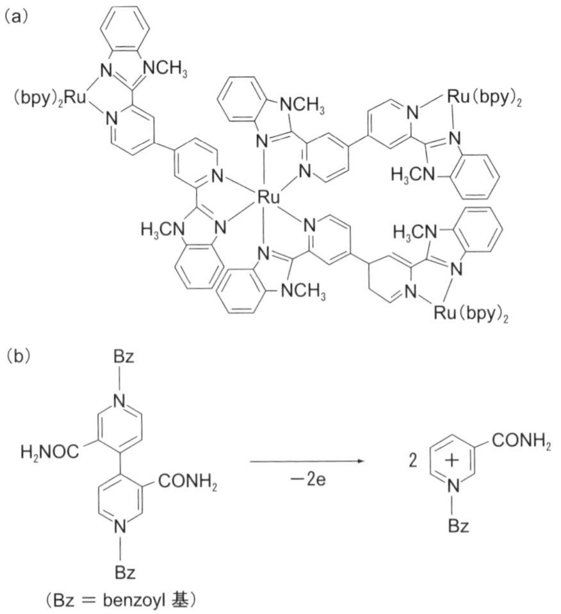

図 3-42 (a) 光誘起 2 電子還元反応を示すルテニウム（Ⅱ）4 核錯体と，
(b) 2 電子還元剤として働く犠牲試薬の構造[93]

では，光誘起 2 電子移動系の構築の例を紹介した．次には光誘起でより多くの電子が移動する例について述べる．

電気化学的に得られる多電子還元体の場合と同様に，光誘起反応の場合にも，プロトン共役還元反応を利用することにより，多電子移動を誘起することができる．そのような系は人工光合成のモデル系としても注目される[95]．図 3-43 に示す複核 Ru(Ⅱ) 錯体は，架橋部分の配位子が $4e^- - 4H^+$ 系として作用できるため，光励起で生ずる Ru(Ⅲ) が犠牲試薬から電子を受け取り Ru(Ⅱ) となり，配位子側の還元体はプロトン付加により安定化する．還元された配位子は，Ru(Ⅱ) から次々と光励起電子を受け入れさらなるプロトン付加で安定化する．このようにして，光励起で配位子側に移動した 4 電子が配位子の構造変化という形で安定に貯蔵できることになる[96]．

ここまでの例は，多核錯体の系であり，おもに架橋配位子に光励起電子が移

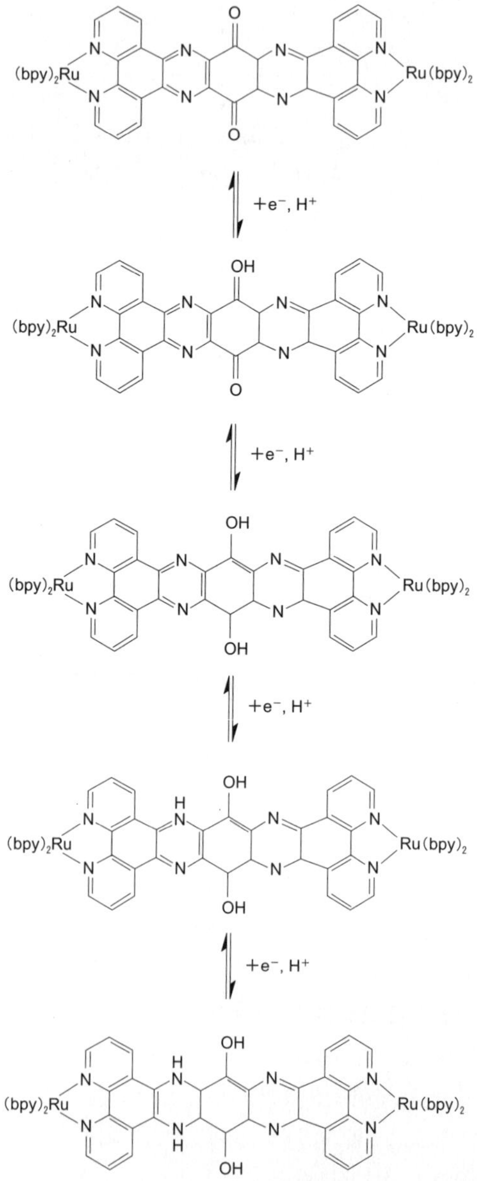

図 3-43 光誘起 $4e^- - 4H^+$ 移動機能を示すルテニウム（II）複核錯体[96]

3　金属錯体の電気化学的性質

動するものであったが，単核錯体で光励起多電子移動を実現した例も報告されている。用いられた配位子は，2-(2-ピリジル)ベンゾ[b]-1,5-ナフチリジン(pbn)であり，やはり，H$^+$付加により還元型が安定化する（図3-44）。光励起で生じた配位子の1電子還元体は速やかに不均化して，2電子還元体と元の中性の配位子とになるが，後者はさらに光還元を受けるので，結局2電子分の還元過程が光励起反応として起こると見てよいことになる。この配位子はRu(II)に2個，3個と導入できるので，単核錯体でさらに電子を受け入れることができ，トリス体，[Ru(pbn)$_3$]$^{2+}$は光誘起，プロトン共役6電子受容体となる[97]。

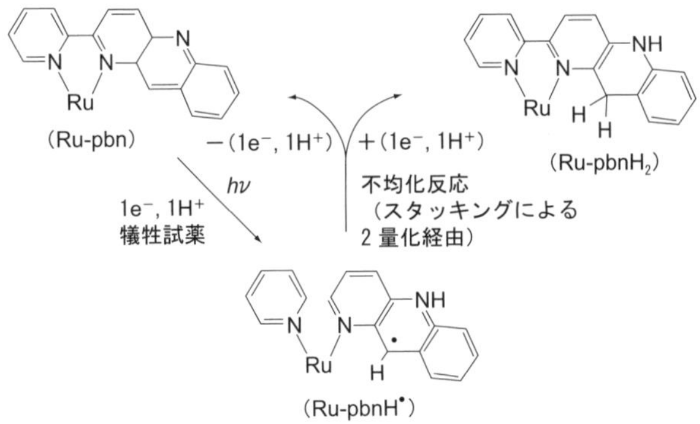

図3-44　配位子のプロトン共役還元反応を利用した光誘起2電子移動反応の機構[97]

3-4-6　おわりに

本節では，多電子移動反応を示す金属錯体について，まずその基本的な考え方を述べた上で，多電子移動反応系を構築するにあたってどのような点が問題となるかを見据えながら，いくつかの実例を示して述べてきた。多電子移動反応は，特に生体内で見られる光合成系などの重要な反応に深く関わっている。そのような背景をもとに，3章4節5項では，金属錯体の関わる光誘起多電子移動の研究についても触れた。多電子移動反応の研究の次の展開は，それを利用した多電子移動触媒系の開発である。そのような展開に向けての，多電子移動系の研究の大きな飛躍が期待される[97]。

3-5 プロトン移動と電子移動
3-5-1 はじめに

　酸化還元電位が溶液のpHにより変化する例は数多く知られている。本書の付録には，いろいろな金属イオンの酸性水溶液，アルカリ性水溶液中での酸化還元電位を示したラティマー (Latimer) 図が載せられている。この図を見ると，どの金属元素の酸化還元対についても，例外なく酸性水溶液中の方が，酸化還元電位が正に大きい。すなわち，酸性水溶液中の方が，低い酸化状態の金属イオンが安定であることがわかる。逆に言えば，一般に金属イオンは酸性水溶液中よりもアルカリ性水溶液中で酸化されやすい。例えば，鉄（Ⅱ）イオンを扱う場合に，鉄（Ⅱ）の状態を保とうと思えば，pH＜1のかなり強い酸性水溶液中で扱う必要がある。pHをあげると，鉄（Ⅱ）は徐々に酸化を受け，中性からアルカリ性水溶液中では，鉄（Ⅲ）の水酸化物として沈殿するようになる。この違いは，酸性水溶液中では鉄（Ⅱ）イオンには溶媒のH_2Oが配位しているが，溶液のpHが上がるにつれて，配位水からH^+が解離し，OH^-が配位した形に変化することに由来する。すなわち，OH^-配位の鉄（Ⅱ）イオンの方が酸化を受けやすい。OH^-の方が，H_2Oより塩基性が大きいため，金属イオンの電子密度が高くなり，電子が外れやすくなるのである。一方，鉄（Ⅱ）と鉄（Ⅲ）とでは，後者の方がH_2OのOとの結合が強く，H^+を解離してOH^-錯体になりやすい。$[Fe^{II}(H_2O)_6]^{2+}$ と $[Fe^{III}(H_2O)_6]^{3+}$ の配位H_2Oの解離に対応する酸解離定数はそれぞれ9.5および2.2と報告されている[98]。したがって，9.5〜2.2のpH領域では，鉄（Ⅱ）を鉄（Ⅲ）に酸化すると，次の反応式で示すように，酸化に伴って，H^+の解離が起こる。

$$Fe^{II}-OH_2 \rightarrow Fe^{III}-OH + H^+ + e^- \quad (3-30)$$

（Feは通常六配位であるが，OH_2/OH^-以外の5個の配位子は省略した）。

　このように，電子移動反応に伴って，プロトンの脱着が起こる例は良く知られている。そのような，電子移動反応をプロトン共役電子移動反応（proton-coupled electron-transfer reaction, PCETと表すことも多い）と呼ぶ。

　上の例では，配位したH_2Oからプロトンが1個解離するところまでを示しているが，金属イオンがより高い酸化状態まで酸化される場合には，さらにも

う1個のプロトンを解離し，O^{2-} の配位したいわゆるオキソ錯体が生ずる。単純化した反応式を次に示すが，この場合には各1電子酸化過程で，プロトンが1個ずつ脱離している。

$$M^{II}\text{-}OH_2 \rightleftarrows M^{III}\text{-}OH \rightleftarrows M^{IV}\text{-}O \qquad (3\text{-}31)$$

このように，金属イオンの酸化数が低いほど，プロトンが付加した形が安定となるのは，H_2O 配位子の場合に限らず，プロトン共役電子移動反応を示す多くの配位子に共通である。ここで示した例では，プロトンは溶媒の水から供給，または水に受容されるが，時には還元剤自体がプロトンを持ち，相手を還元すると共に，プロトンの供与体としても作用することもある。プロトン共役電子移動反応は，決して特殊な反応ではなく，むしろ重要な反応によく見られるものである。例えば，生体内酸化還元反応として重要な，酸素の水への還元は，O_2 の4電子還元に伴い，4個のプロトン移動が起こり2個の H_2O を生ずるプロトン共役電子移動反応であり，N_2 の還元でもプロトンの付加が重要である。プロトン脱着が，生体系での多電子移動触媒機能などとも深く関連することがわかってくるにつれ，プロトン共役電子移動反応系の理解も深まり，それを利用した人工多電子移動系の構築もまさに発展途上にある。プロトン共役電子移動反応に関する総説も多い。最後の参考文献には最近の総説をいくつかあげた[98〜107]。

本節では，そのようなプロトン共役電子移動反応の最前線を鳥瞰するのではなく，その考え方を基礎的な立場から説明することとしたい。

3-5-2 プロトン共役電子移動反応の解析

プロトン共役電子移動において，最も一般的に行なわれる解析はスクエアスキームを用いる方法である。これを次の式 (3-32) を用いて説明する。式の反応は，A が1電子還元で B^- に還元される過程で1個のプロトンが付加された例である。

$$A + e^- + H^+ \rightleftarrows BH \qquad (3\text{-}32)$$

この反応の過程を，電子移動反応と，プロトン脱着とに別々に分けて考える。電子移動過程はプロトン付加体と，プロトン脱離体のそれぞれについて次のよ

うに示され，それぞれの過程の起こりやすさ（平衡）は酸化還元電位，$E^0(1)$ および $E^0(2)$ で示される．

$$A + e^- \rightleftarrows B^- \ (E^0(1)), \quad AH^+ + e^- \rightleftarrows BH \ (E^0(2)) \quad (3\text{-}33)$$

また，A と BH のそれぞれについての酸解離過程は式 (3-34) で示され，それぞれの酸解離定数で定量化される．

$$A + H^+ \rightleftarrows AH^+ \ (pK_a(A)), \quad B^- + H^+ \rightleftarrows BH \ (pK_a(B)) \quad (3\text{-}34)$$

プロトン共役電子移動系をこの 4 つの化学種の間の平衡として表したものが，図 3-45 に示したスクエアスキームである．ここで，図の横方向は電子の出入り，縦方向はプロトンの出入りを表している．この扱いでは，このプロトン共役電子移動反応系を 2 つの酸化還元電位，2 つの酸解離定数の 4 個の平衡論的なパラメーターにより，解析することになる．縦軸方向は，左側の過程は，酸化型のプロトン脱着過程であり，酸化型の酸解離定数 $pK_a(A)$ で代表される．一方，右側の過程は還元型の酸解離定数 $pK_a(B)$ で示される．すでに述べたように，一般には，$pK_a(B) > pK_a(A)$ の関係にあるので，還元型の方が，プロトンが解離しにくく弱酸である．次に，横軸方向は，上の過程は酸化体−還元体ともにプロトン付加していない状態である．すなわち，$pH > pK_a(B)$ の時の酸化還元電位 ($E^0(1)$) である．

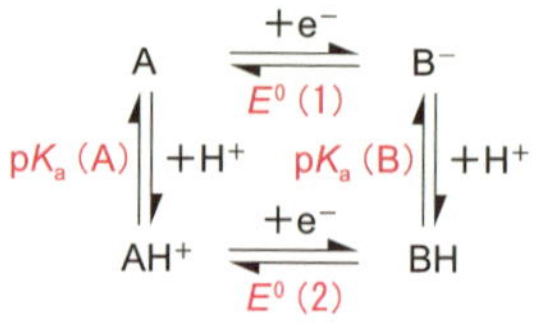

図 3-45　プロトン共役−電子系のスクエアスキーム

下方の過程は，酸化体−還元体の両方が共にプロトン付加した状態，すなわち $pH < pK_a(A)$ の時の酸化還元電位 ($E^0(2)$) である．実際に，式 (3-32) で示されるようなプロトン共役電子移動反応が起こるのは，$pK_a(A) < pH < pK_a(B)$ の pH 範囲であり，この時，酸化体 A は，還元を受けるとプロトン付加した還元体 BH となる．

実際のプロトン共役電子移動の反応の研究では，サイクリックボルタンメトリー（CV）などを用いて，酸化還元電位の pH 依存性を測定することによる平衡論的な扱いが一般的である．速度論的な立場からは，反応が右まわりに進むか左回りに進むか，すなわち，プロトン付加が先か電子移動が先かが問題となる．一般には，プロトンの脱着は速やかな平衡にあり，それに比べれば電子移動過程が遅いと考えて良い．その場合でも，通常の CV 測定では，掃引速度の調整などで，酸化還元平衡が十分に追随していると考えられる条件を設定できる．A の還元を考えた場合，pH ＜ pK_a(A) においては，プロトン付加した AH が還元されると考えて良いが，pK_a(A) ＜ pH の場合には，その時の pH に応じて，AH と A の両方が還元に寄与する．

このような，スクエア型モデルだけでは説明できないような例が最近多く知られるようになってきた．この場合には，反応は左上の A から右下の BH に，プロトン付加と電子移動が協奏的に一段階で起こる機構，すなわち，協奏的プロトン電子移動（concerted proton-electron transfer，EPT または CPET と略されることが多い）機構で反応が進行する．両者が協奏的に作用することにより，逐次反応で必要とされる活性化エネルギーが軽減されるような機構である．この機構については本節の最後に簡単に触れる．

3-5-3　プロトン共役電子移動反応系の酸化還元電位の pH 依存性

スクエアスキームで表される酸化還元系において，水溶液の pH が，pH ＞ pK_a(B) の時には，酸化体，還元体のいずれもがプロトン付加していない状態にあり，pH ＜ pK_a(A) の場合には，いずれもがプロトン付加した状態にある．したがって，この 2 つの領域では酸化還元に伴うプロトンの出入りはなく，酸化還元電位 $E_{1/2}$ は pH に依存しない．一方，pK_a(A) ＜ pH ＜ pK_a(B) の時には，式 (3-32) で示すプロトン共役電子移動反応が起こり，酸化還元電位 $E_{1/2}$ は pH に依存する．この領域での酸化還元電位 $E_{1/2}$ にはいくつかの表し方があるが，式 (3-35) はその 1 つである．

$$\begin{aligned} E_{1/2} &= E^0(2) - 2.303mRT/nF(\mathrm{pH} - \mathrm{p}K_a(\mathrm{A})) \\ &= E^0(2) - 0.059(m/n)(\mathrm{pH} - \mathrm{p}K_a(\mathrm{A})) \end{aligned} \quad (3\text{-}35)$$

式 (3-35) は，複数の電子とプロトンが移動する一般的な形で示した。ここで，n は反応に伴って移動する電子数，m はプロトンの数であり，式 (3-32) の反応に対しては $n = m = 1$ である。この式で重要な項は，pH 依存性を示す部分である。この式にしたがえば，観測される酸化還元電位 $E_{1/2}$ を pH に対してプロットすると，$n = m = 1$ の場合には，傾斜 0.059 V/pH の関係が得られることになる。

図 3-46 に pH 全領域で得られる pH と酸化還元電位 $E_{1/2}$ の関係を示した。このような pH–電位図をプールベ図（Pourbaix diagram）と呼ぶ。プールベ図を作成するには，pH を変えて酸化還元電位を測定すれば良い。この図によりスクエアスキームに現れる酸化還元電位や，酸解離定数がすべて求められる。ただし，重要な前提として，酸化還元過程が可逆過程として観測される必要があることを忘れてはならない。しばしば，非可逆過程の還元波，酸化波の電位で，プールベ図を作成した例が見られるが，解釈に当たっては注意が必要である。

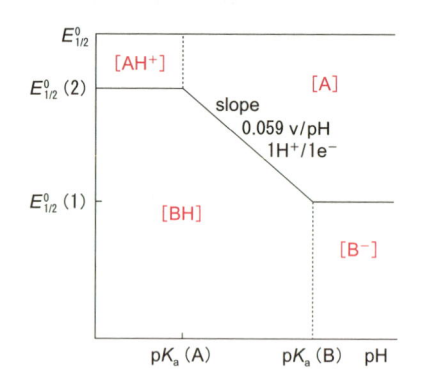

図 3-46　図 3-45 のスクエアスキームに対応するプールベ図の概略

さて，酸化還元電位が pH 依存性を示す pH 領域では，$n = m = 1$ の時には，その傾斜は 0.059/pH であると述べたが，酸化還元反応によっては，1 プロトンあたり 2 電子が移動する場合や，1 電子移動に 2 個のプロトンの移動が関わる場合もある。傾斜とプロトン数–移動電子数の関係は以下のように整理される。

傾斜 0.059/pH：$1H^+ - 1e^-$，$2H^+ - 2e^-$。
傾斜 0.029/pH：$1H^+ - 2e^-$。
傾斜 0.019/pH：$1H^+ - 3e^-$。
傾斜 0.118/pH：$2H^+ - 1e^-$。

やや特殊な化合物ではあるが，酸化還元電位と pH との関係を良く理解できる系として，$[Os(H_2O)(tpy)(bpy)]^{2+}$ の関わるプールベ図を図 3-47 に示す[77]。下方から，線で区切られた領域ごとに，Os(II)，Os(III)，Os(IV)，そして，pH に依存しない直線の上方が，Os(V) の領域である。図にはそれぞれの領域で存在する錯体を，酸化数と tpy, bpy を除いた配位化学種（OH_2，OH^-，または O^{2-}）で示す。この図では，2 ＜ pH ＜ 7.8 の範囲には斜め下方に向かう 2 本の直線が見られる。これらの斜めの直線は，下の方からそれぞれ Os(II) ⇄ Os(III) および Os(III) ⇄ Os(IV) の電位の pH 依存性に相当する。いずれも，0.059/pH の傾斜を持ち，それぞれの過程で，もともと配位していた H_2O から順次 1 個ずつ H^+ が失われ，Os(III) ではヒドロキソ錯体が，また Os(IV) ではオキソ錯体が生じていることがわかる。これらの反応を以下に示す。

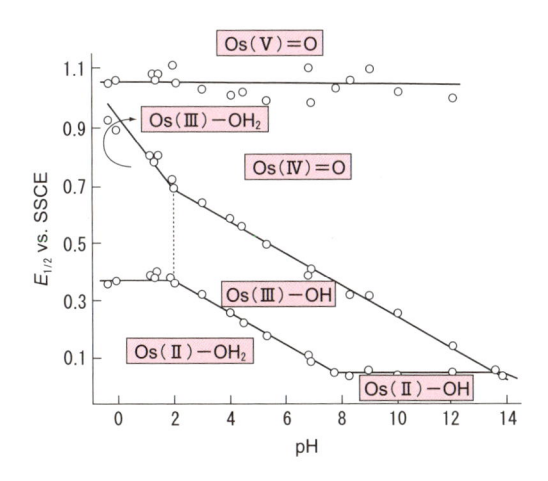

図 3-47　$Os(tpy)(bpy)(-OH_2/-OH/=O)$ 型錯体のプールベ図（（$-OH_2/-OH/=O$）は pH や酸化数によりこのいずれかの形で配位することを示す）[108]

$$[\mathrm{Os^{II}(OH_2)(tpy)(bpy)}]^{2+} \underset{-e^-,\,-H^+}{\rightarrow} [\mathrm{Os^{III}(OH)(tpy)(bpy)}]^{2} \underset{-e^-,\,-H^+}{\rightarrow} [\mathrm{Os^{IV}(O)(tpy)(bpy)}]^{2+}$$

(3-36)

この2つの直線は，pHが2のところで，折れ曲がっている。このpHで，両直線に関与するOs(III)錯体のプロトン解離が起こることを示している。すなわち，式(3-37)に示す酸解離反応の$pK_a(1)$が2であることがわかる。

$$[\mathrm{Os^{III}(OH)(tpy)(bpy)}]^{2+} + \mathrm{H}^+ \rightleftarrows [\mathrm{Os^{III}(OH_2)(tpy)(bpy)}]^{2+} \quad pK_a(1)$$

(3-37)

同様に，下方の直線は，pH = 7.8のところで折れ曲がっている。こちらは，Os(II)錯体の，酸解離反応に関わる点であり，式(3-38)に示す反応の$pK_a(2)$が，7.8であることがわかる。

$$[\mathrm{Os^{II}(OH)(tpy)(bpy)}]^+ + \mathrm{H}^+ \rightleftarrows [\mathrm{Os^{II}(OH_2)(tpy)(bpy)}]^{2+} \quad pK_a(2)$$

(3-38)

さらに，図3-47から2〜7.8のpH領域の外側での反応についても情報が得られる。pH < 2では，上方のより急な傾斜は0.118 V/pHに相当し，$2\mathrm{H}^+/1e^-$に対応する反応，$[\mathrm{Os^{III}(H_2O)(tpy)(bpy)}]^{3+} \rightleftarrows [\mathrm{Os^{IV}(O)(tpy)(bpy)}]^{2+} + 2\mathrm{H}^+ + e^-$ が起こっていることがわかる。

pH > 7.8では，Os(III)/Os(II)の過程の酸化還元電位がpH依存性を示さないが，これは共に，Os-OH錯体が安定な領域なので，H^+の出入りがないことに対応する。このOs(III)/Os(II)の線は，pH = 13.5付近で，Os(IV)/Os(III)の線と交わる。これよりpHの高い領域では，Os(IV)/Os(II)の一段階2電子過程が見られることになるが，その時の傾斜は，$1\mathrm{H}^+/2e^-$過程に対応する0.029 V/pHとなるはずである。このことは図3-47では確認できないが，類似の錯体系において調べられている。図3-47には，もう1本上方に直線が認められる。この直線は，$[\mathrm{Os^{IV}(O)(tpy)(bpy)}]^{2+} \rightleftarrows [\mathrm{Os^V(O)(tpy)(bpy)}]^{3+} + e^-$ の過程に対応し，H^+の出入りがないことを反映して，電位にpH依存性が見られない。このように，プールベ図(図3-47)から，一見複雑と思えるOs(II)からOs(V)までの酸化数の関わる酸化還元過程，および配位水のプロトン脱着の過程が良

く理解できる[注1]。

プロトン共役電子移動のプールベ図による考察は，概ねルテニウムやオスミウムのような重遷移金属錯体を用いて行われている。これは，酸化還元過程が可逆である系は，第一遷移金属元素の系では少ないからである。第一遷移金属イオンの場合には，酸化還元過程で生ずる一方の酸化状態が置換活性であることが多く，酸化還元波の可逆性を損なわせてしまうことが多い。このため，生体内酵素と関連して重要な鉄やマンガン錯体のプロトン共役電子移動反応は，モデル錯体では簡単には調べられない。貴重な例として，オキソ二重架橋のマンガン複核錯体のプールベ図が報告されているが[110]，配位子の影響が顕著で，より精細な研究が必要である。

3-5-4　プロトン共役電子移動機構による一段階多電子移動反応

前項の Os 錯体の例では，プロトン共役電子移動に連動して，一段階2電子移動過程が見られた。この点をさらに詳しく述べる。スクエアスキームを二段階の反応に拡大したものを図 3-48 に示す。このスキームは，図 3-45 の図に右側にさらにもう一段階の還元種 C を追加した形である。プロトン付加体の酸化還元電位は，元のプロトンが付加していないものに比べてより正になり，還元が起こりやすくなることは先に述べた $(E^0(1) < E^0(2))$。ここで，同様の関係が B と C の間にも成り立つので，$E^0(3) < E^0(4)$ となる。一般には，第二段目の還元は一段目より起こりにくいので，$E^0(3) < E^0(1)$ および $E^0(4) < E^0(2)$ の関係が成立する。次に，一段階2電子移動が起こる条件を考える。こ

$$\begin{array}{ccccccc}
 & +e^- & & +e^- & & +e^- & \\
A & \rightleftarrows & B^- & \rightleftarrows & C^{2-} & & \\
 & E^0(1) & & E^0(3) & & & \\
pK_a(A) \updownarrow +H^+ & & pK_a(B) \updownarrow +H^+ & & pK_a(C) \updownarrow +H^+ & & \\
 & +e^- & & +e^- & & & \\
AH^+ & \rightleftarrows & BH & \rightleftarrows & CH^- & & \\
 & E^0(2) & & E^0(4) & &
\end{array}$$

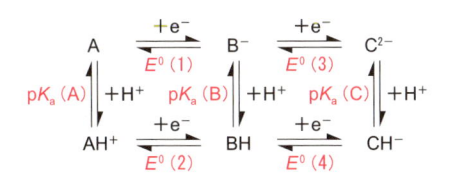

図 3-48　2 電子の移動が関与するプロトン共役-電子系のスクエアスキーム

注1）Os(IV) の関わる過程については，このような段階的な機構ではなく，後に触れる協奏的機構で進むとする考え方が最近報告された[109]。ここで述べた基本的な描像は，そのまま有効と思われるが，反応機構については注目しておく必要がある。

の時重要なのは，$E^0(1)$ と $E^0(4)$ の関係である。もし，$E^0(3)$ に比べて，$E^0(4)$ の正側へのシフトが十分に大きいと，$E^0(1) < E^0(4)$ の関係が成立することが起こりうる。この関係が成立している系で，溶液の pH を，$pK_a(A) < pH < pK_a(B)$ に設定すれば，一段階での 2 電子移動が起こることになる。最初の還元はプロトン脱離型 A で起こり，生じた B$^-$ にはプロトンが付加して BH となる。ポイントはこの時，A が還元される電位はすでに BH が還元される電位となっていることである。この時，BH が生成した電位で BH の還元が直ちに起こり，(A → B$^-$ → BH → CH$^-$) の過程が一段階の 1H$^+$/2e$^-$ 過程として観測されることになる。この関係は配位原子上で直接プロトンの脱着が起こる OH$_2$/OH$^-$/O^{2-} の様な系では十分に可能であり，実際にいくつか例が知られており，3 章 4 節 3 項で実例を示した。3 章 5 節 6 項で示すオキソ架橋 Ru 複核錯体の場合も，同様の関係で一段階 2 電子移動が観測された例である。

3-5-5　固体表面に固定した錯体のプロトン共役電子移動

これまでは，水溶液内でのプロトン共役電子移動反応について述べて来た。しかし，水溶液中で不安定な錯体や，酸化還元反応が非可逆に進行してしまう場合には，プールベ図などのような詳しい情報を得ることができない。この問題を解決する 1 つの有力な手段として，錯体を電極上に固定化する方法がある。この方法により，水に溶けにくい錯体についても，プロトン共役電子移動反応を調べることができる。固体表面上と水溶液中でのプロトン共役電子移動を同型の錯体で比較した研究もいくつか行われ，固体表面上での錯体について得られたプールベ図が，水溶液中のものと大きく違わないこともわかってきた。

さらに，水溶液中では分解しやすく，安定な酸化還元波が測定できない場合でも，電極表面上に自己集積化膜を作ることにより，溶液との接触が限定されることや，固体表面との結合に用いられる疎水的な連結部間の相互作用により，錯体が安定化し，可逆な酸化還元波を測定できる場合のあることもわかってきた。

例として，オキソイオンとカルボン酸イオンとで橋架けされた鉄の複核ユニットを持つ錯体を金電極上に自己集積化させた錯体についてのプロトン共役電子移動の例を述べる[111]。このユニットは，生体内酵素中にも見いだされ，

3 金属錯体の電気化学的性質

注目されるものであるが，このユニットを持つモデル錯体の酸化還元挙動については，水溶液中では酸化還元に伴う分解反応などで，十分な精度の測定ができていなかった。図 3-49 に示すように金電極上に自己集積化した鉄複核錯体について得られたプールベ図を図 3-50 に示す。可逆な酸化還元波が幅広い pH 領域で測定され，0.06 V/pH の傾斜を持つ pH 依存性が示されている。このこ

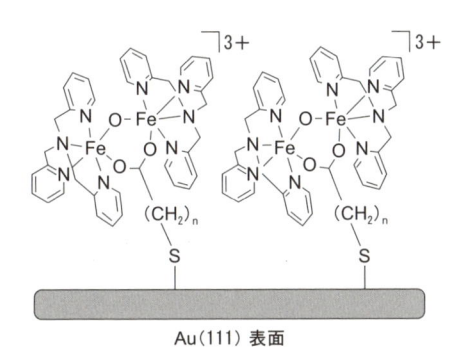

図 3-49 金固体表面に固定化した鉄複核錯体の構造図

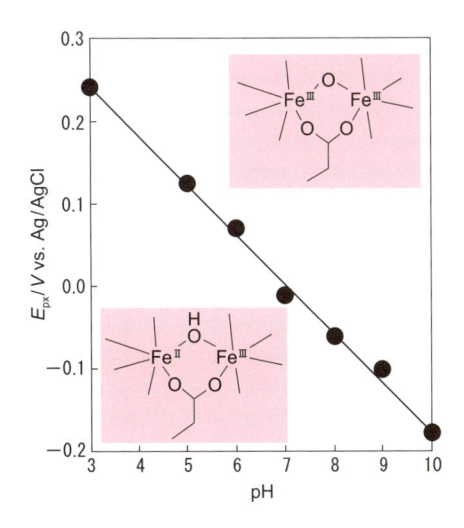

図 3-50 金表面に固定した $Fe_2(L)_2\mu\text{-}O)(\mu\text{-}RCOO)$ 型鉄複核錯体
(L = tris(2-pyridylmethyl)amine) のプールベ図[111]

とから，$1e^-/1H^+$ 過程で酸化還元反応が起こることがわかる。すなわち，この領域では次の反応が可逆的に起こっている。

$$\text{Fe}_2^{\text{III,III}}(\mu\text{-O}) + e^- + H^+ \rightleftarrows \text{Fe}_2^{\text{II,III}}(\mu\text{-OH}) \quad (配位子省略)$$

(3-39)

なお，この図の pH 領域（3～10）では，直線が折れ曲がる傾向が認められないことから，Fe^{II}-O-Fe^{III} の状態のオキソ架橋のプロトン付加に対する pK_a は 10 より大きく，Fe^{III}-O-Fe^{III} の状態の方の pK_a は 3 より小さいこともわかる。

3-5-6 非プロトン性溶媒中でのプロトン共役電子移動

水溶液中で分解しやすい化学種や，水に対する溶解度が十分に得られない化合物については，有機溶媒が用いられる。しかし，有機溶媒中ではpHに対応する条件を得ることができないため，しばしばpH緩衝水溶液との混合溶媒が用いられる。例えば，アセトニトリルとpH緩衝水溶液との混合溶媒が良く用いられる。一方，水との混合溶媒を避けたい場合には，有機溶媒中に適当な酸や塩基を加えることによって非プロトン性溶媒であっても，その化合物のプロトン共役電子移動反応が調べられる。この場合，加える酸塩基のその溶媒中での酸解離定数と，対象となる酸化還元系の酸化型，還元型の酸解離定数との関係に対応して，酸化還元電位が変化する。ごく大ざっぱにいえば，水溶液中でpHが変数であったのに対応して，非プロトン性溶媒中では，加える酸や塩基の pK_a が変数になると思えば良い。

添加物のプロトン供与能により，段階的還元反応の電位が，大きく正側にシフトしたり，一段階2電子移動が観測されたりする例をあげて説明する[112]。取り上げる錯体はRu(III)の複核錯体，$[\text{Ru}_2(\mu\text{-O})(\mu\text{-CH}_3\text{COO})_2(\text{bpy})_2\text{-}(1\text{-methylimidazole})^2]^{2+}$ であるが，この錯体は $\text{Ru}_2(\text{III,III})$ から段階的に $\text{Ru}_2(\text{II,II})$ に還元される。この錯体のオキソ架橋のプロトン受容能は，酸化状態が下がるほど大きくなるので，添加物のプロトン供与能を変えることにより，例えば $\text{Ru}_2(\text{II,II})$ の酸化状態にある錯体のオキソ架橋のみを選択的にプロトン付加することができる。図3-51には，この錯体のアセトニトリル溶液に，強酸のp-トルエンスルホン酸，弱いプロトン供与能を持つベンズイミダゾールを加

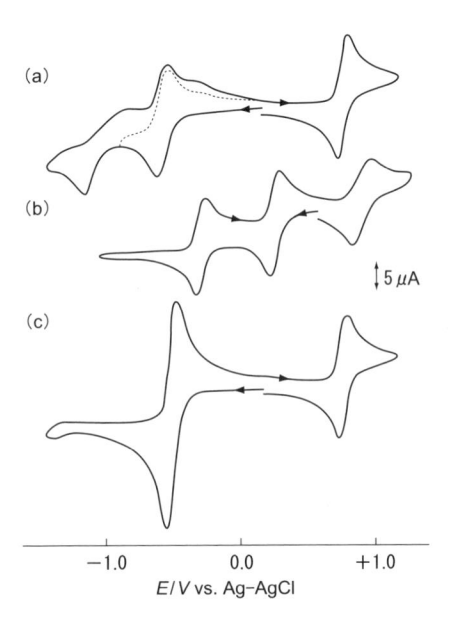

図 3-51 Ru 複核錯体，[Ru$_2$(μ-O)(μ-CH$_3$COO)$_2$(2,2'-bipyridine)$_2$(1-methylimidazle)$_2$]$^{2+}$ の 0.1 M Bu$_4$NPF$_6$ アセトニトリル溶液中でのサイクリックボルタッモグラム。(a) 添加化学種なし，(b) 1 等量の p-トルエンスルホン酸添加，(c) 1 等量のベンツイミダゾール添加[112]

えることにより得られる，Ru$_2$(III,III) から Ru$_2$(II,III) の状態を経て，Ru(II,II) へ還元される過程の CV 波を示す。これらの CV 波は互いに大きく異なり，まったく異なる化合物の CV 波のように見えるが，実際は次のように解釈できる。プロトン供与体を何も加えていない場合に比べ，p-トルエンスルホン酸添加では，Ru$_2$(III,III)/(II,III)，Ru$_2$(II,III)/(II,II) のいずれの過程に対応する酸化還元波も共に大きく正側にシフトしているが，これはすべての酸化状態でオキソ架橋にプロトンが付加し，還元が起こりやすくなったためである。一方，イミダゾールは極めて弱い酸であるが，それでも Ru$_2$(II,II) の状態のオキソ架橋にはプロトンを渡すことができる。このため，Ru$_2$(III,III)/(II,III) に対応する波はシフトしないが，Ru$_2$(II,III)/(II,II) の波は，p-トルエンスルホン酸添加の場合と同様に正にシフトする。この場合，プロトン付加のない Ru$_2$(III,III)/(II,III) の過程の電位よりも，プロトン共役の Ru$_2$(II,III)/(II,II) の電位の方が正

であるという事情があるため，イミダゾール添加条件では，$Ru_2(III,III)(\mu\text{-}O)$ から $Ru_2(II,II)(\mu\text{-}OH)$ への一段階2電子過程（$1H^+/2e^-$）が観測されることになる。なお，添加するプロトン供与体の濃度が錯体より少ない当量の場合には，プロトン共役電子移動反応を定量的に進めることができない。この場合には，プロトン共役電子移動の酸化還元波と，プロトンが関与しない波の両方が添加物の量に応じた割合で観測され，両者の平均の電位に波が観測されるわけではない。

3-5-7　協奏反応機構で進むプロトン共役電子移動反応

ここまでは，スクエアスキームに基づくプロトン付加-電子移動，あるいは電子移動-プロトン付加という段階的反応機構によって話を進めてきた。しかし，生体内でのプロトン共役電子移動系などを重要な例として，明らかにこの段階的反応のスキームでは説明できない反応があることがわかっている。そのような例では，電子とプロトンが同時に移動する機構，すなわち協奏的な反応機構で反応が進行すると考えられている[98～107, 113, 114]。複数の成分が同時に関与するため，複雑な機構と考えられるが，条件が整えばむしろ段階的な機構より低い活性化エネルギーで反応が進行する。今のところ，明らかに協奏的機構で進行すると考えられている例は，金属錯体が関与するものには少ないが，生体内に見られるプロトン関与電子移動の場合には，むしろこの機構が一般的であると考えられている。これは，生体系では，低い活性化エネルギーでプロトン共役電子移動反応が進行できるように，反応中心まわりの環境が整えられているからだと考えられる。ここでは，金属錯体の関与する限られた例を紹介しつつ，協奏的機構で反応が進行するための条件を考えて見ることにする。

次に示す例では，$Ru(IV)\text{-}O$ 型と $Ru(II)\text{-}OH_2$ 型の錯体との間で均化（comproportionation）反応が起こり，2個の $Ru(III)\text{-}OH$ 型錯体が生成する[110]。この反応では，電子移動と共に，H_2O のプロトンが1個，オキソ配位子側に移動する。

$$[Ru^{II}(OH_2)(bpy)_2(py)]^{2+} + [Ru^{IV}(O)(bpy)_2(py)]^{2+}$$
$$\rightleftarrows 2[Ru^{III}(OH)(bpy)_2(py)]^{2+} \qquad (3\text{-}40)$$

この反応の重水素効果（水溶液中と重水溶液中での反応速度比）は 16.1 と極

めて大きく,段階的反応では説明できないため,協奏的な反応機構が考えられている。この反応では,Ru^{II}-O(H)-H — O-Ru^{IV} のような遷移状態の生成が考えられるが,プロトンが Ru^{IV} 側に移動すると同時に,Ru の d 軌道と配位子の π 軌道の相互作用で,外側に広がった π 軌道を通って電子が Ru^{II} から Ru^{IV} に移動すると考えられている。一般に,プロトン共役電子移動反応では,電子とプロトンの移動する軌道は異なるが,この 2 つの軌道がうまく重なり合うような条件が整っていることが,協奏的な機構には重要である。なお,この時,電子と水素が 1 つの軌道を用いて同時に移動する水素原子移動機構(プロトンが予め電子を受け取り,水素原子として相手側の酸素に結合し,電子は Ru 中心に運ばれる)も考えられるが,初期に生ずる Ru^{II}-・OH 種の不安定性のためこの機構は否定されている。Ru や Os 錯体では,IV 価以上の高い酸化数が関与する際には,逐次反応ではなく,協奏的機構で反応が進むとする主張も最近報告されている[109]。この他に,協奏的な機構が提案されている反応系も,プロトンと電子が同じ化学種から提供されるものであり,金属中心の軌道が配位子の π 系まで広がっているという共通点がある[116]。

3-5-8 おわりに

本節では,プロトン移動と電子移動の関わりについて,基礎的な事項を中心として述べてきた。ここまで述べてきた研究の先に展開されている化学についても重要なものが多い。錯体系による酸素,二酸化炭素などのプロトン共役多電子還元[83,117],配位子の酸化還元やプロトン脱着などが分子内で関与した分子内プロトン共役電子移動[118],さらには光誘起プロトン共役電子移動反応やプロトン共役機能界面などは,その例である。3 章 4 節で述べた多電子移動反応との関わりも重要である。また,プロトンに限らず,金属イオンなどをルイス酸として同様の共役電子移動系を構築することもできる。様々な新しい展開については,引用した文献等を参照いただきたい。

3-6 電子移動錯体触媒
3-6-1 はじめに

現在我々人類は,増加し続けるエネルギー消費に伴う化石燃料の枯渇や地球

温暖化といったエネルギー・地球環境の重大な問題に直面している。これらの問題に対処するため，化石燃料に頼らないエネルギーの生産・貯蔵・利用方法の開発は大きな注目を集めている。近年，風力発電や太陽光発電など，自然エネルギーをクリーンで持続可能なエネルギーとして利用する試みが始まっているが，天候等に影響され安定したエネルギー供給は難しい。この欠点を克服するためには，植物が光合成により光エネルギーを炭水化物に蓄えるように，自然エネルギーから得た電気を化学結合のエネルギーとして貯蔵する方法が有力である。本節ではそのエネルギー変換の一例として，現在活発に研究がおこなわれている水の酸化反応に焦点を当て，触媒となる金属錯体の役割を解説する。

3-6-2　金属錯体触媒による水の酸化反応

水素は高いエネルギー密度を有し，エネルギーの貯蔵形態として特に有力であることから，水を電気または光によって効率的に水素と酸素に分解する触媒の開発が盛んに行われている。水の電解反応は以下に示す2つの半反応式 (3-41)，式 (3-42) からなる。

$$2H^+ + 2e^- \rightarrow H_2 \quad (E^0 = 0.00 \text{ V vs. SHE at pH} = 0) \quad (3\text{-}41)$$

$$2H_2O \rightarrow O_2 + 4H^+ + 4e^- \quad (E^0 = 1.23 \text{ V vs. SHE at pH} = 0)$$
$$(3\text{-}42)$$

このうち，水の酸化反応（式 (3-42)）は，2分子の水が4電子4プロトンを失ってO-O結合を形成する極めて難しい反応である。この反応を1電子ずつの段階的な酸化により行う場合，不安定なラジカル中間体を経由することになり，大きな活性化エネルギーが必要となる。熱力学平衡電位（$E^0 = 1.23$ V）付近で水の酸化を実現するためには，多電子の授受が可能な分子触媒が必要である。

自然界の光合成においては，光化学系 II 内の酸素発生複合体がこの変換を担っている[119]。酸素発生複合体はマンガン (Mn) イオン4個とカルシウム (Ca) イオン1個を含む金属酸化物クラスター (Mn_4CaO_5) であり，4個の Mn イオンの酸化還元によって五段階の酸化状態を取ることで，水分子との間の4電子の授受を可能にしている。　酸素発生複合体の構造に着想を得て，これまでに多くの複核遷移金属錯体が合成され，水の酸化触媒としての機能評価がなされて

きた。Meyerらは，1982年に世界初の均一系酸素発生分子触媒である複核ルテニウム（Ru）錯体 *cis*, *cis*-[(bpy)$_2$(H$_2$O)RuORu(OH$_2$)(bpy)$_2$]$^{4+}$（bpy：2,2'-ビピリジン）（1）を発見した（図3-52）[120]。錯体1は酸性水溶液中においてCe(IV)イオンやCo(III)イオンを犠牲酸化剤として用いることで，水を酸化し酸素を発生する。その触媒回転数（TON）は13.2と低いものではあったが，設計可能な分子性錯体が水の酸化反応を触媒することが初めて明らかになった。その後，成田[121]，Brudvig[122]，McKenzie[123]らによってMn複核錯体，八木[124]，Llobet[125]，Thummel[126]らによってRu複核錯体を用いた酸素発生触媒が相次いで開発された。これらのほとんどは錯体1と同様にCe(IV)イオン等の犠牲酸化剤を必要とし，TONは最大で500程度であった。2010年にSunらにより見出されたRu複核錯体2は，Ce(IV)イオン存在下で錯体1の10^{3}倍近いTON（10,400）を示した（図3-52）[127]。

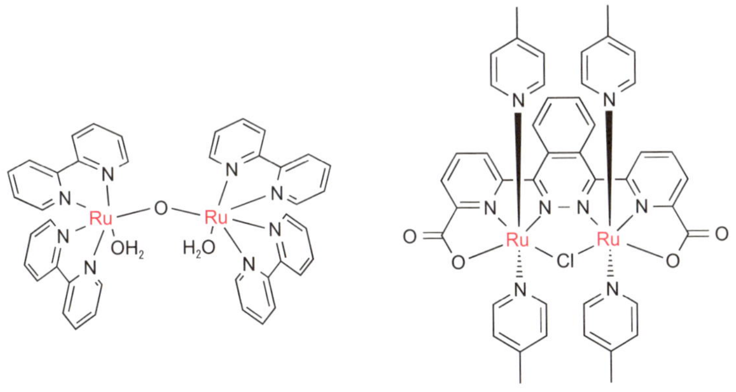

1
Meyer (1982)

2
Sun (2010)

図3-52　酸素発生触媒能を持つRu複核錯体

4個のMnイオンにより多電子の授受を可能にする酸素発生複合体の構造から，水の酸化反応を触媒するには複核構造が必須であると長らく考えられてきた。しかし，2008年にBernhard[128]，Thummel[129]，Meyer[130]らは，単核のイリジウム（Ir）錯体およびRu錯体が，複核錯体と同等以上の活性を有する酸素

発生触媒として働くことを見出した。例えば Thummel らの Ru 単核錯体 [RuCl(trpy)(bpy)]$^+$ (trpy : 2,2' : 6',2''-テルピリジン) (3) は，pH 1 の水溶液中で Ce(Ⅳ) イオンを犠牲酸化剤として TON 1,170 で酸素を発生した（図 3-53）。その後，酒井[131]，Crabtree[132]，Albrecht[133] らが単核 Ru，Ir 錯体の酸素発生触媒能を明らかにしている。2012 年に Sun らにより発見された Ru 単核錯体 4 はその中でも最も活性の高いもので，Ce(Ⅳ) イオンを酸化剤として高い TON (55,400) で水の酸化を触媒する（図 3-53）[134]。さらに近年では，Mn 以外の第一遷移金属イオンであるコバルト (Co)[135]，銅 (Cu)[136]，鉄 (Fe)[137] を用いた錯体についても，水の酸化触媒としての機能が見出され始めている。

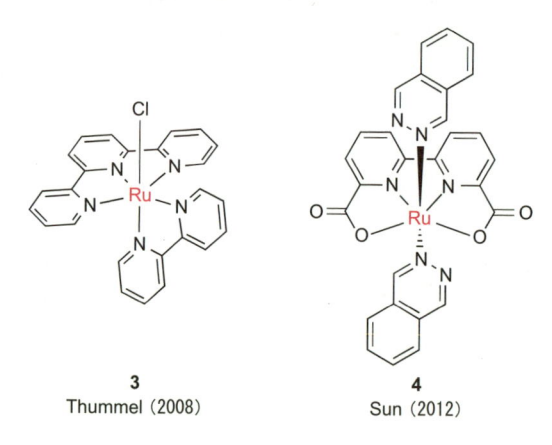

3
Thummel (2008)

4
Sun (2012)

図 3-53　酸素発生触媒能を持つ Ru 単核錯体

3-6-3　酸素-酸素結合生成

これまでに多数の均一系酸素発生触媒が合成されてきたが，その O-O 結合形成の機構についての定説は確立されていない。Meyer らの Ru 複核錯体 1 の発見以降，多くの研究グループが実験的あるいは理論的にその触媒機構の解明を目指しており，Ru 錯体を用いた酸素発生については，これまでおもに 3 つの反応機構が提案されている（図 3-54）。錯体 1[(bpy)$_2$(H$_2$O)RuORu(OH$_2$)(bpy)$_2$]$^{4+}$（以下 [H$_2$O-Ru^{III}Ru^{III}-OH$_2$]$^{4+}$ と略記）の活性中間体は，アクア配位子のプロトン解離と共役した Ru 中心の酸化によって生じた高原子価 Ru オキソ錯体 [O

3　金属錯体の電気化学的性質

$=Ru^{IV}Ru^{V}=O]^{3+}$ および $[O=Ru^{V}Ru^{V}=O]^{4+}$ であると考えられている。水分子が $Ru^{V}=O$ 種の酸素原子に対し求核的に攻撃することで，$Ru^{III}-OOH$ 種が生成する。Meyer および Hurst らは，複核および単核 Ru 錯体における O–O 結合の形成について，この酸塩基反応による機構を提案している（図 3-54(a)）[138, 139]。

一方 Llobet らは，Ru 複核錯体による O–O 結合形成について異なる機構を提唱している[140]。彼らの合成した Ru アクア複核錯体 $[H_2O-Ru^{II}Ru^{II}-OH_2]^{3+}$ を 4 電子酸化することで，活性中間体である高原子価 Ru オキソ複核錯体 $[O=Ru^{IV}Ru^{IV}=O]^{3+}$ が生じる。反応速度解析および同位体ラベル実験の結果，2 分子の活性中間体が分子間カップリングを起こすことで，O–O 結合が形成されていることが明らかになった（図 3-54(b)）。

さらに近年酒井らは，興味深い第三の反応機構を提唱している[141]。Meyer らの報告以来，Ru 錯体を触媒とした水の酸化反応においては Ce(IV) イオンを主とする犠牲酸化剤が用いられてきたが，これを電気化学的な酸化によって行うと，Ce(IV) イオンの還元電位（+1.37 V vs. SCE）以上の電位を印加しても，まったく酸素発生が起こらない例が多く知られている。このことから酒井らは，水溶液中において Ce–OH$^-$ と共鳴にあるセリウムラジカル種 $Ce^{III}-OH^{\cdot}$ が Ru オキソ錯体とカップリングすることにより，O–O 結合が形成される可能性を指摘している（図 3-54(c)）。

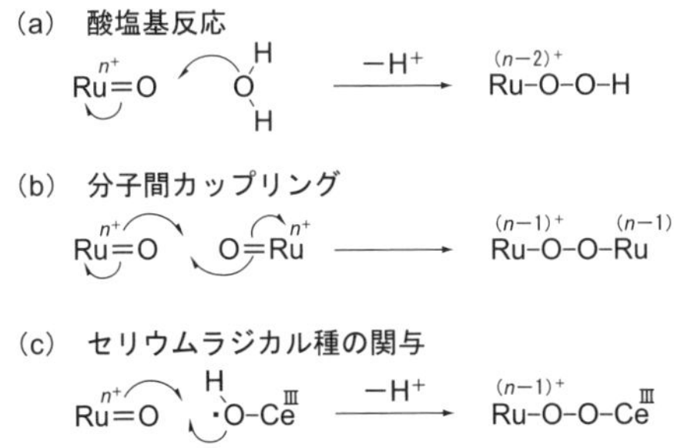

(a) 酸塩基反応

$$\overset{n+}{Ru}=O \quad \overset{H}{\underset{H}{O}} \xrightarrow{-H^+} \overset{(n-2)+}{Ru-O-O-H}$$

(b) 分子間カップリング

$$\overset{n+}{Ru}=O \quad O=\overset{n+}{Ru} \longrightarrow \overset{(n-1)+}{Ru}-O-O-\overset{(n-1)+}{Ru}$$

(c) セリウムラジカル種の関与

$$\overset{n+}{Ru}=O \quad \overset{H}{\underset{}{\cdot O-Ce^{III}}} \xrightarrow{-H^+} \overset{(n-1)+}{Ru}-O-O-Ce^{III}$$

図 3-54　水の酸化触媒における O–O 結合形成の推定機構

3-6-4　酸–塩基平衡を駆動力とする高原子価錯体形成

Ru 錯体を触媒とした水の酸化反応に必要なエネルギーは，活性種である高

原子価 Ru（Ru^{IV} または Ru^{V}）の還元電位に大きく依存する。Ru アクア錯体は，Ru 中心の酸化がアクア配位子のプロトン解離と共役することで比較的容易に高原子価の Ru オキソ錯体を生成できることから，酸素発生触媒として多くの研究がなされてきた。強い σ ドナーである炭素配位子を有する Ru 錯体を用いれば，より低い電位で高原子価 Ru 種を生成できると考えられる。ここでは，2-(2-ピリジル) アクリジン (pad) を配位子に持つ Ru 錯体の興味深い性質と，その酸素発生触媒への応用について紹介する[142～145]。

Ru-pad 錯体 $[Ru(pad)(bpy)_2]^+$ (5) は，pad 配位子の非配位窒素上へのプロトン化によって，Ru^{IV} = C カルベン種を生成する（図3-55）。錯体 5 の配位炭素は，^{13}C NMR スペクトルにおいて 127.27 ppm にシグナルを与える。一方，錯体 5 を 1 当量の HCl によりプロトン化した錯体 $[Ru(padH)(bpy)_2]^{2+}$ (6) においては，配位炭素の ^{13}C NMR シグナルは 228.87 ppm へと顕著に低磁場シフトする。単結晶 X 線構造解析により，プロトン化体 6 の Ru-C の結合距離は 2.011 Å と短く，二重結合性を有していることが示された。窒素上へのプロトン化に伴い pad 配位子の $π^*$ 軌道のエネルギー準位が低下することで Ru イオンから

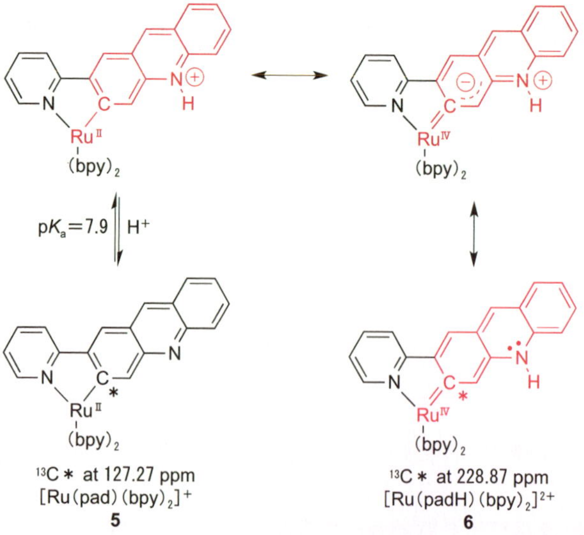

図 3-55 Ru-pad 錯体 5 のプロトン化による Ru^{IV} カルベン錯体の誘起

3 金属錯体の電気化学的性質

配位子への電子移動が起こり，キノイド構造を有する高原子価 Ru カルベン錯体 6 が誘起されることが明らかになった。プロトン化体 6 の ^{1}H NMR スペクトルの温度依存性から，カルベン構造の誘起に伴うエンタルピー変化 ΔH^0 およびエントロピー変化 ΔS^0 は，それぞれ -4.93 kcal・mol^{-1} および -21.82 cal・K^{-1}・mol^{-1} であることがわかった。

Ru-pad 錯体が配位子のプロトン化によって極めて容易に高原子価 Ru 種を与えることから，pad 配位子を有する Ru アクア錯体は酸素発生触媒として機能することが期待される。前駆体 [Ru(pad)(CH$_3$CN)$_4$]$^+$ に対して trpy 配位子を反応させ，続いて加水分解を行うことで trans 体の Ru-pad アクア錯体 [Ru(pad)(trpy)(OH$_2$)]$^+$ (trans-7) が選択的に得られる。この錯体はアセトン中室温で可視光 ($\lambda > 420$ nm) を 2 時間照射することで定量的に cis 体へと異性化する。錯体 7 は錯体 5 と同様に，pad 配位子の非配位窒素上へのプロトン化によって Ru^{IV} カルベン構造が誘起され，その pK_a の値は 6.90 (trans-7) および 6.75 (trans-7) である（図 3-56）。

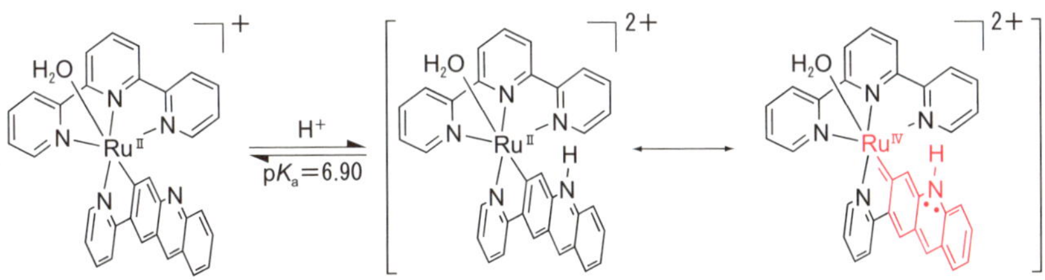

図 3-56　錯体 7 のプロトン化による Ru^{IV} カルベン錯体構造の誘起

錯体 7 に対し 0.1 M 硝酸水溶液中で Ce(IV) イオンを加えたところ，触媒的に水が酸化されて酸素が発生した。錯体 7 の TON は trans 体，cis 体についてそれぞれ 3,500 および 1,200 であり，これまで報告されている他の Ru 錯体触媒の中では比較的高い活性を持つ。さらに，錯体 7 は電気化学的な水の酸化反応においても触媒活性を示した（図 3-57）。錯体 7 を pH 4.0 の水溶液中で $+1.40$ V (vs. SCE) で定電位電解したところ，触媒的な酸素の発生が見られ，その TON は trans 体および cis 体についてそれぞれ 30 および 6 であった。$+1.40$

Vという低電位で水の電解酸化を行うことのできる均一系触媒はほとんど例がない。炭素配位子への分子内電子移動を利用して低電位で高原子価 Ru 種を発生させることで，水の酸化に要する過電圧が大幅に低減された。しかし，Ce(IV) イオンの還元電位に相当する電位を印加したにも関わらず，酸素発生量は Ce(IV) を用いた場合に比べて大幅に低下している。この Ce(IV) イオンによる酸化と電解酸化との間の反応活性の大きな差異は，図 3-54(c) に示すように Ce(IV) イオンが単なる 1 電子酸化剤に留まらない反応への関与を持つことを示唆している。

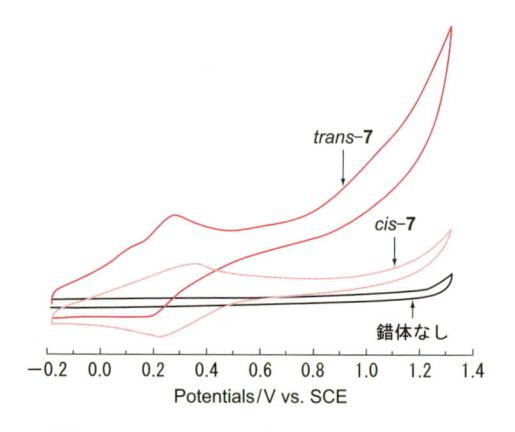

図 3-57　錯体 7 のサイクリックボルタモグラム（H_2O 中，pH 4.0）

3-6-5　オキシルラジカルの 2 量化による O-O 結合生成

　金属アクア錯体によって O-O 結合を形成させるためには，アクア配位子から中心金属への電子移動を起こす必要がある。従来の触媒設計においては全て高原子価金属イオンの発生を電子移動の駆動力としているが，適切な配位子設計によってアクア配位子から金属イオンへの電子移動を促進，安定化することができれば，低原子価金属イオンによる水分子の活性化が可能になり，活性化エネルギーの低減に繋がると期待される。ここでは，Ru ジオキソレン錯体を利用した水分子の特異な活性化と，高活性な水の電解酸化触媒への応用について紹介する。

3 金属錯体の電気化学的性質

ジオキソレンはキノン (Q)・セミキノン (Sq)・カテコラト (Cat) の3つの酸化状態を持ち,また中心金属を包含した π 共役系を形成することから,金属イオンとの間に強い電子的相関を持つ錯体を形成することが知られている[146]。Ru ジオキソレン錯体は,Ru イオンの $t_{2g}(d\pi)$ 軌道とジオキソレン配位子の $p\pi^*$ 軌道とのエネルギー準位が近接しているため,電子の非局在化により Ru^{n+}-Q,$Ru^{(n+1)+}$-Sq,$Ru^{(n+2)+}$-Cat の3構造の共鳴混成体として存在する(図 3-58)[147]。例えば,Ru(Ⅱ)-Bu$_2$Q (Bu$_2$Q:ジ-*tert*-ブチルベンゾキノン)と Ru(Ⅲ)-Bu$_2$Sq との間のエネルギー差は極めて小さく,どちらが基底状態であるかを実験あるいは理論計算によって決定することが難しいほどである。

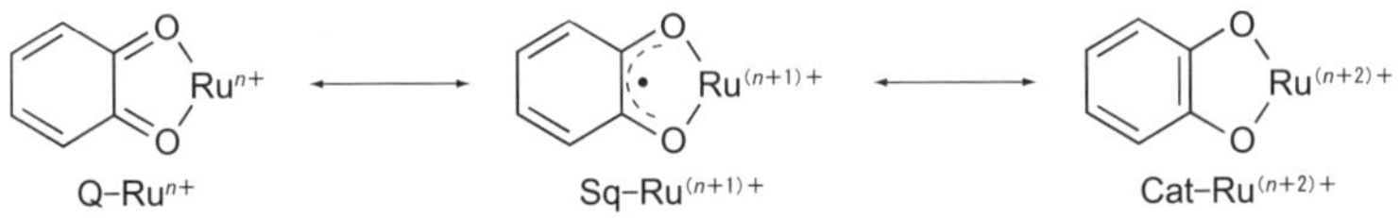

図 3-58　Ru ジオキソレン錯体の共鳴構造

この特異な Ru ジオキソレン錯体の性質を利用して,2003 年に田中らは安定な Ru オキシルラジカル錯体の単離に世界で初めて成功している[148]。

ジオキソレン配位子を持つ Ru アクア錯体 [Ru^{II}(trpy)(Bu$_2$Q)(OH$_2$)]$^{2+}$ (8) に対し1当量の *t*-BuOK を加えると,アクア配位子のプロトン解離によってヒドロキソ錯体 [Ru^{II}(trpy)(Bu$_2$Q)(OH)]$^+$ (9) となり,MLCT 遷移に由来する 600 nm の吸収帯が 576 nm へ短波長シフトする(図 3-59(a))。さらに *t*-BuOK を加えると,576 nm の吸収は減少し,新たに 870 nm に Ru(Ⅱ)-Sq 種に特徴的な吸収が現れる。電子スピン共鳴分光(EPR),電気化学測定および単結晶 X 線構造解析の結果,この錯体は Ru オキシルラジカル錯体 [Ru^{II}(trpy)(Bu$_2$Sq)(O$^{\cdot-}$)] (10) であることが明らかになった(図 3-59(b))。錯体 9 のヒドロキソ配位子のプロトン解離は形式的にオキシドアニオン(O^{2-})を与えるが,ここから1電子が Ru 中心へ移動し,ジオキソレン配位子との間で非局在化することで安定化され,結果としてオキシルラジカル錯体が安定構造として得られるものと考えられる。従来の Ru アクア錯体を用いた酸素発生触媒の活性中間体は Ru^{IV} = O あるいは Ru^{V} = O のような高原子価錯体であるのに対し,錯体 8

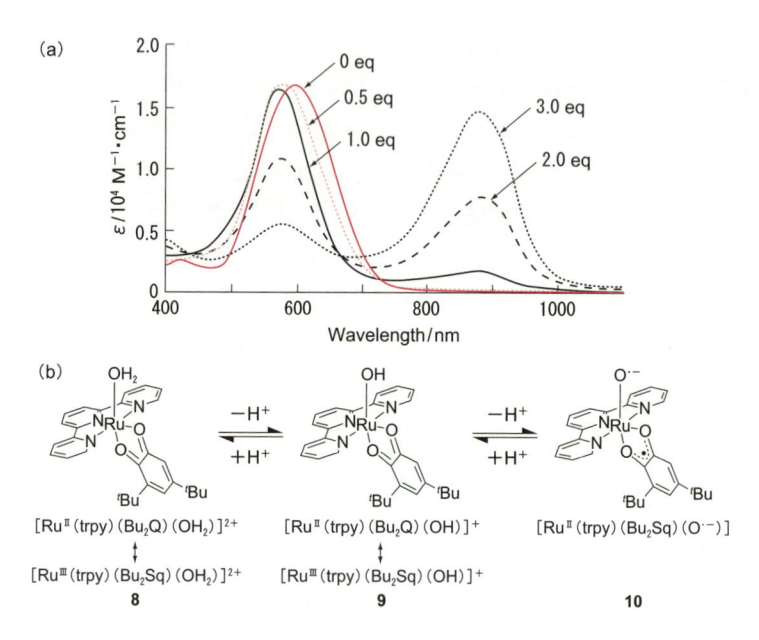

図 3-59　(a) 錯体 8 の t-BuOK 存在下における電子吸収スペクトルの変化（CH_2Cl_2 中）(b) 錯体 8 の酸塩基平衡と分子内電子移動によるオキシルラジカル錯体 10 の生成

はアクア配位子の酸塩基平衡と共役したジオキソレン配位子への分子内電子移動によって，低原子価の Ru^{II} 状態で活性なオキシルラジカル種を生成できる．錯体 10 自体は酸化反応に対する活性は持たないが，Ag(I) により 1 電子酸化した Q-Ru(II)-O·⁻ 種は種々の環状ジエンを量論的に酸化して対応する芳香族化合物と Q-Ru(II)-OH を与える[149]．

適切な架橋配位子を用いて 2 つの Ru オキシルラジカル錯体を近接した位置に配置できれば，ラジカルカップリングにより O-O 結合が形成されると期待できる．この着想に基づき，田中らはアントラセン骨格により 2 つのターピリジン配位子を連結した複核 Ru ジオキソレンヒドロキソ錯体 [Ru^{II}_2(btpyan)(Bu_2Q)$_2$(OH)$_2$]$^{2+}$ (btpyan : 1,8-ビス (2,2' : 6',2''-テルピリド-4'-イル) アントラセン) (11) を合成した（図 3-60）[150〜152]．2 つのヒドロキソ配位子は，btpyan 配位子の剛直な骨格と嵩高いジオキソレン配位子の立体反発により，Ru 複核

構造の内側を向いて配置される。錯体 11 のメタノール溶液に対し t-BuOK を加えると, 単核ヒドロキソ錯体 9 と同様に 576 nm の MLCT 吸収帯が減少し, Ru オキシルラジカル錯体の生成を示す 850 nm の吸収が新たに出現した。興味深いことに, 生成したテトララジカル錯体 $[Ru^{II}_2(btpyan)(Bu_2Sq)_2(O^{·-})_2]$ (12) においては 2 つのオキシルラジカル種が空間的に近接して生成しているにも関わらず, ラジカルカップリングによる O-O 結合の形成は起こらないことが明らかになった。

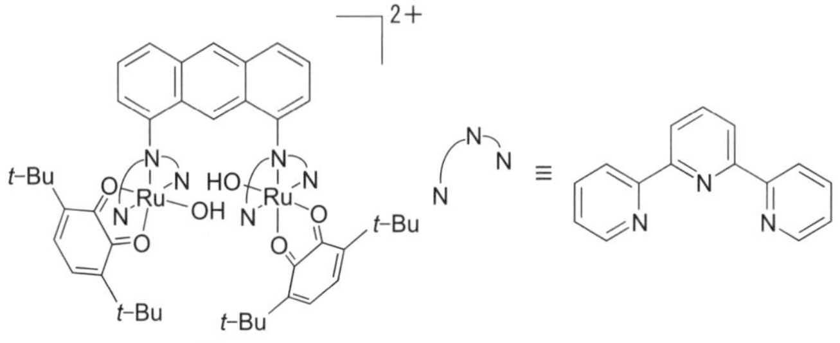

図 3-60 複核 Ru ジオキソレンヒドロキソ錯体 11 の構造

錯体 11 を ITO 上に吸着させた電極を用いて +1.70 V (vs. Ag/AgCl) で水 (pH 4.0) の定電位電解を行うと, 電流効率 95%, TON 33,500 で酸素が発生し, 錯体 11 が酸素発生触媒として極めて高い活性を有することが明らかになった。

電極上に吸着した錯体 11 は pH 3 以上で溶液中と同様にプロトン解離を起こし, ビスオキシルラジカル種 12 を生成する。このラジカル錯体の電気化学測定を pH 4.0 の水中で行うと, +0.32 V と +1.19 V (vs. Ag/AgCl) に $[Ru^{II}$-Sq$]/$ $[Ru^{III}$-Sq$]$ および $[Ru^{III}$-Sq$]/[Ru^{III}$-Q$]$ にそれぞれ対応する酸化波を示すと共に, +1.2 V 以上では水の酸化による大きな触媒電流が流れる。+1.70 V で定電位電解を続けると溶液の酸性化により触媒電流は徐々に減少し, pH 1.2 以下ではほぼ反応が停止してしまうが, 塩基の添加により pH を 4.0 に再調整することで反応は再開する。最終的に錯体 11 が電極表面から剥離するまで触媒活性は維持され, 錯体 1 分子あたり 33,500 分子もの酸素が生成することから, 錯体 11 は非常に高い安定性を有することがわかる。

錯体 11 の特異な分子構造と高い触媒活性の関係を明らかにするため，反応機構に関する詳細な理論研究が続けられている．現在のところ最も有力な機構は，Ru^{III} イオン上のスピン反転に伴うオキシルラジカル間のカップリングによる O-O 結合の形成である（図 3-61）[153]．先述の通り，錯体 11 の脱プロトン化体 12 においては，フント則に従い 2 つのオキシルラジカルが三重項状態を取るため，O-O 結合の形成は進行しない．しかし，錯体 12 が 2 電子酸化されると，閉殻構造を持つ Ru^{II} イオンが開殻の Ru^{III} イオンへと酸化され，6 個の不対電子を持つ錯体 $[Ru^{III}_2(btpyan)(Bu_2Sq)_2(O^{·-})_2]^{2+}$（13）が生成する．理論計算によると，錯体 13 において隣接して存在するオキシルラジカルと Ru^{III} イオンの不対電子は，強磁性的なスピン相互作用を有している．Ru^{III} イオン上のスピンは重原子効果によって容易に反転するため，付随してオキシルラジカル上のスピンが反転を起こす．その結果，2 つのオキシルラジカルは一重項状態となり，ラジカルカップリングにより O-O 結合が形成される．単核錯体 10 の分子間ラジカルカップリングに対してはこのようなスピン多重度の制約は存在しないが，アニオン性オキシルラジカル間の静電反発により O-O 結合の形成は進行しない．

　以上本節では，水の電解における陽極反応である酸素発生を促進する分子触

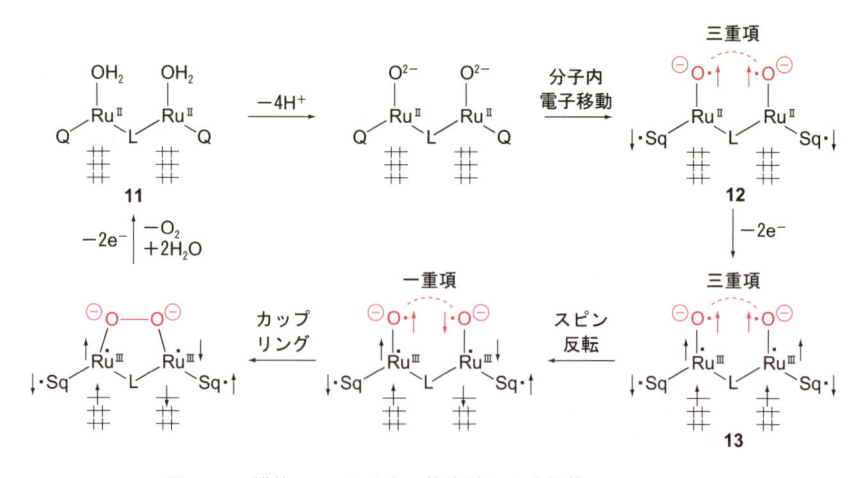

図 3-61　錯体 11 による水の推定酸化反応機構（L：btpyan）

媒に関する最新の研究について紹介した．錯体触媒を用いた水の酸化反応の多くは Ce(IV) イオンを犠牲酸化剤として用いているが，過酷な強酸性条件の必要性と，Ce(IV) イオンの単なる 1 電子酸化剤に留まらない関与（図 3-54(c)）が指摘されていることから，水の電解を見据えた触媒の活性評価への利用は控えることが望ましいと考えられる．

3-6-6 おわりに

本節では特に，配位子設計によって錯体分子内の電子移動を制御することで，低い電位で活性種を生成できる Ru アクア錯体とその触媒機能について取り上げた．単核錯体 7 は，炭素配位子 pad のプロトン化のみによって Ru イオンからの 2 電子移動を起こすことで高原子価の Ru(IV) カルベン錯体を生成でき，その結果熱力学平衡電位に近い電位で水を酸素へと電解酸化できた．注目すべき点は Ce(IV) イオンを使用することで電解に比べて水の酸化反応が大きく促進されたことであり，Ce(IV) イオンが O-O 結合の形成に関与している可能性が支持された．複核錯体 11 は，アクア配位子の酸塩基平衡と共役したジオキソレン配位子への電子移動によって，活性の高い Ru オキシルラジカル錯体を生成した．2 つのオキシルラジカルは三重項状態を取り，そのままでは結合形成を起こさないが，Ru^{II} イオンを Ru^{III} イオンへ酸化することで金属上のスピン反転が起こり，オキシルラジカル間のカップリングが誘発され O-O 結合が形成されることが示された．最近では，天然の酸素発生複合体による水の酸化反応においても Mn オキシルラジカル錯体の関与が示唆されている[154]．錯体 11 はオキシルラジカル錯体のカップリングによる O-O 結合の形成を実証した初めての例であることから，この錯体は高活性な酸素発生触媒としての展開のみならず，光合成の化学に関しても重要な知見を与えると考えられる．

参考文献

1) P. Zanello, F. Fabrizi de Biani, C. Nervi, *Inorganic Electrochemistry*, RSC Publishing, Cambridge, UK (2012).

2) F. Scholt, C. J. Pickett, *Inorganic Electrochemistry*, Wiley-VCH, Weinheim, 2006.

3) A. J. L. Pombeiro, C. Amatore, eds., *Trends in Molecular Electrochemistry*, Marcel Dekker Inc., New York (2004).

4) P. Ceronic, A. Credi, M. Venturi, eds., *Electrochemistry of Functional Supramolecular Systems*, John Wiley & Sons, Inc., Hoboken Jew Jersey (2010).

5) H. L. M. van Gaal, J. G. M. van der Linden, *Coord. Chem. Rev.*, **47**, 41 (1982).

6) G. A. Heath, K. A. Moock, D. W. A. Sharp, L. J. Yellowless, *J. Chem. Soc. Chem. Commun.*, 1503 (1985).

7) S. Brownstein, G. A. Heath, A. Sengupta, D. W. A. Sharp, *J. Chem. Soc. Chem. Commun.*, 669 (1983).

8) B. E. Bursten, *J. Am. Chem. Soc.*, **104**, 1299 (1982).

9) P. M. Treichel, H. J. Mueh, B. E. Bursten, *Israel J. Chem.*, **15**, 253 (1976/77).

10) J. Chatt, C. T. Kan, G. J. Leigh, C. J. Pickett, *J. Chem. Soc. Dalton*, 1980, 2032.

11) A. B. P. Lever, *Inorg. Chem.*, **29**, 1271 (1990).

12) H. J. Kruger, G. Peng, R. H. Holm, *Inorg. Chem.*, **30**, 734 (1991).

13) M. Haga, T. Matsumura-Inoue, K. Shimizu, G. P. Sato, *J. Chem. Soc. Dalton Trans.*, 371 (1989).

14) W. Tang, Y. Kwak, W. Braunecker, N. V. Tsarevsky, M. L. Coote, K. Matyjaszewski, *J. Am. Chem. Soc.*, **130**, 10702 (2008).

15) D. Astruc, *New J. Chem.*, **16**, 305 (1992).

16) T. C. Li, A. M. Spokoyny, C. She, O. K. Farha, C. A. Mirkin, T. J. Marks, J. T. Hupp, *J. Am. Chem. Soc.*, 2010, 4580 (2010).

17) M. F. Hawthorne, J. I. Zink, J. M. Skelton, M. J. Bayer, C. Liu, E. Livshits, R. Baer, D. Neuhauser, *Science*, **303**, 1849 (2004).

18) C. M. Elliott, E. J. Hershenhart, *J. Am. Chem. Soc.*, **104**, 7519 (1982).

19) A. A. Vlcek, *Coord. Chem. Rev.*, **43**, 39 (1982).

20) C. G. Pierpont, C. W. Lange, *Prog. Inorg. Chem.*, **41**, 331 (1994).

21) A. L. Balch, R. H. Holm, *J. Am. Chem. Soc.*, **88**, 5201 (1966).

22) W. Kaim and B. Schwederski, *Coord. Chem. Rev.*, **254**, 1580 (2010).

23) J. L. Boyer, J. Rochford, M.-K. Tsai, J. T. Muckerman, E. Fujita, *Coord. Chem. Rev.*,

254, 309 (2010).
24) V. Lyaskovskyy, B. de Bruin, *ACS Catalysis*, **2**, 270 (2012).
25) H. H. Downs, R. M. Buchanan, C. G. Pierpont, *Inorg. Chem.*, **18**, 1736 (1979).
26) S. Noro, H. Chang, T. Takenobu, Y. Murayama, T. Kanbara, T. Aoyama, T. Sassa, T. Wada, D. Tanaka, S. Kitagawa, Y. Iwasa, T. Akutagawa, T. Nakamura, *J. Am. Chem. Soc.*, **127**, 10012 (2005).
27) W. E. Geiger, T. E. Mines, F. C. Senftleber, *Inorg. Chem.*, **14**, 2141 (1975).
28) K. M. Kadish, K. M. Smith, R. Guilard, eds., *The Porphyrin Handbook Vol. 9. Database of Redox Pontentials and Binding Constants*, Academic Press, San Diego, CA, USA, (2000).
29) K. M. Kadish, K. M. Smith, R. Guilard, eds., *The Porphyrin Handbook Vol. 8 -Electron Transfer*, Academic Press, San Diego, CA ,USA, (2000).
30) J. A. Baumann, D. J. Salmon, S. T. Wilson, T. J. Meyer, W. E. Hatfield, *Inorg. Chem.*, **17**, 3342 (1978).
31) T. Hamaguchi, H. Nagino, K. Hoki, H. Kido, T. Yamaguchi, B. K. Breedlove, T. Ito, *Bull. Chem. Soc. Jpn*, **2005**, 591 (2005).
32) M. Abe, T. Michi, A. Sato, T. Kondo, W. Zhou, S. Ye, K. Uosaki, Y. Sasaki, *Angew. Chem. Int. Ed.*, **42**, 2912 (2003).
33) P. V. Rao, R. H. Holm, *Chem. Rev.*, **104**, 527 (2004).
34) B. Keita, L. Nadjo, *J. Electroanal. Chem.*, **227**, 77 (1987).
35) 佐野博敏, 混合原子価の化学, 化学総説"珍しい原子価状態"日本化学会編 学会出版センター, 147 (1988). 二段階の CV 波については, D. E. Richardson, H. Taube, *Inorg Chem.*, **20**, 1278 (1981). を参照.
36) 図1の化合物 A はジクロロメタン中でのサイクリックボルタモグラムに若干の酸化還元波分裂を示し, 測定条件下で安定度は化合物 B に比べて著しく劣るものの混合原子価状態が発現するという報告もある (C. Lavanda, K. Bechgaard, and D. O. Cowan, *J. Org. Chem.*, **41**, 2700 (1976).
37) C. Creutz, M. H. Chou, *Inorg. Chem.*, **26**, 2995 (1987).
38) I. Ando, D. Ishimura, K. Ujimoto, H. Kurihara, *Inorg. Chem.*, **33**, 5010 (1994).
39) M .B. Robin, P. Day, *Adv. Inorg. Chem. Radiochem.*, **10**, 247 (1967).

40) S. T. Wilson, R. F. Bondurant, T. J. Meyer, D. J. Salmon, *J. Am. Chem. Soc.*, **97**, 2285 (1975).
41) (a) T. Ito, T. Hamaguchi, H. Nagino, T. Yamaguchi, J. Washington, C. P. Kubiak, *Science*, 277, 660 (1997); (b) T. Ito, T. Hamaguchi, H. Nagino, T. Yamaguchi, H. Kido, I. Zavarine, T. Richmond, J. Washington, C. P. Kubiak, *J. Am. Chem. Soc.*, **121**, 4625 (1999).
42) 佐々木陽一, 杉本秀樹, 電気化学および工業物理化学, **64**, 6 (1996).
43) S. Nikolau, A. L. Formiga, H. E. Toma, *Inorg. Chem. Common.*, **13**, 1032 (2010).
44) S. Nikolau, H. E. Toma, *Eur. J. Inorg. Chem.*, 2266 (2008).
45) H. E. Toma, K. Araki, A, D. O. Alexiou, S. Nikolaou, S. Dovidauskas, *Coord. Chem. Rev.*, 219, 187 (2001).
46) M. Abe, A. Inatomi, Y. Hisaeda, *Dalton Trans.*, **40**, 2289 (2011).
47) M. Abe, Y. Sasaki, Y. Yamada, K. Tsukahara, S. Yano, T. Ito, *Inorg. Chem.*, **34**, 4490 (1995).
48) S. Fedi, P. Zanello, F. Laschi, A. Ceriotti, S. El Afefey, *J. Solid State Electrochem.*, **13**, 1497 (2009).
49) J. D. Roth, G. J. Lewis, L. K. Safford, X. Jiang, L. F. Dahl, M. J. Weaver, *J. Am. Chem. Soc.*, **114**, 6159 (1992).
50) O. Cador, H. Cattey, J.-H. Halet, W. Meier, Y. Mugnier, J. Wacher, J.-V. Saillard, B. Zouchune, P. Zabel, *Inorg. Chem.*, **46**, 501 (2007).
51) D. Collini, F. Fabrizi De Biani, S. Fedim C. Femoni, F. Kaswakder, M. C. Iapalucci, G. Longoni, C. Tiozzo, S. Zacchini, P. Zanello, *Inorg. Chem.*, **46**, 7971 (2007).
52) 上田忠治, ぶんせき, 331 (2011).
53) J. Nambu, T. Ueda, S.-X. Guo, J. F. Boas, A. M. Bond, *Dalton Trans.*, **39**, 7634 (2010).
54) F. Barrière, N. Camire, W. E. Geiger, U. T. Mueller-Westerhoff, R. Sanders, *J. Am. Chem. Soc.*, **124**, 7262 (2002).
55) N. A. Macías-Ruvalcaba, D. H. Evans, *J. Phys. Chem. B*, **109**, 14642 (2005).
56) F. Barrière, W. E. Geiger, *J. Am. Chem. Soc.*, **128**, 3980 (2006).
57) A. Nafady, T. T. Chin, W. E.Geiger, *Organometallics*, **25**, 1654 (2006).
58) A. K. Diallo, C. Absalon, J. Ruiz, D. Astruc, *J. Am. Chem. Soc.*, **133**, 629 (2011).

59) K. Wang, *Prog. Inorg. Chem.*, **52**, 1 and refs. Therein (2004).
60) M. Okuno, K. Aramaki, S. Nakajima, T. Watanabe, H. Nishihara, *Chem. Lett.*, 585 (1995).
61) M. Okuno, K. Aramaki, H. Nishihara, *J. Electroanal. Chem.*, **438**, 79 (1997).
62) H. Nishihara, M. Okuno, N. Akimoto, N. Kogawa, K. Aramaki, *J. Chem. Soc., Dalton Trans.*, 2651 (1998).
63) Y. Shibata, B.H. Zhu, S. Kume, H. Nishihara, *Dalton Trans.*, 1939 (2009).
64) M. Nihei, T. Nankawa, M. Kurihara, H. Nishihara, *Angew. Chem. Int. Ed.*, **38**, 1098 (1999).
65) M. Murata, S. Habe, S. Araki, K. Namiki, T. Yamada, N. Nakagawa, T. Nankawa, M. Nihei, J. Mizutani, M. Kurihara, H. Nishihara, *Inorg. Chem.*, **45**, 1108 (2006).
66) S. Muratsugu, K. Sodeyama, F. Kitamura, M. Sugimoto, S. Tsuneyuki, S. Miyashita, T. Kato, H. Nishihara, *J. Am. Chem. Soc.*, **131**, 1388 (2009).
67) K. Aoki, J. Chen, *J. Electroanal. Chem.*, **380**, 35 (1995).
68) R. Rulkens, A. J. Lough, I. Manners, S. R. Lovelace, C. Grant, W. E. Geiger, *J. Am. Chem. Soc.*, **118**, 12683 (1996).
69) H. Nishihara, *Adv. Inorg. Chem.*, **53**, 41 (2002).
70) T. Hirao, M. Kurashina, K. Aramaki, H. Nishihara, *J. Chem. Soc., Dalton Trans.*, 2929 (1996).
71) K. Aoki, J. Chen, H. Nishihara, T. Hirao, *J. Electroanal. Chem.*, **416**, 151 (1996).
72) H. Nishihara, T. Hirao, K. Aramaki, K. Aoki, *Synth. Metals*, **84**, 935 (1997).
73) T. Horikoshi, K. Kubo, H. Nishihara, *J. Chem. Soc., Dalton Trans.*, 3355 (1999).
74) S. Chen, R. S. Ingram, M. J. Hostetler, J. J. Pietron, R. W. Murray, T. G. Schaaff, J. T. Khoury, M. M. Alvarez, R. L. Whetten, *Science*, **280**, 2098 (1998).
75) R. W. Murray, *Chem. Rev.*, **108**, 2688 (2008).
76) B. M. Quinn, P. Liljeroth, V. Ruiz, T. Laaksonen, K. Kontturi, *J. Am. Chem. Soc.*, **125**, 6644 (2003).
77) M. Nakai, Y. Yamanoi, Y. Nishimori, T. Yonezawa, H. Nishihara, *Angew. Chem. Int. Ed.*, **47**. 6699 (2008).
78) M.-C. Daniel, D. Astruc, *Chem. Rev.*, **104**, 293 (2004).

79) 西海豊彦, *Rev. Polarography*, **56**, 81 (2010).
80) 例えば, 佐々木陽一, 柘植清志,「錯体化学」第6章, 裳華房 (2009) を参照.
81) 文献80, 第3章参照.
82) R. Manchanda, H. H. Thorpe, G. W. Brudvig, R. H. Crabtree, *Inorg. Chem.*, **30**, 494 (1991) ; **31**, 4040 (1992).
83) K. Tanaka, *Chem. Rec.*, **9**, 169 (2009).
84) S. J. Slattery, J. K. Blaho, J. Lehnes, K. A. Goldsby, *Chem. Soc. Rev.*, **174**, 391 (1998).
85) M. H. V. Huynh, T. J. Meyer, *Chem. Rev.*, **107**, 5004 (2007).
86) C. Costentin, *Chem. Rev.*, **108**, 2145 (2008).
87) B. P. Sullivan, D.J. Salmon, T. J. Meyer, J. Peedin, *Inorg. Chem.*, **18**, 3369 (1979).
88) B. A. Moyer, T. J. Meyer, *Inorg. Chem.*, **20**, 436 (1981).
89) J. C. Dobson, K. J. Takeuchi, D. W. Pipes, D. A. Geselowitz, T. J. Meyer, *Inorg. Chem.*, **25**, 2357 (1986).
90) D. W. Pipes, T. J. Meyer, *J. Am. Chem. Soc.*, **106**, 7653 (1984) ; *Inorg. Chem.*, **25**, 2357 (1986).
91) G. M. Coia, K. D. Demadis, T. J. Meyer, *Inorg. Chem.*, **39**, 2212 (2000).
92) M. Carano, P. Ceroni, C. Fontanesi, M. Marcaccio, F. Paoletti, C. Paradiu, S. Roffia, *Electrochim. Acta*, **46**, 3199 (2001).
93) Md. M. Ali, H. Sato, M.-a. Haga, K. Tanaka, A. Yoshimura, T. Ono, *Inorg. Chem.*, **37**, 6176 (1998).
94) S. M. Molnar, G. Nallas, J. S. Bridgewater, K. J. Brewer, *J. Am. Chem. Soc.*, **116**, 5206 (1994).
95) C. Tommos, G. T. Babcock, *Acc. Chem. Res.*, **31**, 18 (1998).
96) R. Konduri, H. Ye, F. M. MacDonnell, S. Serroni, S. Campagna, K. Rajeshwar, *Angew. Chem. Int. Ed.*, **41**, 3185 (2002).
97) T. Fukushima, T. Wada, H. Ohtsu, K. Tanaka, *Dalton Trans.*, **39**, 11526 (2010).
98) S. J. Slattery, J. K. Blaho, J. Lehnes, K. A. Goldsby, *Coord. Chem. Rev.*, **174**, 391 (1998).
99) J. M. Mayer, *Acc. Chem. Res.*, **44**, 36 (2011).
100) J. J. Warren, T. A. Tronic, J. M. Mayer, *Chem. Rev.*, **110**, 6961 (2010).

101) H. Petek, J. Zhao, *Chem. Rev.*, **110**, 7082 (2010).
102) S. Hemmes-Schiffer, E. Hatcher, H. Ishikita, J, H, Skone, A. V. Soudackov, *Coord. Chem. Rev.*, **252**, 384 (2008).
103) C. Costentin, *Chem. Rev.*, **108**, 2145 (2008).
104) M. H. V. Huynh, T. J. Meyer, *Chem. Rev.*, **107**, 5004 (2007).
105) J. M. Mayer, *Annu. Rev. Phys. Chem.*, **55**, 363 (2004).
106) 大川尚士，伊藤翼編，『集積型金属錯体』，化学同人 (2003)。西原寛，第6章。
107) 芳賀正明，電気化学，**64**, 11 (1996)。
108) K. Takeuchi, M. S. Thompson, D. W. Pipes, T. J. Meyer, *Inorg. Chem.*, **23**, 1845 (1984).
109) C. Costentin, M. Robert, J.-M. Saveant, A.-L. Teillout, *Proc. Acad. Natl. Sci.*, **106**, 11829 (2009).
110) H. H. Thorp, J. E. Sarneski, G. W. Brudvig, R. H. Crabtree, *J. Am. Chem. Soc.*, **111**, 9249 (1989); R. Manchanda, H. H. Thorp, G. W. Brudvig, R. H. Crabtree, *Inorg. Chem.*, **30**, 494 (1991), **31**, 4040 (1992).
111) T. Inomata, M. Abe, T. Kondo, K. Umakoshi, K. Uosaki, Y. Sasaki, *Chem. Lett.*, 1097 (1999).
112) A. Kikuchi, T. Fukumoto, K. Umakoshi, Y. Sasaki, A. Ichimura, *J. Chem. Soc., Chem. Commun.*, 2125 (1995).
113) S. Liu, D. H. Ess, S. Shauer, *J. Phys. Chem., A*, **115**, 4738 (2011).
114) M. D. Symes, Y. Surendranath, D. A. Lutterman, D. G. Nocera, *J. Am. Chem. Soc.*, **133**, 5174 (2011).
115) R. A. Binstead, L. K. Stultz, T. J. Meyer, *Inorg. Chem.*, **34**, 546 (1995).
116) J. P. Roth, S. Lovell, J. M. Mayer, *J. Am. Chem. Soc.*, **122**, 5486 (2000).
117) J. L. Boyer, J. Rochmond, M.-K. Tsai, J. T. Muckermann, E. Fujita, *Coord. Chem. Rev.*, **254**, 309 (2010).
118) M. Haga, T. Takasugi, A. Tomie, M. Ishizuya, T. Yamada, M. D. Hossain, M. Inoue, *Dalton Trans.*, 2069 (2003).
119) Y. Umena, K. Kawakami, J.-R. Shen, N. Kamiya, *Nature*, **473**, 55 (2011).
120) S. W. Gersten, G. J. Samuels, T. J. Meyer, *J. Am. Chem. Soc.*, **104**, 4029 (1982).

121) Y. Naruta, M. Sasayama, T. Sasaki, *Angew. Chem. Int. Ed. Engl.*, **33**, 1839 (1994).
122) J. Limburg, J. S. Vrettos, L. M. Liable-Sands, A. L. Rheingold, R. H. Crabtree, G. W. Brudvig, *Science*, **283**, 1524 (1999).
123) A. K. Poulsen, A. Rompel, C. J. McKenzie, *Angew. Chem. Int. Ed.*, **44**, 6916 (2005).
124) K. Nagoshi, M. Yagi, M. Kaneko, *Bull. Chem. Soc. Jpn.*, **73**, 2193 (2000).
125) C. Sens, I. Romero, M. Rodríguez, A. Llobet, T. Parella, J. Benet-Buchholz, *J. Am. Chem. Soc.*, **126**, 7798 (2004).
126) R. Zong, R. P. Thummel, *J. Am. Chem. Soc.*, **127**, 12802 (2005).
127) Y. Xu, A. Fischer, L. Duan, L. Tong, E. Gabrielsson, B. Åkermark, L. Sun, *Angew. Chem. Int. Ed.*, **49**, 8934 (2010).
128) N. D. McDaniel, F. J. Coughlin, L. L. Tinker, S. Bernhard, *J. Am. Chem. Soc.*, **130**, 210 (2008).
129) H.-W. Tseng, R. Zong, J. T. Muckerman, R. Thummel, *Inorg. Chem.*, **47**, 11763 (2008).
130) J. J. Concepcion, J. W. Jurss, J. L. Templeton, T. J. Meyer, *J. Am. Chem. Soc.*, **130**, 16462 (2008).
131) S. Masaoka, K. Sakai, *Chem. Lett.*, **38**, 182 (2009).
132) J. F. Hull, D. Balcells, J. D. Blakemore, C. D. Incarvito, O. Eisenstein, G. W. Brudvig, R. H. Crabtree, *J. Am. Chem. Soc.*, **131**, 8730 (2009).
133) R. Lalrempuia, N. D. McDaniel, H. Müller-Bunz, S. Bernhard, M. Albrecht, *Angew. Chem. Int. Ed.*, **49**, 9765 (2010).
134) L. Duan, F. Bozoglian, S. Mandal, B. Stewart, T. Privalov, A. Llobet, L. Sun, *Nat. Chem.*, **4**, 418 (2012).
135) Q. Yin, J. M. Tan, C. Besson, Y. V. Geletii, D. G. Musaev, A. E. Kuznetsov, Z. Luo, K. I. Hardcastle, C. L. Hill, *Science*, **328**, 342 (2010).
136) S. M. Barnett, K. I. Goldberg, J. M. Mayer, *Nat. Chem.*, **4**, 498 (2012).
137) J. Lloret-Fillol, Z. Codolà, I. Garcia-Bosch, L. Gómez, J. J. Pla, M. Costas, *Nat. Chem.*, **3**, 807 (2011).
138) F. Liu, J. J. Concepcion, J. W. Jurss, T. Cardolaccia, J. L. Templeton, T. J. Meyer, *Inorg. Chem.*, **47**, 1727 (2008).

3 金属錯体の電気化学的性質

139) J. K. Hurst, J. L. Cape, A. E. Clark, S. Das, C. Qin, *Inorg. Chem.*, **47**, 1753 (2008).
140) S. Maji, L. Vigara, F. Cottone, F. Bozoglian, J. Benet-Buchholz, A. Llobet, *Angew. Chem. Int. Ed.*, **51**, 5967 (2012).
141) M. Yoshida, S. Masaoka, J. Abe, K. Sakai, *Chem. Asian J.*, **5**, 2369 (2010).
142) S. K. Padhi, K. Kobayashi, S. Masuno, K. Tanaka, *Inorg. Chem.*, **50**, 5321 (2011).
143) S. K. Padhi, K. Tanaka, *Inorg. Chem.*, **50**, 10718 (2011).
144) S. K. Padhi, R. Fukuda, M. Ehara, K. Tanaka, *Inorg. Chem.*, **51**, 5386 (2012).
145) S. K. Padhi, R. Fukuda, M. Ehara, K. Tanaka, *Inorg. Chem.*, **51**, 8091 (2012).
146) C. G. Pierpont, R. M. Buchanan, *Coord. Chem. Rev.*, **38**, 45 (1981).
147) J. L. Boyer, J. Rochford, M.-K. Tsai, J. T. Muckerman, E. Fujita, *Coord. Chem. Rev.*, **254**, 309 (2010).
148) K. Kobayashi, H. Ohtsu, T. Wada, T. Kato, K. Tanaka, *J. Am. Chem. Soc.*, **125**, 6729 (2003).
149) T. Wada, K. Tsuge, K. Tanaka, *Chem. Lett.*, **29**, 910 (2000).
150) T. Wada, K. Tsuge, K. Tanaka, *Inorg. Chem.*, **40**, 329 (2001).
151) T. Wada, K. Tsuge, K. Tanaka, *Angew. Chem. Int. Ed.*, **39**, 1479 (2000).
152) T. Wada, J. T. Muckerman, E. Fujita, K. Tanaka, *Dalton Trans.*, **40**, 2225 (2011).
153) K. Tanaka, H. Isobe, S. Yamanaka, K. Yamaguchi, *Proc. Natl. Acad. Sci. USA*, **109**, 15600 (2012).
154) P. E. M. Siegbahn, *Acc. Chem. Res.*, **42**, 1871 (2009).

4 最近のトピックス

はじめに

本章では，錯体の電気化学，電子移動が関わる最近のトピックスを取り上げる。具体的には，人工光合成など光エネルギー変換と関わる光電子移動系，生体の酸化還元酵素と関連する生体電子移動系，エネルギー科学と関連する二酸化炭素の触媒的還元反応，および分子デバイスと関連する錯体分子ワイヤ系について解説する。

4-1 光電子移動

4-1-1 はじめに

電子供与体 D の 1 電子酸化電位 (E_{ox}) あるいは電子受容体 A の 1 電子還元電位 (E_{red}) は，光を吸収して励起状態になると励起エネルギー分シフトする。たとえば D の最高被占軌道（HOMO）に存在する電子が光励起により最低空軌道（LUMO）に遷移すると，その励起エネルギー分だけ D の酸化電位が負側にシフトして酸化されやすくなる（図 4-1(a)）。一方，A の HOMO に存在する電子が光励起により LUMO に遷移すると，その励起エネルギー分だけ A の還

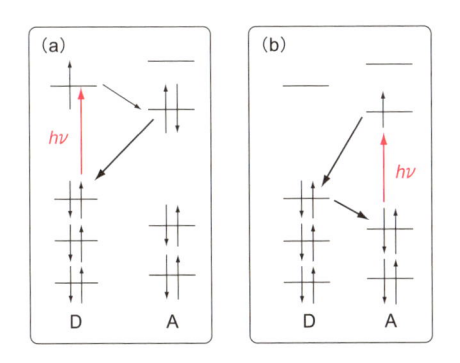

図 4-1 光電子移動のエネルギーダイアグラム

元電位が正側へシフトして還元されやすくなる（図 4-1(b)）。したがって，D から A への電子移動が熱的に不可能であっても，光を吸収して生成した励起状態では基底状態へ落ちる過程（発光を伴う場合が多い）と競争して電子移動が容易に起こるようになる。この光電子移動の自由エネルギー変化 (eV) は式 (4-1) で与えられる。ここで e は電気素量，ΔE が励起エネルギーである。

$$\Delta G_{et} = e(E_{ox} - E_{red}) - \Delta E \tag{4-1}$$

可視光で 500 nm の波長の光のエネルギーは 2.5 eV であるので，励起状態を用いた場合の酸化還元電位の変化の大きさが理解できるであろう。

D から A へ光電子移動が起こるとラジカルカチオン（$D^{•+}$）とラジカルアニオン（$A^{•-}$）が生成する。しかし，この電荷分離状態は不安定で，$A^{•-}$ から $D^{•+}$ への逆電子移動が起こるため，電荷再結合により D と A に戻ってしまう。光合成の反応中心で行われているように高効率で長寿命かつ高エネルギーの電荷分離状態を得るには，最初の光電荷分離過程（Charge Separation, CS; 図 4-2(a)）が逆電子移動による電荷再結合過程（Charge Recombination, CR）よりもはるかに速く起こる必要がある。電荷再結合過程のドライビングフォースは光誘起電荷分離過程のドライビングフォースより大きいので，通常の化学反応であれば

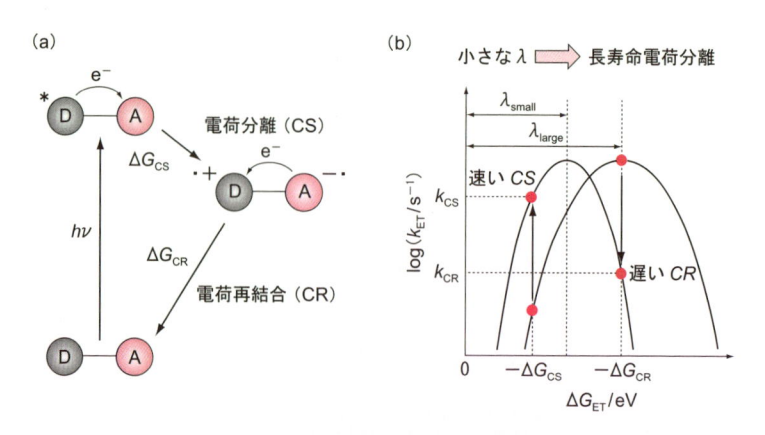

図 4-2　(a)　D-A 連結分子の電荷分離と電荷再結合。
　　　　(b)　電子移動速度定数のドライビングフォース依存性

ドライビングフォースの小さな反応の方が速く起こることはあり得ない。しかし，前述のように電子移動はフランク・コンドン（Frank-Condon）原理に基づいて起こるため，電子移動速度定数（k_{ET}）のドライビングフォース（$-\Delta G^0_{ET}$）依存性は非断熱型電子移動反応を理論的に解析したマーカス理論（1章3節3項参照）により式（4-2）で表すことができる[1)]。式（4-2）によると電子移動速度定数の対数（$\log k_{ET}$）は電子移動のドライビングフォース（$-\Delta G^0_{ET}$）に対して放物線の依存性を示す（図4-2(b)）。λは電子移動の再配列エネルギーと呼ばれ，λ，V，ΔG^0_{ET}の値により電子移動の速度定数の値が決まる（k_Bはボルツマン定数，hはプランク定数）。Vは電荷間の軌道間相互作用の大きさを示し，電荷間の距離が大きくなるほど小さくなる。

$$k_{ET} = \left[\frac{\pi}{\lambda k_B T}\right]^{1/2} \frac{V^2}{\hbar} \exp\left[-\frac{(\Delta G^0_{ET}+\lambda)^2}{4\lambda k_B T}\right] \qquad (4-2)$$

式（4-2）によると電子移動のドライビングフォース（$-\Delta G^0_{ET}$）がλの値より小さい領域では，$\log k_{ET}$の値は$-\Delta G^0_{ET}$の増大に伴い増大する。この領域はマーカスの通常領域と呼ばれる。一方，電子移動のドライビングフォース（$-\Delta G^0_{ET}$）がλの値より大きい領域では$\log k_{ET}$の値は$-\Delta G^0_{ET}$の増大に伴い逆に減少する。この領域はマーカスの逆転領域と呼ばれる。この逆転領域があるため光合成による電荷分離が可能となっている。もし逆転領域がなければ電荷分離状態は常に基底状態にすぐ戻ってしまうことになり，エネルギー変換をすることはできなくなる。図4-2(b)に示すようにλが小さくなると，電荷再結合過程（CR）の速度は電荷分離過程（CS）の速度よりもはるかに遅くなる。したがって，長寿命の電荷分離状態を得るには小さなλを有するドナー・アクセプター（D-A）連結系を用い，電荷分離状態のエネルギーをλの値より大きくする必要がある。

4-1-2 電荷分離分子

天然に存在する光合成は集光型複合体で光エネルギーを捕集し，そのエネルギーは反応中心へ励起子相互作用によってアンテナ色素系を介して輸送され，反応中心複合体で化学エネルギーへと効率よく変換される。この反応中心複合体でのエネルギー変換過程では電子ドナー（クロロフィル）から電子アクセプター（キノン）への多段階の光誘起電子移動を経て，約1秒もの長寿命の電荷

分離状態をほぼ100%の量子収率で生成している。このように高エネルギー・長寿命の電荷分離状態を効率よく生成することは人工光合成システム構築の必須の前提条件である。その構成分子としてポルフィリンとフラーレンはいずれも電子移動の再配列エネルギーが小さく，上述の指針によると，天然の光合成反応中心のように長寿命電荷分離状態を得るのに非常に適している[2]。そこで天然の光合成反応中心で用いられているバクテリオクロロフィルの代わりに亜鉛クロリン（ZnCh），亜鉛ポルフィリン（ZnPor），フリーベースポルフィリン

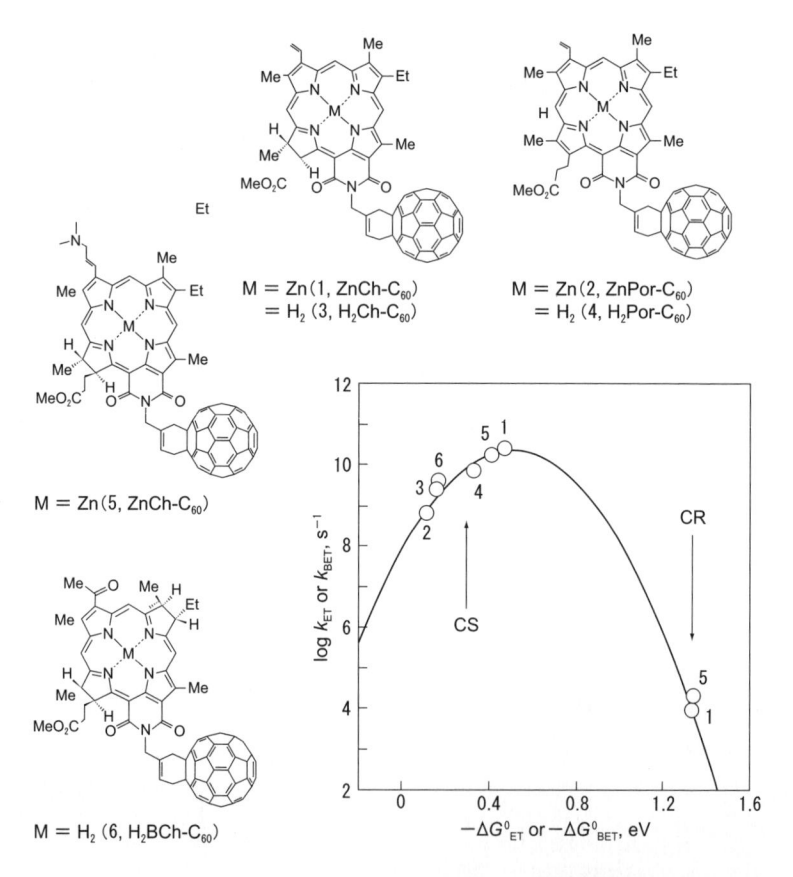

図 4-3　ポルフィリン（クロリン）・C_{60} 連結分子と電子移動速度定数のドライビングフォース依存性

(H_2Por),フリーベースクロリン(H_2Ch),フリーベースバクテリオクロリン(H_2BCh)を用い,また電子受容体としてはキノンの代わりにその還元電位がほぼ等しいフラーレン(C_{60})を用いて,両者を共有結合で連結した分子が合成された(図4-3)[3]。電荷分離状態(ZnCh$^{•+}$-$C_{60}^{•-}$)からの逆電子移動,すなわち電荷再結合過程(CR)の速度定数のドライビングフォース($-\Delta G^0_{BET}$)依存性も電荷分離過程(CS)と同様に,式(4-2)にしたがうことがわかる(図4-3)[3]。電子移動速度定数が最大値を与えるドライビングフォースが電子移動の再配列エネルギーλに対応する。ここで,CR過程のドライビングフォースは完全にマーカスの逆転領域(ドライビングフォースが大きくなるほどk_{BET}の値が小さくなる)に入っている。そのため,ドライビングフォースの大きなCR過程の方が,ドライビングフォースの小さなCS過程より速度がはるかに遅くなっている。

　クロリン・フラーレンの2分子連結系で連結距離を短くすると,電荷分離寿命はさらに長いものが得られる[4]。このような2分子連結系に電子供与体分子を連結することで光合成反応中心のように多段階電子移動による長寿命電荷分離状態を得る事ができる。例えば電子供与体としてフェロセン(Fc),光増感剤として亜鉛ポルフィリン(ZnP),フリーベースポルフィリン(H_2P),電子受容体としてC_{60}を用いた4分子連結系(Fc-ZnP-H_2P-C_{60})では,まずZnPが励起され,H_2Pへのエネルギー移動を経て,H_2Pの一重項励起状態からC_{60}への

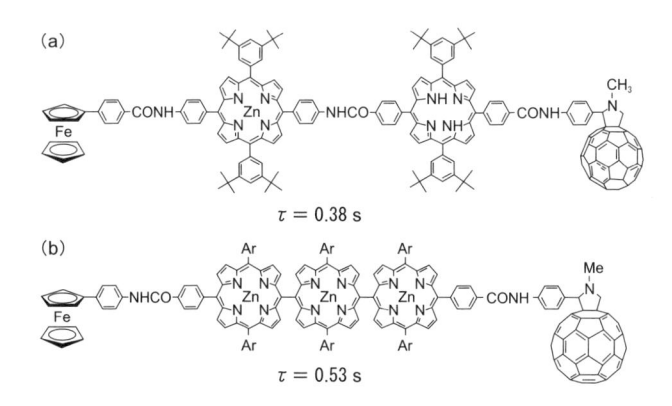

図4-4 (a) 4分子連結系:Fc-ZnP-H_2P-C_{60}. (b) 5分子連結系:Fc-(ZnP)$_3$-C_{60}.

電子移動，ZnP から $H_2P^{\bullet+}$ への電子移動，Fc から $ZnP^{\bullet+}$ への電子移動が連続的に起こり，Fc^+ と $C_{60}^{\bullet-}$ が 50Å 離れた電荷分離状態が得られる[5]。この分子内 CR 過程の寿命は 0.38 秒となり，光合成反応中心の寿命に匹敵する長寿命となった（図 4-4(a)）[5]。また，光捕集部位にメソ位で連結した亜鉛ポルフィリン 3 量体を用いた 5 分子連結系においても同様に 0.53 秒という長寿命電荷分離状態が得られた（図 4-4(b)）[6]。このように適切な色素，電子供与体，電子受容体を適切な配置で連結することにより，光合成の光誘起電荷分離過程を良く再現することができる。

4-1-3 超分子電荷分離分子

光合成においては，エネルギー変換効率を向上させるために光捕集系と電荷分離系が非共有結合を用いて高度に組織化されて融合している。非共有結合を用いたドナー・アクセプター連結系として，多くのポルフィリンがフラーレンと高次に組織化された集合体が形成できるようにするために，亜鉛ポルフィリンデンドリマーが用いられている（図 4-5）[7]。ピリジン部位を有するフラーレン誘導体を用いるとピリジン部位が亜鉛に配位して，16 個の反応中心を有する光捕集と電荷分離系を融合した超分子が得られる[7]。この超分子を光励起するとポルフィリン間でエネルギー移動が効率良く起こり，亜鉛ポルフィリンからフラーレン誘導体への光誘起電子移動により長寿命（250 μ 秒）の電荷分離状態が得られる[7]。

配位結合と水素結合を組み合わせた超分子電荷分離系としては，亜鉛フタロシアニン（ZnPc）と，ポルフィリンをピリジンカルボン酸で連結したものがある[8]。フタロシアニンはポルフィリンと並んで，代表的な拡張複素環 π 共役系分子であり，光機能性に優れた分子として，有機 EL 材料の構築素子，光増感剤など，多くの光デバイスに利用されてきた。フタロシアニンはポルフィリンよりも剛直な平面性を有し，難溶性であることがその分子としての利用に関する難点であった。しかし，フタロシアニンに 8 つのフェニル基を導入し，サドル型歪みを与えることにより，溶解度の高いオクタフェニルフタロシアニン（OPPc）が得られる。その亜鉛錯体（$Zn(Ph_8Pc)$）では酸化電位が -0.20 V（vs. フェリセニウム/フェロセン）で，対応するポルフィリン錯体より強い電子ド

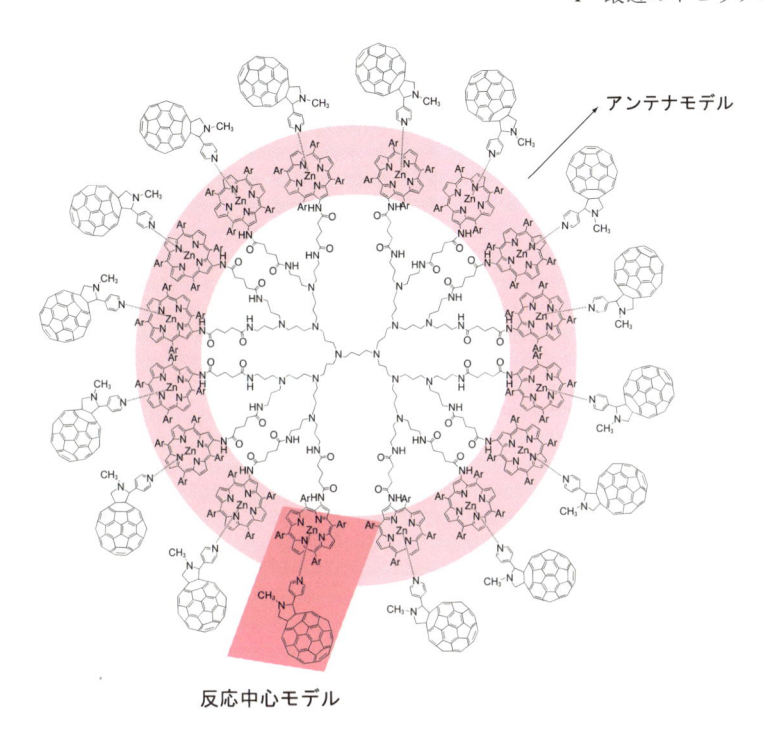

図 4-5 亜鉛ポルフィリンデンドリマーとピリジン部位を有する
フラーレン誘導体との超分子錯体

ナーとなる。一方，ポルフィリンに 12 個のフェニル基を導入したドデカフェニルポルフィリン（H_2DPP）もサドル型歪みを有し，そのため容易にプロトン化されジプロトン付加体（H_4DPP^{2+}）が得られる。この両者を 4-ピリジンカルボキシレートを用いて連結した超分子錯体の結晶構造（図 4-6）から，ピリジン部位が Zn(OPPc) の Zn^{2+} に配位し，カルボキシレート部位が H_4DPP^{2+} と水素結合を形成していることがわかる[8]。この超分子は 496 nm にポルフィリン部位の Soret 帯，712 nm に Q 帯の吸収が，800 nm にはフタロシアニン部位の吸収があり，広範囲の可視光を吸収できる。この超分子に可視光を照射すると，Zn(OPPc) から H_4DPP^{2+} への電子移動が効率良く起こる[8]。

平面性の亜鉛フタロシアニンにクラウンエーテル環を導入した化合物（ZnTCPc）に K^+ を添加すると，クラウン環の配位によりサンドイッチ型のダ

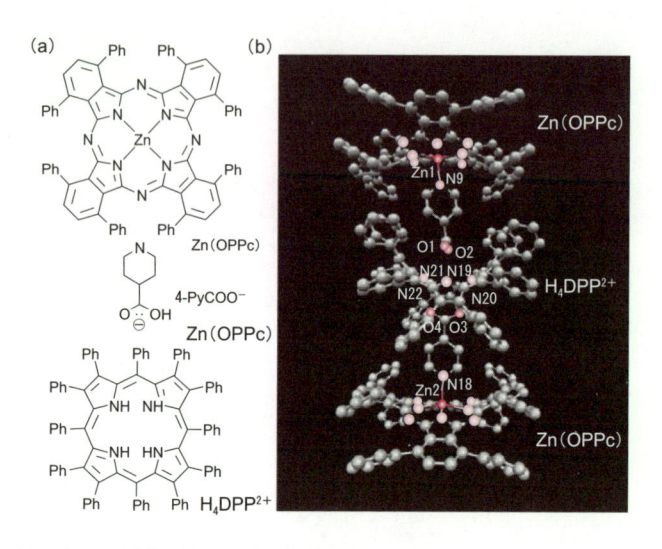

図4-6 (a) 超分子電荷分離系錯体の構成分子（Zn(OPPc), 4-PyCOO$^-$, H$_4$DPP^{2+}）とその結晶構造

イマーが形成される（図4-7）[9]。さらにフラーレンにピリジンとアンモニウムイオンを導入した化合物（pyC$_{60}$NH$_3^+$）を添加するとピリジン部位が Zn^{2+} に配位し，アンモニウムイオンはクラウンエーテル環と錯体を形成することにより2点で結合することができる[9]。その結果，安定な電荷分離系超分子錯体が得られる。この超分子錯体に可視光を照射すると ZnTCPc から pyC$_{60}$NH$_3^+$ への電子移動が効率良く起こり，長寿命の電荷分離状態が得られる。電荷分離寿命は6.7 μ秒となり，亜鉛ポルフィリンを用いた系の寿命（50 n秒）よりはるかに長くなった[9]。これは亜鉛フタロシアニンの方が亜鉛ポルフィリンよりも電子移動に伴う構造変化が小さいためであると考えられる。

もっと単純な組み合わせとしては，テトラフェニルポルフィリンスルホン酸イオン（H$_2$TPPS^{4-} および ZnTPPS^{4-}）とリチウムイオン内包フラーレン（Li$^+$@C$_{60}$）との超分子錯体がある（図4-8）[10]。両者はベンゾニトリル中で強く錯形成し，その錯形成定数は H$_2$TPPS^{4-} の場合 3.5×10^5 M^{-1} となる。H$_2$TPPS^{4-} および ZnTPPS^{4-} を光励起すると電荷分離が起こり，電荷分離寿命はそれぞれ 310 μ秒および 300 μ秒に達した[10]。この電荷分離状態は三重項であり，EPR の

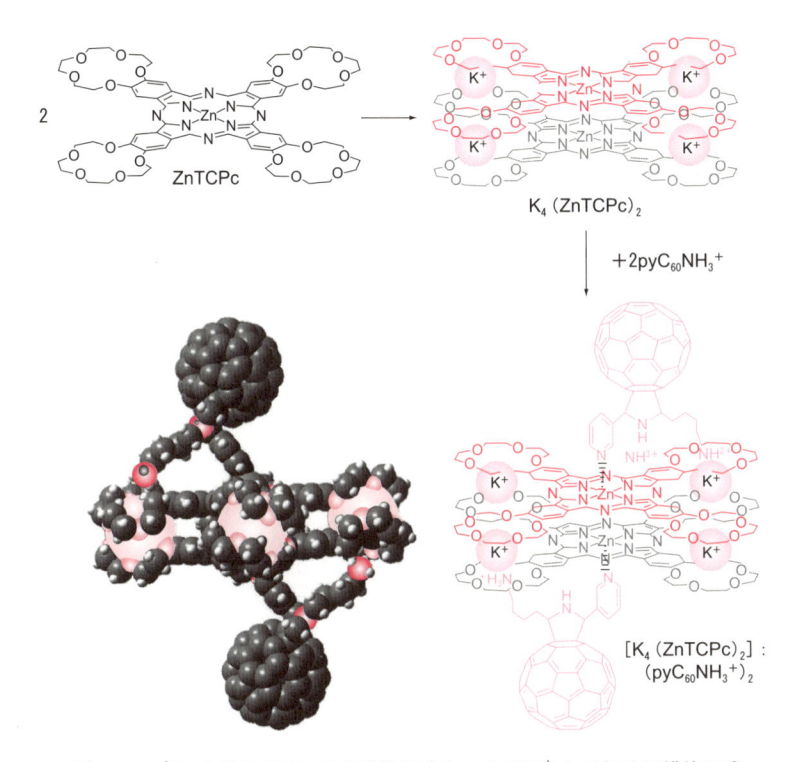

図4-7 K^+ による ZnTCPc の 2 量体形成と $pyC_{60}NH_3^+$ との超分子錯体形成

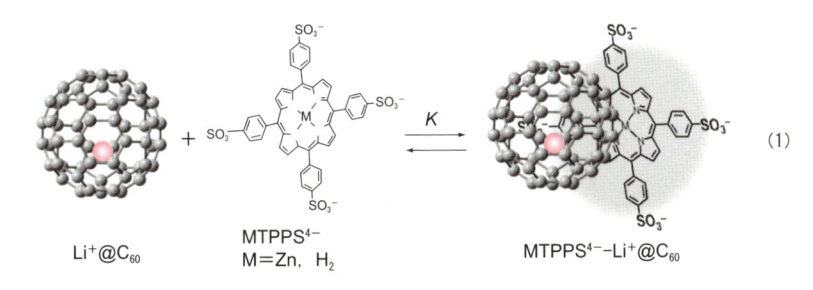

図4-8 $MTPPS^{4-}$ (M = H, Zn) と $Li^+@C_{60}$ との超分子錯体形成

ゼロ磁場分裂の値からスピン間距離は 8 Å となり，予想される構造と一致した[10]。

4-1-4 超分子太陽電池

光捕集効率を向上させるためには光捕集能に優れたポルフィリンを組織的に集合化して電子受容体と超分子錯体を形成させる必要がある。そこで，福住らは，上述の $ZnTPPS^{4-}$ と $Li^+@C_{60}$ 超分子錯体を OTE/SnO_2 電極上に電析法により固定化した $(OTE/SnO_2/(ZnTPPS^{4-}/Li^+@C_{60})_n)$ [11]。参照系として，$OTE/SnO_2/(ZnTPPS^{4-})_n$，$OTE/SnO_2/(Li^+@C_{60})_n$ 電極も作製された。その光電気化

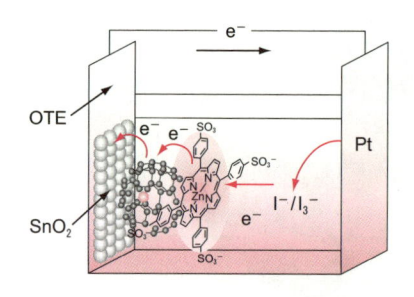

図 4-9 $ZnTPPS^{4-}$ と $Li^+@C60$ との超分子太陽電池

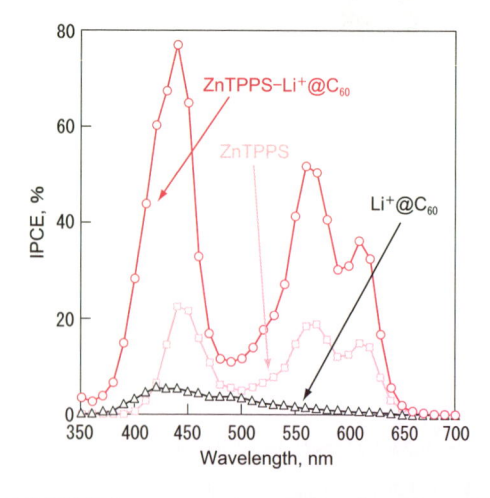

図 4-10 超分子錯体電極（$OTE/SnO_2/(ZnTPPS^{4-}/Li^+@C_{60})_n$）の光電流アクションスペクトル（赤）
参照系：$OTE/SnO_2/(ZnTPPS^{4-})_n$（青），$OTE/SnO_2/(Li^+@C_{60})_n$（黒）

学特性について，NaI 0.5 M および I_2 0.01 M のアセトニトリル溶液を電解液とした湿式二極系で検討された（図 4-9）[11]。

光電流発生のアクションスペクトル（図 4-10）では，(OTE/SnO$_2$/(ZnTPPS^{4-}/Li$^+$@C$_{60}$)$_n$ の光電変換効率（IPCE）値は参照系に比べてはるかに高い値が得られ[11]。最高で IPCE は 80%近くに達した。超分子錯体内での効率的な光電子移動により長寿命な電荷分離状態が生成し，効率的な光電変換が達成された。このときのフィルファクター（FF）= 0.37，開放電圧（V_{oc}）= 460 mV，短絡電流（I_{sc}）= 3.4 mA cm^{-2} となり，エネルギー変換効率（η）は 2.1%であった[11]。

4-2 生体電子移動と錯体

4-2-1 はじめに

呼吸および光合成などの生物学的プロセスでは電子移動反応は極めて重要な反応であり，ポルフィリン骨格を含む金属錯体を活性中心とするタンパク質や酵素が重要な役割を果たしている。電子移動タンパク質は電子を受容あるいは供与するタンパク質を認識し高効率の電子移動を行っているが，その電気化学的な性質を調べることは困難であった。例えば呼吸鎖内に位置するチトクロム c は電子伝達の機能を有する分子量 12000 程度の球状タンパク質であるが，その電気化学的な応答はほとんど観測されなかった。すなわち，電極とタンパク質の間の電子移動速度が極めて低かったためであるが，この理由としては，

① 電極活物質と共存する微量な不純物の電極への吸着。
② 目的のタンパク質の電極極表面への不可逆的な変性・吸着。
③ 電極とタンパク質の相互作用の欠如。

等が挙げられる。上記の点を考慮し，目的のタンパク質に適合した機能性電極を開発することによって，今日では電子伝達タンパク質および酵素も，電気化学的活物質として広く認識されるようになり，電子伝達タンパク質および酵素はバイオセンサーや生物燃料電池において極めて重要や役割を果たしている。

ここでは，活性中心として金属錯体を有する電子移動タンパク質として，1) 鉄ポルフィリン錯体を有するチトクロム c, 2) 鉄-イオウクラスターを有するフェレドキシンを例として電極との電子移動反応について述べる。

4-2-2　金属ポルフィリンが活性中心であるチトクロム c
(1)　機能部位の配向の影響

谷口は1980年代初期に，後に自己組織化単分子修飾電極と呼ばれる機能性電極を用いることによって，チトクロム c の速い電子移動を見い出した[12]。

チトクロム c は呼吸鎖で重要な電子伝達タンパク質であり，チトクロムリダクターゼからチトクロムオキシダーゼに電子を伝達する。活性中心はヘム c と呼ばれる鉄ポルフィリン錯体であり，中心金属イオンの酸化還元反応（$Fe^{3+} + e^- \rightleftarrows Fe^{2+}$）等電点は約10であり，活性中心であるヘムはタンパク質の表面付近に位置している（図4-11）。

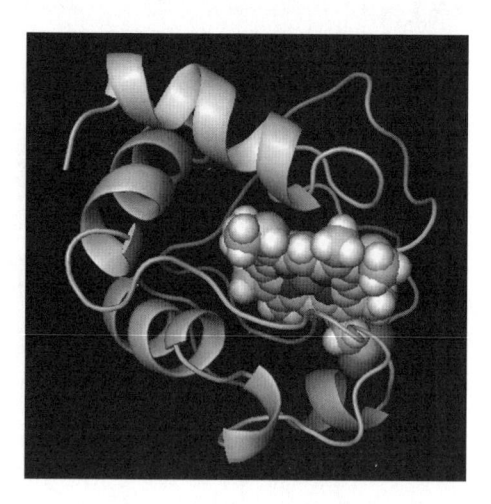

図4-11　活性中心としてヘム c を有するチトクロム c の構造

チトクロム c の速い電子移動が観測される最も代表的な修飾電極は4-PyS/Au電極である。この電極は4-ピリジンチオール（4-PyS）あるいはビス（4-ピリジル）ジスルフィド（PySSPy）の溶液に金電極を所定の時間浸漬するのみの極めて簡便な手法で作製される。チオール基を有する溶液中の4-PyS分子はS原子で金電極に吸着し高密度の自己組織化膜を形成する。4-PySの場合はピリジン環のN原子が溶液側を向き，チトクロム c と相互作用して速い電子移動を可能にする機能電極となる。この機能は基本的に金の幾何学的な形状に

は依存せず，金線，金ディスク，金薄膜，金単結晶などの電極を用いることが可能である．チトクロム c の酸化還元応答が観測される電位領域では電極表面の 4–PyS 分子は酸化還元反応を示さないため，4–PyS 分子はメディエーターではなく電極とタンパク質の間の電子移動を促進する機能を有する分子として"プロモーター"と呼ばれている．以来，チトクロム c の電子移動反応と表面の構造に関しては広範な研究がある[13]．先に述べた 4–PyS あるいは PySSPy によって修飾された電極の表面増強ラマン散乱（SERS）および走査型トンネル顕微鏡（STM）による研究から，この表面は分子構造から予想されるように，チオール基が電極表面と相互作用し，ピリジン環の N 原子は溶液側を向いていることが示された．チトクロム c の速い電子移動が観測できる条件として，チ

(a) 4-PyS/Au

酸化還元電位
$E^{o'} = 61$ mV
不均一電子移動速度定数
$k^{o'} = 8.0 \times 10^{-3}$ cm s^{-1}

(b) 3-PyS/Au

酸化還元電位
$E^{o'} = 58$ mV
不均一電子移動速度定数
$k^{o'} = 9.0 \times 10^{-3}$ cm s^{-1}

(c) 2-PyS/Au

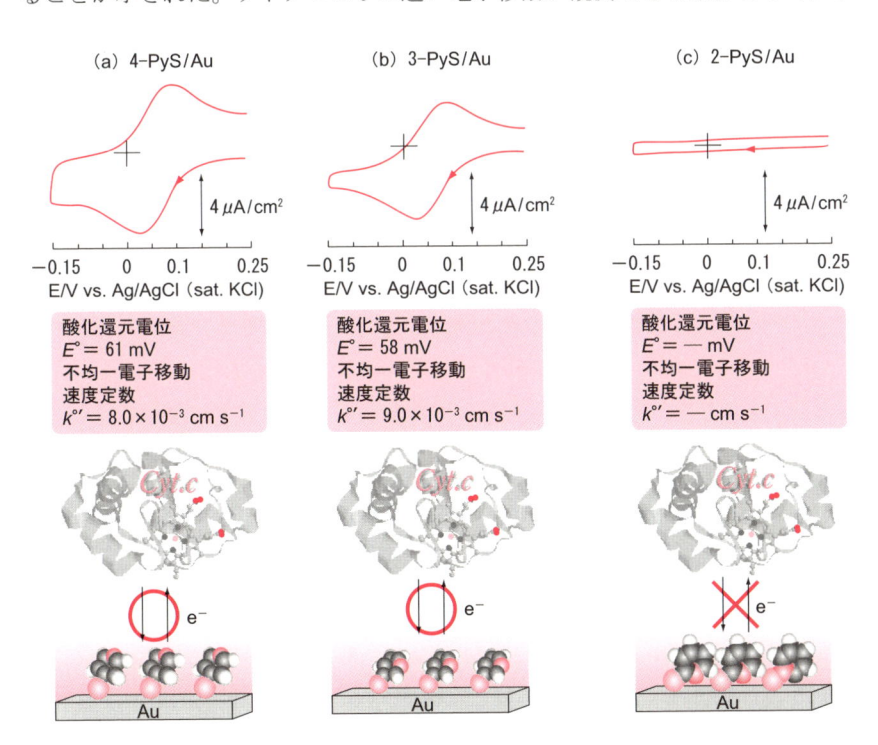

酸化還元電位
$E^{o'} = —$ mV
不均一電子移動速度定数
$k^{o'} = —$ cm s^{-1}

図 4-12 (a) 4-PyS/Au，(b) 3-PyS/Au，(c) 2-PyS/Au 電極上で得られたチトクロム c のサイクリックボルタモグラムおよびシミュレーションから得られた，それぞれの電子移動速度と電極表面の模式図

トクロム c の活性中心であるヘムと電極表面の官能基との静電的な相互作用は極めて重要である。チトクロム c が十分化学的に安定である pH5 の溶液では上記の修飾電極を用いても速い電子移動が観測されない。これはピリジン環のプロトン化によって静電的な反発等により，チトクロム c が速い電子反応に適した配向とならないことに起因している。

一方，4-PyS の異性体である 2-PyS の場合，ピリジン環の N 原子は溶液側ではなく電極側を向く配向となり，チオール基および N 原子が金と相互作用した電極表面が形成される。この修飾表面にはチトクロム c のヘムを電子移動に適した配向を取るための相互作用部位が存在しないため，速い電子移動は観測されない。同様の結果はベンゼンチオールあるいはフェニルジスルフィド溶液から作製した修飾表面でも得られており，これらの修飾電極上では速い電子移動は観測されない[14～16]。一方，分子として 3-PyS を用いた場合においてもチトクロム c の明瞭な酸化還元波が観測された（図 4-12）。

(2) 電極-機能部位間の距離の影響

タンパク質に限らず，電子移動速度は種々の因子によって影響を受ける。電子供与体と電子受容体のエネルギーレベルの差（エネルギーギャップ）および距離はその中でも重要な因子である。エネルギーギャップと電子速度の関係はマーカスによって提唱され，それ以降，タンパク質間の電子移動反応を含めてマーカス理論の検証，拡張に関する研究は広範に行われている。もう1つの重要な因子は反応部位間の距離である。前述したように，電子伝達タンパク質であるチトクロム c は適切な配向を有するピリジンチオール修飾電極上では速い電子移動が観測される。この場合電極表面のピリジン環はチトクロム c との適切な相互作用を与える重要部位であるが，この分子が電極表面に存在するために，チトクロム c と電極とはピリジン環によって電極から隔てられていることになる。チトクロム c との相互作用部位であるピリジン間と電極表面との反応部位であるチオール（あるいはジスルフィド）基の間に適切なスペーサーを導入することによって，タンパク質と電極間の電子移動に対する重要なファクターである「距離」を制御することができる。

4-ピリジンチオール（4-PyS）および，チオール基とピリジン環の間に，メチレン基が導入された 4-ピリジルメチルチオール（4-PyMeS），エチル基が導

4 最近のトピックス

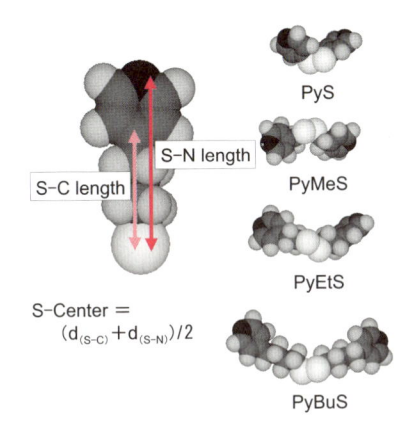

図 4-13 4-PyS, 4-PyMeS, 4-PyEtS, 4-PyBuS のスペースフィリングモデル（ジスルフィド体として表示した）。4-BuS の N 原子は 4-PyS の場合の N 原子より電極表面から約 2.5 倍の距離となる

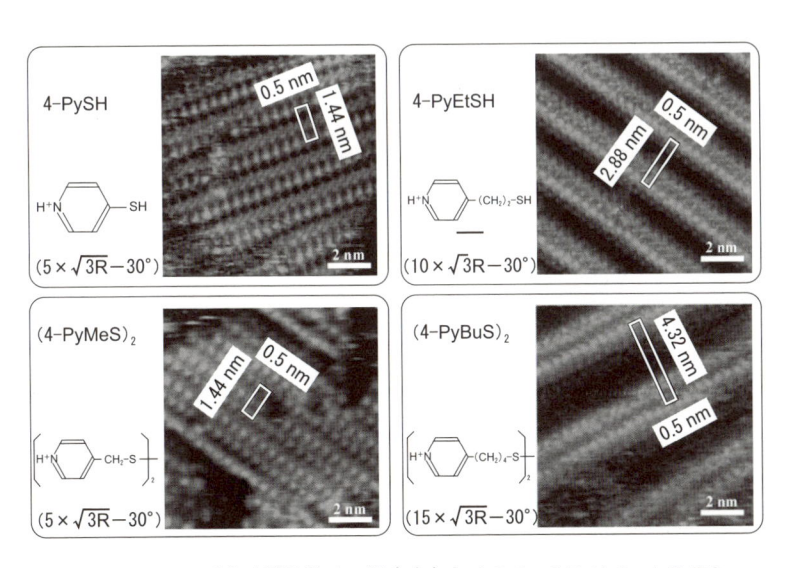

図 4-14 0.05 M 過塩素酸溶液中で測定された 4-PyS, 4-PyMeS, 4-PyEtS, 4-PyBuS の STM イメージ
STM images of 4-Py$(CH_2)_n$S/Au(111) in 0.05 M $HClO_4$

入された 4-ピリジルエタンチオール (4-PyEtS), ブチル基が導入された 4-ピリジルブタンチオール (4-PyBuS) の構造 (ジスルフィド体として表示してある) を図 4-13 に示した。

4-PyS, 4-PyMeS, 4-PyEtS, 4-PyBuS で修飾された Au(111) 表面の STM イメージを図 4-14 に示した。STM イメージは 0.05 M 過塩素酸溶液中で測定されており, チトクロム c のサイクリックボルタモグラム (CV 波) の測定条件とは異なるが, 基本的に中性溶液中の表面構造を反映していると考えられる。4-PyS と 4-PyMeS の STM イメージはほぼ一致している。4-PyEtS および 4-PyBuS のイメージには分子が明瞭に観察されている部分と若干暗い部分のストライプ構造となっている。図 4-15 のサイクリックボルタンメトリー (CV) から得られた表面過剰量を考慮すると, 暗い部分にも分子は存在することが示唆される。すなわち, アルキル鎖が比較的長い 4-PyEtS, 4-PyBuS の場合にア

Table Peak potenitials for the reductive desorption in 0.1 M KOH and calculated surface excess of modified molecules at Au (111) electrodes.

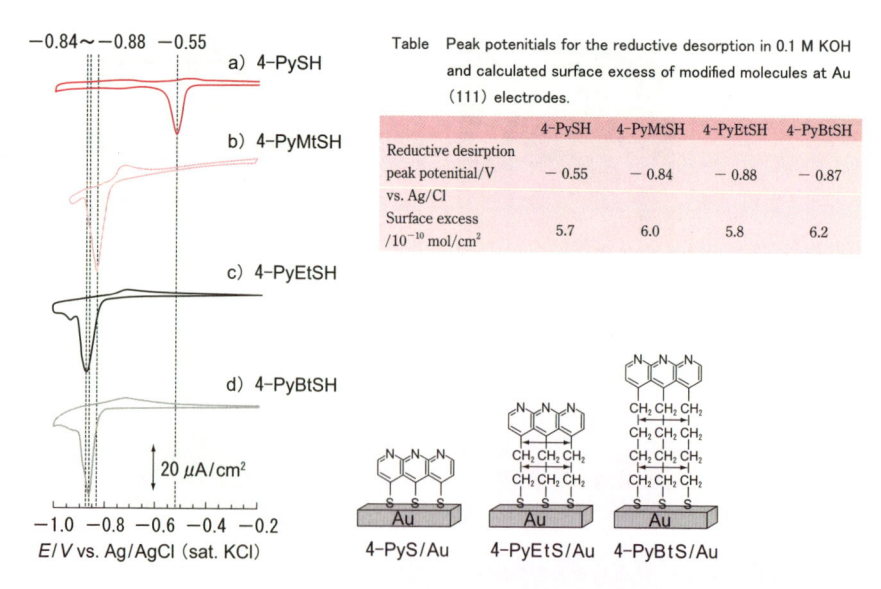

	4-PySH	4-PyMtSH	4-PyEtSH	4-PyBtSH
Reductive desirption peak potenitial/V vs. Ag/Cl	−0.55	−0.84	−0.88	−0.87
Surface excess /10^{-10} mol/cm^2	5.7	6.0	5.8	6.2

図 4-15 4-PyS, 4-PyMeS, 4-PyEtS, 4-PyBuS 修飾金単結晶電極の還元脱離のサイクリックボルタモグラムと, それぞれの還元脱離ピーク電位と修飾された分子の表面過剰量
Reductive desorption

4 最近のトピックス

ルキル基のコンフォメーションに由来すると考えられるピリジン環の位置の違いが STM によって観測されているが，結果的にこれら 4 種の自己組織化膜としての分子構造は同じであり，表面構造はピリジン環によって制御されていることを示している[17, 18)]。

CV によってこれらの自己組織化膜の電気化学的な性質が評価された（図4-15）。4-PyS は芳香族チオール，それ以外の 4-PyMeS，4-PyEtS，4-PyBuS は脂肪族チオールに属するため，4-PyS 修飾電極の脱離電位はそれ以外の修飾電極と比較すると，300 mV 程正側であるが，分子の表面過剰量はほぼ等しい。これらの修飾電極によって，ピリジン部位と電極表面の距離のみが異なる修飾表面を作製できる。それぞれの電極表面上で得られたチトクロム c のサイクリックボルタモグラム（CV 波）を図 4-16 に示した。いずれの場合もチトクロム c の明瞭な酸化還元波が観測され，ピーク電流は電極電位の掃引速度の平方根に比例しており，この反応が拡散律速であることを示している。シミュレーションから得られた電子移動速度定数を図 4-17 に示した。金属電極表面，修

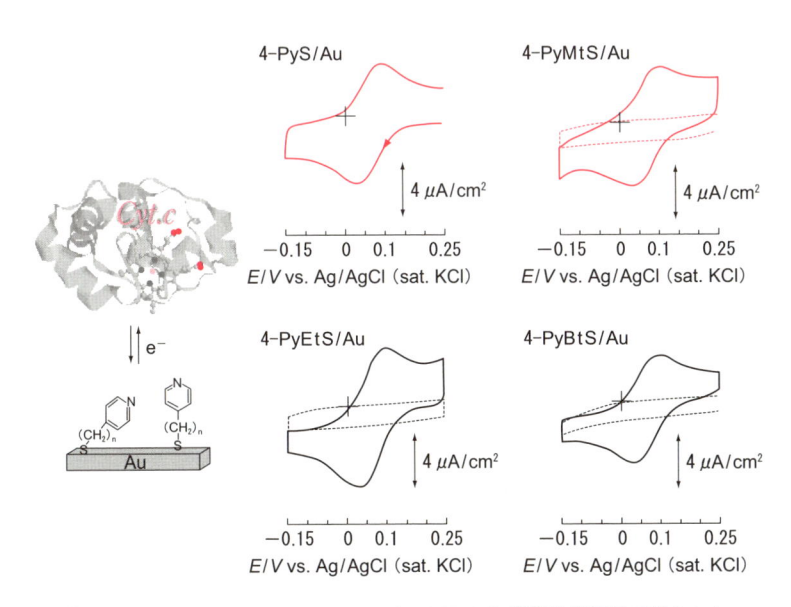

図 4-16 4-PyS，4-PyMeS，4-PyEtS，4-PyBuS 修飾金単結晶で得られたチトクロム c のサイクリックボルタモグラム

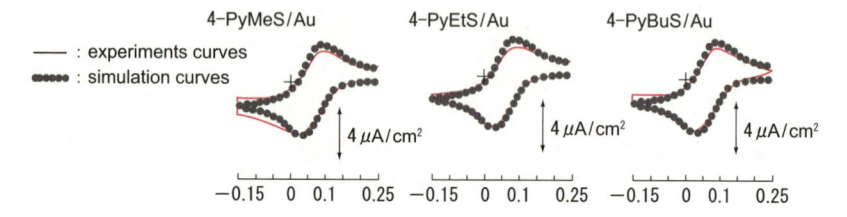

Table Results of cyclic voltammograms of 100 μM cytchrome c at various modified Au (111) electrodes in 0.1 M NaClO4 phoshate buffer solition (pH7.0). Electrochemical parameters obtaines by simulation of CVs.

	Redox potential $E^{0'}$/mV vs. Ag/AgCl	Heterogeneous electron transfer rate constant $k^{0'}$ $\times 10^{-3}$/cm s^{-1}	Diffusion conefficient $\times 10^{-6}$/cm^2 s^{-1}
4-PySH	65	6.0	1.0
4-PyMeSH	66	5.0	0.9
4-PyEtSH	66	2.7	1.3
4-PyBuSH	65	1.1	0.9

図 4-17　4-PyS, 4-PyMeS, 4-PyEtS, 4-PyBuS 修飾金単結晶で得られたチトクロム c のサイクリックボルタモグラムのデジタルシミュレーションによって得られたチトクロム c の電子移動速度

飾分子，溶液中の金属タンパク質という系であるが電子移動速度は電極表面とピリジン環の距離に影響を受けた。ここで得られている関係はメチレン鎖の長さとして0〜4という極めて狭い領域でのデータではあるが，電極表面に拡散してきた電子伝達タンパク質が表面を認識した状況で適切な配向を取り，電極との距離に依存した電子移動速度を示していることは興味深い。

4-2-3　鉄–イオウクラスターを酸化還元部位として有するフェレドキシン

　フェレドキシンは鉄–イオウクラスターを酸化還元中心として有するタンパク質であり，鉄–イオウクラスターの種類によって分類される。[2Fe-2S] 以外に [3Fe-4S], [4Fe-4S] などを有するフェレドキシンも存在するが，植物および動物のフェレドキシンは [2Fe-2S] のみを有する。ほうれん草フェレドキシンの構造を図 4-18 に示した。フェレドキシンは光合成系における重要な電子伝達タンパク質であり，フェレドキシン NADP$^+$ ＋リダクターゼ (FNR) に電子を供与する役割を有する。分子量は約12000，等電点は＜4の酸性タンパ

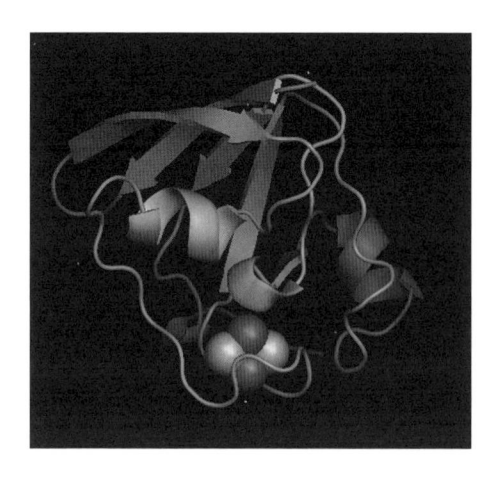

図 4-18 鉄-イオウクラスターを活性中心として有するフェレドキシンの構造

ク質であり，酸化還元中心である鉄-イオウクラスターは $[2Fe\text{-}2S]^{3+}+e^-\rightleftarrows$ $[2Fe\text{-}2S]^{2+}$ の酸化還元反応を示す（図 4-19）。

フェレドキシンの電極反応は通常の電極あるいはチトクロム c の反応が明瞭に観察された 4-PyS 系の修飾電極上では観測できない。フェレドキシンは酸性タンパク質であり，タンパク質全体的に負電荷が分布しているため電子移動速度は電荷に影響されていると考えられる。半導体電極である酸化インジウム電極は十分に洗浄するとチトクロム c のみならず，筋肉中の酸素運搬に関与するミオグロビンの電極反応も観測できる優れた機能電極であるが，この電極上でもフェレドキシンの酸化還元反応はまったく観測されない。しかしながら，分子内にアミノ基を有するシランカップリング剤の修飾あるいはポリリジン等のアミノ基を有するポリペプチドの修飾によって電極表面に正電荷を導入すると，明瞭な酸化還元反応が観測される（図 4-20）。アミノ基を有するシランカップリング剤によって修飾された電極上で得られた CV 波のシミュレーションより，電子移動速度定数は 10^{-3} cm s^{-1} の比較的速い電子移動速度となっている（図 4-21）[19]。この電極を用いるとフェレドキシンと FNR および NADP$^+$ の共存による生物電気化学的触媒反応系の構築が可能となり，生成した NADPH を補酵素とする種々の酵素反応を駆動することができる（図 4-22）[20]。一方，タ

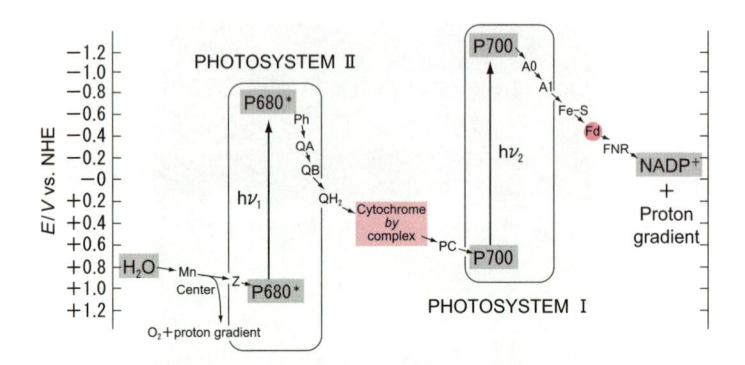

The Z scheme of electron transfer for higher plant photosynthesis

Spinach Ferredoxin

M. W.	ca. 11,500
Redox center	[2Fe-2S] cluster
Redox reaction	[2Fe-2S]$^{2+}$+e $\rightleftarrows$ [2Fe-2S]$^{+}$
Isoelectric point	≦ 4

● : Fe
● : S
○ : Cysteine

[2Fe-2S]

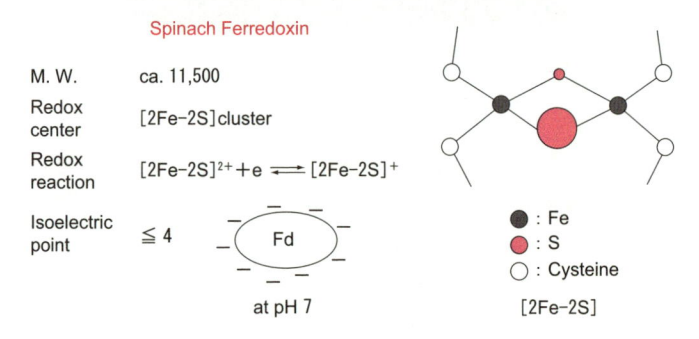

図 4-19　光合成の Z スキームとフェレドキシンの特性および鉄-イオウクラスターの模式図

ンパク質の酸化還元電位はその機能とも密接に関係しており，近年バイオテクノロジーの進歩によって種々のタンパク質の変異体を作製することが可能になった。例えば，部位特異変異法によって，特定のアミノ酸を天然のタンパク質とは異なるアミノ酸に変換することも可能である。フェレドキシンに関しては，酸化還元中心である鉄-硫黄クラスターの周辺のアミノ酸の変位によってその酸化還元電位が影響を受ける。未改変（天然）のフェレドキシンの 39 番目のセリンをアラニン，46 番目のセリンをグリシン，さらに 47 番目のスレオニンに改変したフェレドキシン (S39A/S46G/T/47G) の CV 波を図 4-23 に示す。3 ヶ所のアミノ酸の改変によって酸化還元電位は約 170 mV 正側にシフトした。タンパク質全体の構造の変化はほとんど観測されないが，鉄-イオウク

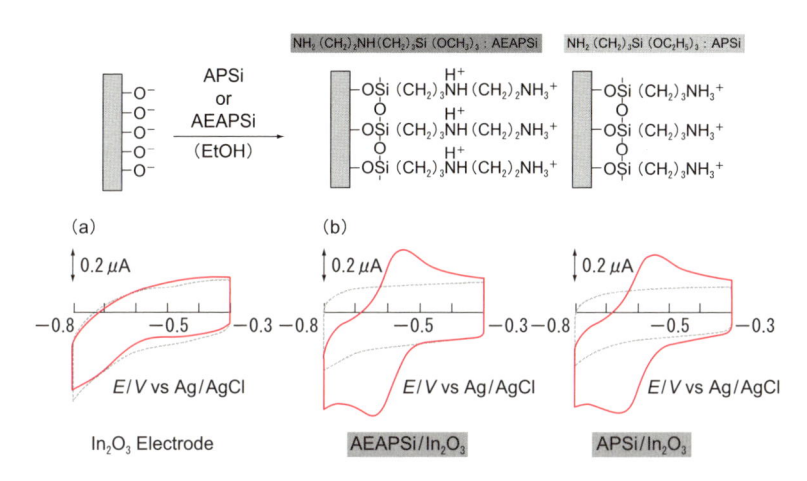

図 4-20 (a) 未修飾 (b) AEAPSi 修飾 (c) APSi 修飾酸化インジウム電極で得られたフェレドキシンのサイクリックボルタモグラム

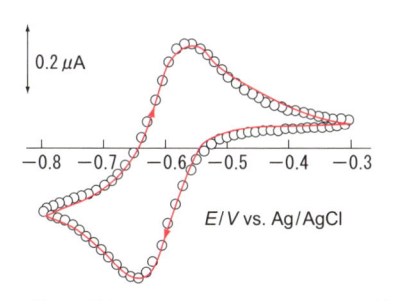

$E^{\circ\prime} = -600$ mV（vs. Ag/AgCl/Sat. KCl at 10°C）
$D = 7.3 \times 10^{-7}$ cm^2 s^{-1}
$k^{\circ\prime} = 1.0 \times 10^{-3}$ cm s^{-1}
$\alpha = 0.5$

図 4-21 APSi 修飾酸化インジウム電極で得られたフェレドキシンのサイクリックボルタモグラムと，デジタルシミュレーションによって得られた電気化学的パラメータ

ラスター周辺の微視的な環境の変化が酸化還元に影響を与えたことを示している．さらに，トウモロコシ由来のFdⅠ（葉由来）およびFdⅢ（根由来）と，それぞれのFdを1ヶ所のみ変位したFdⅠ S45GおよびFdⅢ S46GのCV波を図4-24に示した．FdⅠ，FdⅢどちらの場合も1ヶ所のみの変異で酸化還元電

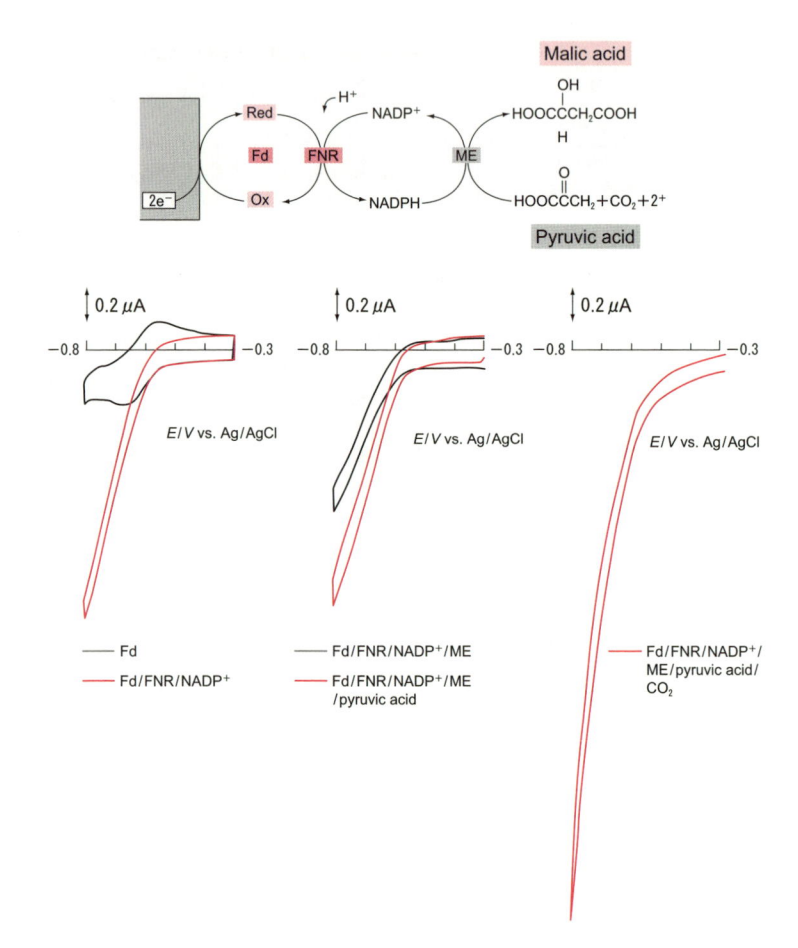

図 4-22 フェレドキシン，FNR，ME を用いた二酸化炭素の電気化学的固定化の模式図およ　　　　　び電気化学的触媒反応を示すサイクリックボルタモグラム

位がシフトしたことが示されている。FNR および $NADP^+$ を共存させた電気化学的酵素触媒反応においては，天然型（未改変）の Fd の場合は良好な触媒反応電流が観測されているが，FdⅠ S45G および FdⅢ S46G の場合には触媒電流がほとんど観測されなかった。このアミノ酸の変位によって Fd と FNR の結合は影響を受けないため，変位によって触媒電流が観測されなかったのは

a）未改変の Fd
$E^{o\prime} = -540$ mV vs. Ag/AgCl

b）S39A/S46G/T47G
$E^{o\prime} = -370$ mV

39，46 番目のセリンをそれぞれアラニンとグリシンに 47 番目のスレオニンをグリシンに置換した Fd。

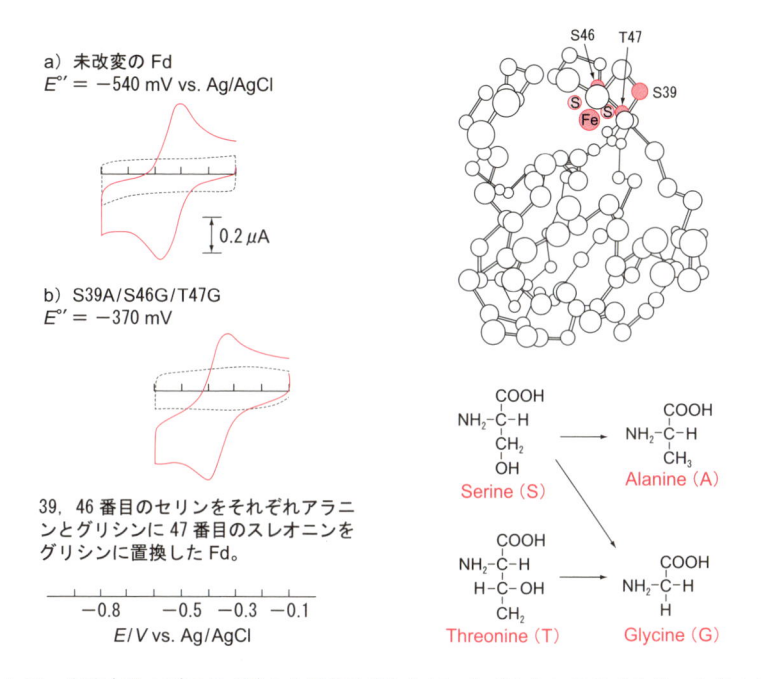

E/V vs. Ag/AgCl

Serine (S) → Alanine (A)

Threonine (T) → Glycine (G)

図 4-23　未改変およびアミノ酸 3 カ所を改変したフェレドキシンのサイクリックボルタモグラムと，改変したアミノ酸および部位を示すフェレドキシンの模式図

Fd の酸化還元電位の正側へのシフトのためであると考えられる[21]。この場合は変位によって本来起こるべき触媒反応を抑制する結果となっている。この場合のエネルギー図も図 4-24 に示したが，これらの実験結果から直接測定することは困難である FNR の酸化還元電位が Fd I と Fd I S45G の間に位置することも示唆されている。また，アミノ酸の変位によって反応速度の遅い系の加速，新たな反応経路の開発にも繋がる可能性もあり，将来の展開が期待される。

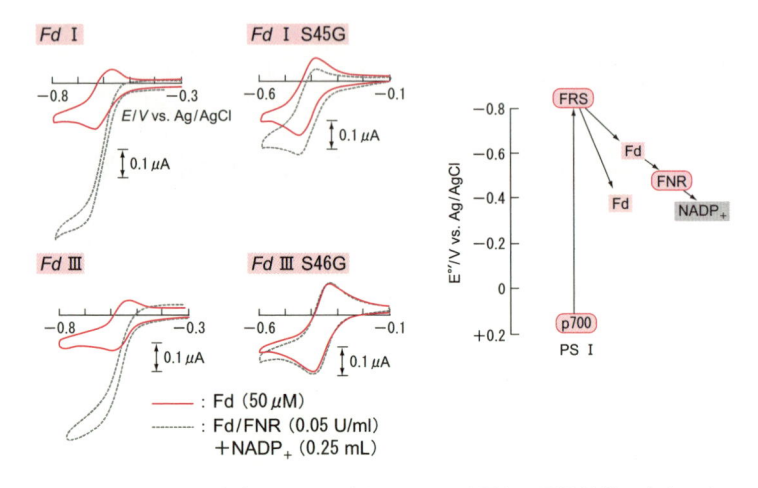

図 4-24 トウモロコシ由来のフェレドキシンによる電気化学的触媒反応を示すサイクリックボルタモグラムとエネルギー図。未改変(FdⅠおよびFdⅢ)の場合は明瞭な触媒還元電流が観測されるが，改変体(FdⅠ S45GおよびFdⅢ S46G)の場合は触媒電流は観測されない

4-2-4 おわりに

酸化還元中心としてヘムを有するチトクロム c，鉄-硫黄クラスターを有するフェレドキシンの電極との電子移動反応について簡単に記述してきた。現在ではこれ以外の酸化還元部位を有するタンパク質の電子移動反応に関しても精力的に研究され，バイオセンサーや生物燃料電池に展開されている。高機能な分子素子である酵素，タンパク質は構造においても多様であるため，すべての酵素，タンパク質に適用可能な機能性電極というものは存在しないと考えられるが，タンパク質の構造，性質を考慮した電極を開発すれば，タンパク質，酵素の本来の機能を引き出せるデバイスの作製も可能である。

4-3 錯体電気化学とエネルギー

4-3-1 はじめに

現代社会は石油等の化石燃料を消費することによって維持されている，いわば"消費社会"であり，消費の増大による必然的な資源枯渇問題に直面してい

4 最近のトピックス

る。近年の資源問題，環境問題を解決し，"消費社会"から"持続社会"へ転換するためには，人工的な資源の再生が必要不可欠である。化石燃料は太古より地球上で植物の光合成により生成された有機物が化石化したものであることを考慮すると，持続性社会確立のためには，自然界の"光合成サイクル"に匹敵する人工的な物質変換サイクルの構築が必要である。光合成は光エネルギーを還元エネルギーへと変換したのち，二酸化炭素から炭水化物への物質変換により化学エネルギーとして貯蔵している。これに倣えば，人工的な二酸化炭素の還元反応を開発することが，人工光合成サイクル構築の第一歩となる。

近年，二酸化炭素還元反応の研究は C1 ケミストリーを中心に行われ，光化学的な二酸化炭素還元反応開発のために，集光材料（半導体，光増感分子）と二酸化炭素還元触媒の複合化研究が増え続けている。触媒としては，ルテニウムやレニウムのカルボニル錯体を用いた研究が活発に行われている。分子触媒を用いた二酸化炭素還元反応はおもに 2 つの反応機構に分類され，反応の活性種は，

① η^1-CO_2 金属錯体。
② ヒドリド金属錯体。

である[22]。前者は，低原子価金属中心への CO_2 求核攻撃により η^1-CO_2 錯体（M-CO_2）を形成する。さらに，M-CO_2 へのプロトン付加により M-COOH，M-CO を経由して二酸化炭素還元が進行し，HCOOH と CO を生成する。一方後者は，低原子価金属へのプロトン付加，または H_2 による金属錯体の水素化によりヒドリド金属錯体（M-H）を形成する。その後，M-H 結合への二酸化炭素の挿入が起こり，M-OC(O)H 錯体が生成する。そのため，後者の反応では HCOOH がおもに生成物として得られる。

現在まで，二酸化炭素の光または電気化学的な還元反応は 2 電子還元生成物 HCOOH または CO に限られており，4 電子以上の多電子還元生成物は得られていない。本節では，①の 2 電子還元過程を経由する，6 電子還元反応（CH_3OH 生成）へのアプローチについて述べる。

4-3-2　η^1-CO_2 金属錯体を経由する二酸化炭素還元反応

金属イオンに η^1 配位した二酸化炭素の化学は，ポリピリジル配位子を有す

るルテニウム錯体を用いて詳細な研究がなされている[23〜25]。$[Ru(bpy)_2(CO)_2]^{2+}$ (bpy = 2,2'-ビピリジン) は水性ガスシフト (WGS) 反応 (式 (4-3)) の極めて良い触媒であり，その活性は図 4-25 に示す酸-塩基平衡に由来する[26]。

$$CO + H_2O \rightleftarrows CO_2 + H_2 \qquad (4\text{-}3)$$

図 4-25 は，Ru-CO 錯体のカルボニル基が酸塩基平衡 (OH⁻ 付加) で Ru-COOH 錯体となり，アルカリ側では脱プロトンが起こり，Ru-η^1-CO_2 錯体が生成することを示している。熱的には Ru-η^1-CO_2 錯体よりも Ru-COOH 錯体が不安定で，脱炭酸反応で生成する Ru-H 錯体が WGS 反応の水素発生の前駆体となっている。

CO_2 雰囲気下，水中で $[Ru(bpy)_2(CO)_2]^{2+}$ を電気化学的に還元 (−1.5 V vs. SCE) すると，一酸化炭素 (CO) またはギ酸 (HCOOH) が生成する (図 4-26)[27]。

$[Ru(bpy)_2(CO)_2]^{2+}$ の LUMO は bpy 配位子の π^* 軌道であるが，電気化学的に $[Ru(bpy)_2(CO)_2]^{2+}$ を還元すると，エネルギー的に接近した Ru-CO の反結合性軌道に電子が流れ込み，Ru-CO 結合が開裂して CO を放出する。CO_2 気

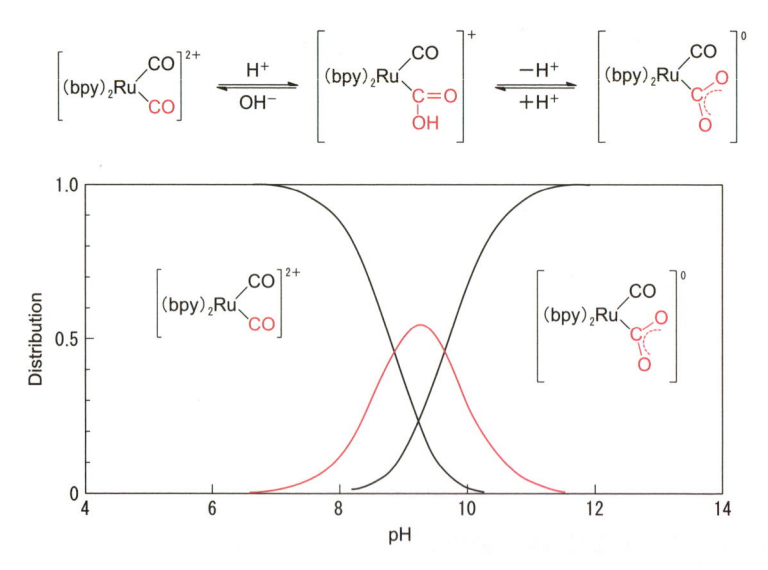

図 4-25　水中での $[Ru(bpy)_2(CO)_2]^{2+}$ の酸-塩基平衡反応

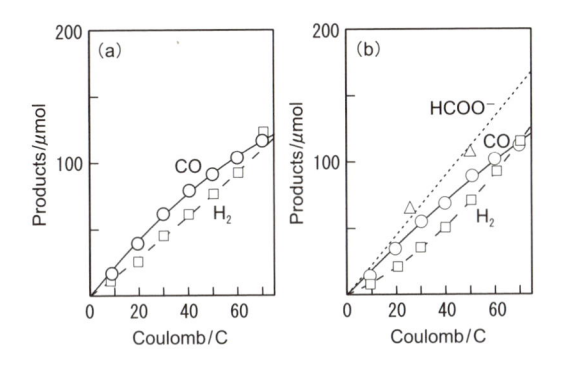

図 4-26　水-DMF（9：1）中における $[Ru(bpy)_2(CO)_2]^{2+}$ を用いた電気化学的二酸化炭素還元反応（-1.5 V vs. SCE）：(a) pH 6.0 (b) pH 9.5

流下で錯体がさらに 1 電子還元を受け五配位中間体 $[Ru(bpy)_2(CO)]^0$ が生成すると，中心金属 Ru は塩基として振る舞い，ルイス酸である CO_2 の炭素原子の求電子攻撃を受け η^1-CO_2 錯体を形成する．弱酸性溶媒中（pH 6.0）では，η^1-CO_2 錯体は自発的に Ru-CO 錯体を再生し（図 4-25 の平衡状態参照），二酸化炭素の 2 電子還元サイクルが成立する．また，図 4-25 の平衡から理解されるように，塩基性条件では Ru-COOH 錯体および Ru-η^1-CO_2 錯体の存在比が高

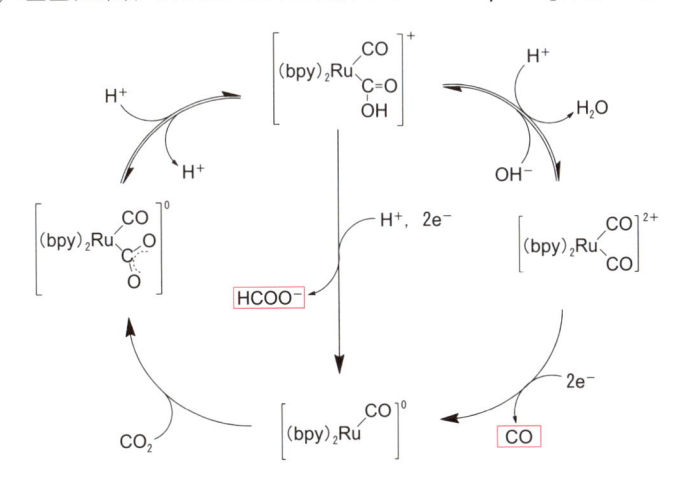

スキーム 1　プロトン性溶媒中における $[Ru(bpy)_2(CO)_2]^{2+}$ を用いた二酸化炭素還元の反応機構

くなる。Ru-CO 錯体同様に，Ru-COOH 錯体の Ru-C 結合も電気化学的に還元的解裂を受ける。以上の結果，$[\mathrm{Ru(bpy)}_2(\mathrm{CO})_2]^{2+}$ を用いた CO_2 還元反応では，塩基性条件下（pH > 9.5）において一酸化炭素の他にギ酸を生成する（スキーム 1）。

4-3-3 非プロトン性溶媒中での二酸化炭素還元反応

非プロトン性溶媒中での二酸化炭素還元反応は，前述のプロトン化に基づく酸塩基平衡反応とは異なり，式 (4-4) に示す二酸化炭素の還元的不均化により進行する。

$$2CO_2 + 2e^- \rightleftarrows CO + CO_3^{2-} \tag{4-4}$$

式 (4-4) の反応を触媒する金属錯体としては，$\eta^1\text{-}CO_2$ の配位構造を有する金属錯体の他に，ランタノイド金属錯体も知られている。$[\mathrm{Ru(tpy)(bpy)(CO)}]^{2+}$（tpy = 2,2′ : 6′,2″-テルピリジン）や $[\mathrm{Ru(bpy)}_2(\mathrm{qu})(\mathrm{CO})]^{2+}$（qu = キノリン）による触媒的な二酸化炭素還元は式 (4-5) の機構で進行するのに対して[28]，ランタノイド錯体では式 (4-6) の反応が報告されている[29~32]。

$$\mathrm{M\text{-}C(=O)O} + CO_2 \longrightarrow \mathrm{M\text{-}C(=O)O\text{-}C(=O)O} \longrightarrow \mathrm{M\text{-}CO} + CO_3^{2-} \tag{4-5}$$

$$2\mathrm{M}^{n+} + 2CO_2 \longrightarrow \mathrm{M}^{(n+1)+}\text{-}O\text{-}C(=O)(O)\text{-}O\text{-}\mathrm{M}^{(n+1)+} + CO \tag{4-6}$$

プロトン性溶媒中では優れた CO_2 還元能を示す $[\mathrm{Ru(bpy)}_2(\mathrm{CO})_2]^{2+}$ は，式 (4-7) の二酸化炭素の還元的不均化反応の平衡が右向きに偏っており，非プロトン性溶媒中では CO_2 還元能が極端に低下する。別の言い方をすれば，$[\mathrm{Ru(bpy)}_2(\mathrm{CO})_2]^{2+}$ は炭酸イオンからオキサイド供与を受ける唯一の錯体である[33,34]。

$$[\mathrm{Ru(bpy)}_2(\mathrm{CO})_2]^{2+} + CO_3^{2-} \rightleftarrows [\mathrm{Ru(bpy)}_2(\mathrm{CO})(\eta^1\text{-}CO_2)]^{2+} + CO_2 \tag{4-7}$$

この事実は Ru-COO$^-$ の pK_a が CO_3^{2-}（pK_a = 9.5）よりも小さいことから Ru-

CO の炭素上の電子密度が小さいことを示し，CO_3^{2-} の酸素原子の求核攻撃を受けて，CO_3^{2-} から Ru–CO の炭素原子へのオキサイド供与が起こると考えられる[33,34]。

以上のことから，二酸化炭素の還元的不均化反応は，電子密度の大きな M–CO_2 がフリーの CO_2 と複合体を形成し，複合体の赤の点線の位置で結合が切断され，M–CO と CO_3^{2-} が形成することで説明される（右矢印の反応）。一方，M–CO_2 の炭素上の電子密度が小さい場合，CO_3^{2-} の電子密度の高い酸素原子が求核的に M–CO を攻撃し，複合体を形成後，黒の点線の位置で結合が切断される（左矢印の反応）。2+ の電荷と電子求引性の 2 つの CO 配位子を有する $[Ru(bpy)_2(CO)_2]^{2+}$ では，M–CO 上の炭素原子の電子密度が極めて低く，式 (4-8) の左向きの反応が進行すると考えられる。

$$M^{n+}-C{\overset{O}{\underset{O}{\vphantom{|}}}} + CO_2 \rightleftarrows M^{n+}-C{\overset{O}{\underset{O}{\vphantom{|}}}}{\underset{\underset{O}{C}}{\overset{|}{\vphantom{|}}}}O \rightleftarrows M^{(n+2)+}-CO + CO_3^{2-} \quad (4\text{-}8)$$

4-3-4 求核試薬存在下の二酸化炭素還元反応

前項で，$[Ru(bpy)_2(CO)_2]^{2+}$ は，Ru–CO 上の炭素原子のへの CO_3^{2-} の求核攻撃を受けることを示した。その他の求核剤も Ru–CO へと付加することが考えられる。ジメチルアミン（Me_2NH）を $[Ru(bpy)_2(CO)_2]^{2+}$ のアセトニトリル溶液に添加すると，$[Ru(bpy)_2(CO)(C(O)NMe_2)]^+$ が生成する。また，系中からジメチルアミンを除くと $[Ru(bpy)_2(CO)_2]^{2+}$ が再生することから，式 (4-9) の平衡が成立していると解釈される[35]。

$$[Ru(bpy)_2(CO)_2]^{2+} + 2Me_2NH \rightleftarrows [Ru(bpy)_2(CO)(C(O)NMe_2)]^+ + Me_2NH_2^+ \quad (4\text{-}9)$$

0.1 M の $^nBu_4NClO_4$ を電解質として含むアセトニトリル溶液中で，0.3 M Me_2NH および 0.2 M Me_2NH_2Cl，脱水剤として Na_2SO_4 存在下で $[Ru(bpy)_2(CO)_2]^{2+}$ を触媒として二酸化炭素の電解還元反応（−1.5 V vs. SCE）を行うと，ギ酸（HCOOH）の他に DMF（Me_2NCHO，ジメチルホルムアミド）が生成する（図 4-27）[35]。その反応機構をスキーム 2 に示す。DMF は前駆体 $[Ru(bpy)_2(CO)(C$

(O)NMe$_2$)]$^+$ の Ru-C 結合が還元的に切断される際に生成する。副生した五配位錯体 [Ru(bpy)$_2$(CO)]^0 は，CO$_2$ の求電子付加を受けて η^1-CO$_2$ 錯体を形成し，図 4-25 の平衡により [Ru(bpy)$_2$(CO)$_2$]$^{2+}$ を再生する。

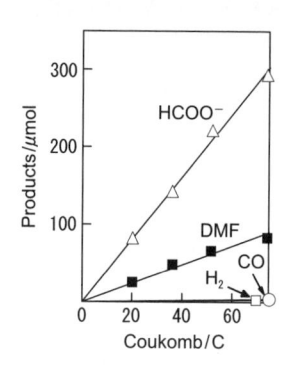

図 4-27 ジメチルアミン存在下における [Ru(bpy)$_2$(CO)$_2$]$^{2+}$ を触媒とする二酸化炭素還元反応（−1.5 V vs. SCE）

スキーム 2 の反応では，二酸化炭素還元生成物として HCOOH，CO，Me$_2$NCHO が得られるが，生成物の比率はそれぞれの前駆体 [Ru(bpy)$_2$(CO)(COOH)]$^+$，[Ru(bpy)$_2$(CO)$_2$]$^{2+}$，[Ru(bpy)$_2$(CO)(C(O)NMe$_2$)]$^+$ の存在比に依存している。CO の生成量が DMF に比べて遥かに少ないことは，[Ru(bpy)$_2$(CO)$_2$]$^{2+}$ と Me$_2$NH の親和性が高いためと考えられる。また，ギ酸の生成率が DMF より大きいのは，Me$_2$NH が存在するために系内が塩基性となり，[Ru(bpy)$_2$(COOH)]$^+$ の比率が高いことで説明される。

4-3-5 ヒドリド試薬による二酸化炭素の多電子還元反応

Ru 錯体を用いる電気化学的二酸化炭素還元反応では，Ru-η^1-CO$_2$ を経由して Ru-CO，Ru-COOH，Ru-CO(NMe$_2$) 結合が生成し，さらに電子が注入された際に Ru-C の切断により生成物が放出される。このように現状の二酸化炭素還元反応では 2 電子還元体しか生成しないことが限界となっている。一方，Ru-CO 錯体ではカルボニル炭素の電子密度が低い炭素原子への求核攻撃が起こる。この事実は，還元能力を有する無機ヒドリドを求核剤として用いること

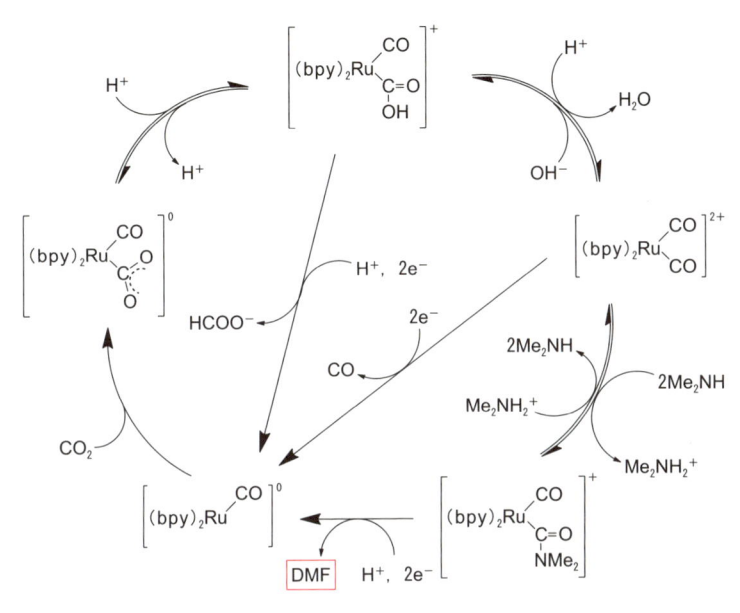

スキーム2 ジメチルアミン存在下における $[Ru(bpy)_2(CO)_2]^{2+}$ を用いた二酸化炭素還元の反応機構

で，CO 発生を伴わない Ru–CO の還元反応の進行が期待できることを示唆している．たとえば，$NaBH_4$ を用いるカルボニル金属錯体（M–CO）の還元反応は 1980 年代から知られており，ホルミル錯体（M–CHO），ヒドロキソメチル錯体（M–CH_2OH）が生成することが報告されている[36〜38]．$[Ru(bpy)_2(CO)_2]^{2+}$ も $NaBH_4$ により逐次的な 2 電子還元を受け，$[Ru(bpy)_2(CO)(CHO)]^+$ と $[Ru(bpy)_2(CO)(CH_2OH)_2]^+$ が生成する[39, 40]．$[Ru(bpy)_2(CO)(CH_2OH)_2]^+$ は，酸性の水で処理するとメタノールを遊離する．その結果，Ru 錯体上で CO_2 が段階的に還元され，CH_2OH に至る全反応中間体 $[Ru(bpy)_2(CO)(L)]^{n+}$（(L, n) = (CO_2, 0), (COOH, 1), (CO, 2), (CHO, 1), (CH_2OH, 1)) が単離されて，それらの X 線結晶構造解析により CO_2 の 6 電子還元に伴う逐次的な分子構造の変化が明らかとなっている[41〜44]．

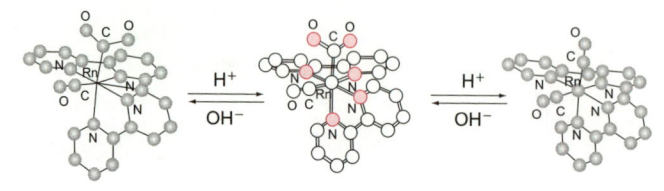

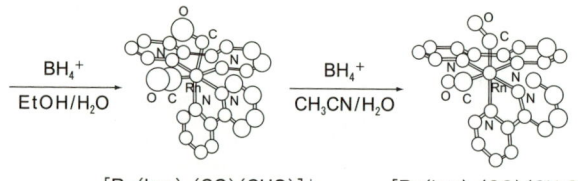

図 4-28 $[Ru(bpy)_2(CO)(L)]^{n+}$ ((L, n) = $(CO_2, 0)$, (COOH, 1), (CO, 2), (CHO, 1), $(CH_2OH, 1)$) の X 線結晶構造

CH_3CN/H_2O (4/1) 中, $-20℃$ で $[Ru(bpy)_2(CO)_2]^{2+}$ を $NaBH_4$ 還元するとメタノールは約 10% しか遊離しないが, $[Ru(tpy)(bpy)(CO)]^{2+}$ の場合, 定量的にメタノールが生成する (図 4-29)[39,40]。$[Ru(tpy)(bpy)(CO)]^{2+}$ の Ru-C 結合は, $[Ru(bpy)_2(CO)_2]^{2+}$ に比べて安定なことから, メタノールの生成効率は $[Ru(tpy)(bpy)(CO)]^{2+}$ の方が高いと考えられる。実際に, 電気化学的な CO_2 還元反応において, 室温での反応では, $[Ru(bpy)_2(CO)_2]^{2+}$ と $[Ru(tpy)(bpy)(CO)]^{2+}$

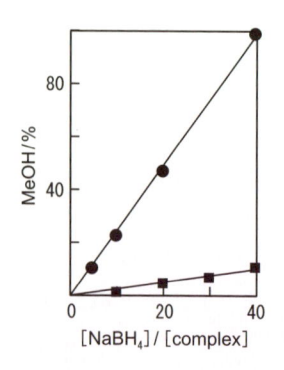

図 4-29 Ru カルボニル錯体 ($[Ru(tpy)(bpy)(CO)]^{2+}$ (■) または $[Ru(tpy)(bpy)(CO)]^{2+}$ (●)) の $NaBH_4$ 還元によるメタノールの生成

は共に CO か HCOOH しか生成しないが，低温（−20℃）で電解反応を行うと，[Ru(tpy)(bpy)(CO)]$^{2+}$ は様々な CO_2 多電子還元物を生成する（図 4-30）[39, 40]。この結果は，低温で反応を行うことで Ru-C 結合を安定化しているためと考えられる。

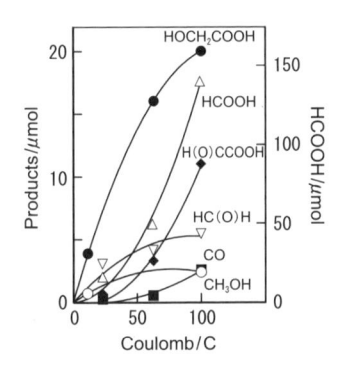

図 4-30　低温条件における [Ru(tpy)(bpy)(CO)]$^{2+}$ を触媒とする二酸化炭素還元反応

4-3-6　再生可能なヒドリド触媒

上述のように Ru-CO 錯体のヒドリド還元では，CO_2 の 6 電子還元体であるメタノールが得られる。しかしながら，$NaBH_4$ のような無機ヒドリド試薬を用いて CO_2 の多電子還元を行うには 2 つの大きな障害が存在する。

① BH_4^- はヒドリドを放出後，加水分解されて最終的にホウ酸を与えるが，BH_4^- 再生には多大なコストが必要である。

② BH_4^- 等の強いヒドリド還元剤は，CO_2 と直接反応して HCOOH を生成する。

これらの問題を解決する「再生可能なヒドリド触媒」を開発すれば，Ru-CO_2 → Ru-CO → Ru-CHO → Ru-CH_2OH の過程を経て CO_2 の多電子還元が可能と考えられる。

再生可能なヒドリドの例として，自然界では NAD^+/NADH が挙げられる（式 (4-10)）。

$$\text{(図: BNA}^+ \xrightleftharpoons[-H^-]{+2e^-,\ +H^+} \text{BNAH)} \tag{4-10}$$

　NAD$^+$を触媒的に還元してNADHを生成する系としては，モデル化合物であるBNA$^+$（N-ベンジルニコチンアミド）を水素により還元してBNAHを与えるIr触媒の系が知られており，水素の貯蔵・放出に用いられている[45]。しかしながら，電気化学的または光化学的にBNA$^+$を還元すると1電子還元のみが起こり，生成したNADラジカルが，優先的にラジカルカップリングをしてNAD2量体となり（スキーム3），NADHの機能発現が不可能となる。

スキーム3　NAD$^+$モデル化合物の電気または光化学的還元反応

　近年，NAD$^+$/NADHのモデル化を目指したポリピリジル配位子pbn (2-(2-ピリジル)ベンゾ[b]-1,5-ナフチリジン）を有するRu錯体，[Ru(bpy)$_2$(pbn)]$^{2+}$が合成された。プロトン源を含む溶媒中での[Ru(bpy)$_2$(pbn)]$^{2+}$の電解還元ではNAD$^+$/NADH型の還元が起こり，2電子還元された[Ru(bpy)$_2$(pbnHH)]$^{2+}$が生成する（式 (4-11)）[46]。注目すべきは，[Ru(bpy)$_2$(pbn)]$^{2+}$は犠牲還元試薬存在下では光化学的にも2電子還元を受けて，電解還元同様に[Ru(bpy)$_2$(pbnHH)]$^{2+}$を与えることである[47〜49]。光エネルギー利用の観点から光増感剤での光誘起電荷分離状態の長寿命化が争われているが，分子の光励起および電子移動は1電子過程であり，結合生成や開裂には分子間で2電子の移動が必須であることから，光誘起2電子還元の最初の反応例としての[Ru(bpy)$_2$(pbn)]$^{2+}$

の光化学は注目されている。その機構をスキーム4に示す[49]。

$$(4\text{-}11)$$

スキーム4 $[Ru(bpy)_2(pbn)]^{2+}$ の光誘起2電子還元体（$[Ru(bpy)_2(pbn)]^{2+}$）の生成機構

犠牲試薬存在下での $[Ru(bpy)_2(pbn)]^{2+}$ の可視光照射では1電子還元体であるpbnラジカルを持つ $[Ru(bpy)_2(pbn^{·-})]^+$ 生成する。$[Ru(bpy)_2(pbn)]^{2+}$ の pK_a1 は $[Ru(bpy)_2(pbn^{·-})]^+$ では pK_a11 に増大する。その結果、通常条件では後者はプロトン化を受けて中性ラジカル配位子を持つ $[Ru(bpy)_2(pbnH^{·})]^{2+}$ が生成する。中性ラジカルpbnH·配位子は分子間での $\pi\pi$ 相互作用でスタックした2量体を形成する。2量体内での2つのpbnH·配位子間での1電子1プロトン移動が起こり、2電子還元体の $[Ru(bpy)_2(pbnHH)]^{2+}$ と元の酸化体 $[Ru(bpy)_2(pbn)]^{2+}$ への不均化反応が起こる。以上のように、$[Ru(bpy)_2(pbn)]^{2+}$ は、NAD/NADH同様にC-H結合に2電子の還元エネルギーを貯蔵可能である。さらに、2つ、3つのpbn配位子を持つ $[Ru(bpy)_2(pbn)_2]^{2+}$ や $[Ru(pbn)_3]^{2+}$ では、光誘起電子移動反応で $[Ru(bpy)(pbnHH)_2]^{2+}$ や $[Ru(pbnHH)_3]^{2+}$ が生成し、光エネルギーで4電子、6電子の貯蔵が可能となっている[50]。

4-3-7 再生可能なヒドリド試薬を用いた二酸化炭素のヒドリド還元反応

NADH骨格を有している $[Ru(bpy)_2(pbnHH)]^{2+}$ は再生可能なヒドリド供与剤としての機能が期待されたが、$[Ru(bpy)_2(pbnHH)]^{2+}$ の酸化電位は極めて正

側の +1.15 V (vs. SCE) でありヒドリド供与能が低いと考えられていた。最近になって，有機溶媒中でカルボキシレートのような塩基を用いることで，[Ru(bpy)$_2$(pbnHH)]$^{2+}$ のヒドリド供与性は大きく増大できることが明らかとなった[51]。[Ru(bpy)$_2$(pbnHH)]$^{2+}$ は -40℃のアセトニトリル中で，安息香酸イオンと相互作用して，塩基付加体を形成し，その会合定数は $K_a = 7.8 \times 10^4$ M^{-1} である（図 4-31）。

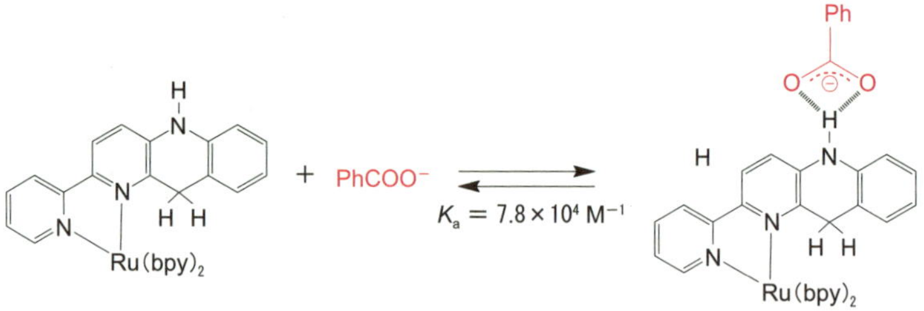

図 4-31 [Ru(bpy)$_2$(pbnHH)]$^{2+}$ とカルボン酸イオンとの相互作用

塩基付加体のサイクリックボルタモグラム（CV 波）から，その酸化電位は $+0.53$ V であり，フリーの [Ru(bpy)$_2$(pbnHH)]$^{2+}$ に比べて 0.62 V も酸化され易くなることが判明した[51]。CO$_2$ 雰囲気下，[Ru(bpy)$_2$(pbnHH)]$^{2+}$ のアセトニトリル溶液に 20℃で安息香酸イオンを加えると，[Ru(bpy)$_2$(pbnHH)]]$^{2+}$ は定量的に [Ru(bpy)$_2$(pbn)]$^{2+}$ に酸化され，CO$_2$ は HCOO$^-$ へと還元される。N-H プロトンが塩基と相互作用することで，pbnHH のヒドリドが活性化されたと考えられる。

^{13}CO$_2$ を用いた同位体実験の結果，H^{13}COO$^-$ の生成が ESI-MS スペクトルにより確認され，生成したギ酸は CO$_2$ 由来であることが証明された。さらに，重水素化された pbn を有する [Ru(bpy)$_2$(pbnDD)]$^{2+}$ を用いて，CO$_2$ の還元速度を調査したところ，[Ru(bpy)$_2$(pbnHH)]$^{2+}$ に比べて反応速度が大幅に下がり，重水素効果を示す定数 KIE （k_{pbnHH}/k_{pbnDD}）は 4.6 であった[51]。このような大きな重水素効果は，電子移動による反応ではなく，ヒドリド移動による還元反応により HCOO$^-$ が生成していることを示す。

4-4 錯体修飾電極と分子エレクトロニクス
4-4-1 はじめに

近年のシリコン半導体微細加工技術の進歩は著しく，例えば CPU では 22 nm プロセスの採用とそれに伴う高性能化・省電力化が達成されている。一連の微細加工は電子ビームリソグラフィーなどの「トップダウン的」な手法により実現されてきた。しかしながら，今後の更なる微細化には，既存の手法の分解能の限界や微細化に伴うリーク電流の発生などのより大きな困難が待ち構えている。そこで，オングストローム・ナノメートルスケールの原子・イオン・分子から望みの構造を組み上げる「ボトムアップ的」な手法がパラダイムシフトをもたらすものとして期待されている。特に原子・イオン・分子や，これらの集積体を配線・ダイオード・論理回路など基本素子として用いる「分子エレクトロニクス」は究極の目標と言えよう。金属錯体は特徴的な光・磁気・電気特性を有しているので，高機能な分子素子の構築への展開が期待される。

4-4-2 自己組織化単分子膜と応用例
(1) 作製法

分子と電極との間の電子移動を機能性デバイスの駆動部とする場合，溶液中での分子の拡散による影響を排除するために，両者が連結されていることは極めて重要である。分子と導電性・半導体基板とのジャンクション形成には，堅牢性と耐久性が求められる。

分子を基板上に固定化する手法として，ラングミュア・プロジェット(Langmuir Blodgett（LB）)法，電解重合法，化学気相成長（CVD）法などが知られているが，もっとも多用されるのは自己組織化単分子膜（self-assembled monolayer, SAM）法である。本法は吸着種の官能基と基板表面との間の化学結合生成により前者を固定化する手法であり，物理吸着に比べ結合が強く安定である。多くの場合，吸着分子の溶液に基板を浸漬する（必要に応じて熱・光・電極電位を印加）のみで SAM を形成することができる。この方法では，一般に高密度な単分子膜の作製が可能であるが，吸着種同士の相互作用（疎水相互作用，π-π 相互作用）を利用することで更なる高密度化を達成できる。

表 4-1 に基板と吸着官能基との組み合わせを列挙する。さまざまな基板表面

表 4-1 自己組織化単分子膜（SAM）法における基板と吸着官能基の組み合わせ

Substrate	Molecule	Ref.	Substrate	Molecule	Ref.
Au	R–SH R–S–S–R R–SCN R–SAc	[54〜68]	X–Si (X = Cl, Br, I)	R–OH R–MgBr R–Na	[94〜98]
Pt	R–SH R–NC	[69, 70]	GeO_2	R–$SiCl_3$ R–MgBr R–SH	[99] [100〜104]
ITO	R–SiX_3 (X = Cl, OMe, OEt) R–PO(OH)$_2$ R–COOH	[71〜77]	H–Ge	Alkenes R–SH	[105〜107]
			H–C	Alkenes R–I R–N=N–R	[108〜112]
SiO_2, glass	R–SiX_3 (X = Cl, OMe, OEt)	[78〜82]	X–C (X = Cl, Br)	R–MgBr R–SH R–SNa Alkenes	[113〜115]
H–Si	Alkynes Alkenes R–OH R–CHO R–SH R–MgBr R–Li	[83〜93]	Glassy Carbon GaAs InP TiO_2	R–I R–SH R–SH Alkenes R–CO_2H R–PO(OH)$_2$	[116, 117] [118〜121] [122〜124] [125〜127]
			Aluminium Oxide	R–PO(OH)$_2$ R–$SiCl_3$	[128〜131]
			SiC	Alkenes R–Si(OMe)$_3$	[132〜135]

に対して SAM の構築が報告されているが，特に基板としては金，ITO，シリコンがよく用いられる．それらの中でも貴金属である金は導電性に優れ，また熱，酸，湿気，酸化，化学物質に対する耐久性が高いので最も多用される．水素アニールすることで平滑な金 (111) 面を創出することができ，またマイカやシリコン基板上に金薄膜を真空蒸着し，これを金基板として用いることも可能である．金表面への SAM 形成において最もよく用いられる官能基は，Au–S 結合を生成するチオール類（アセチル保護されたもの，ジスルフィド類を含む）である．典型的な作製法は以下の通りである．1 mM 程度のチオール類の有機溶液に金基板を 2〜12 時間程度浸漬し，引き上げた後有機溶媒でよく洗浄する．最後に修飾された金基板を窒素ブローにより乾燥させる．金表面へのチオールの吸着自体は浸漬後直ちに開始されるが，密な単分子膜作製にはある程度の時間を要する．特にアルキルチオールは疎水相互作用により $(\sqrt{3} \times \sqrt{3})$R30° 構

造と呼ばれる規則構造を呈する[52]。これは分子鎖が Au(111) 面に対して 30° 傾き，吸着種の規則配列による格子長が金のそれの $\sqrt{3}$ 倍となったものである。

　ITO は酸化インジウムとスズの混合酸化物であり，導電性と透明性を兼ね備えた電極素材である。ITO が単独で用いられることはまれであり，主としてガラスや石英など，透明な絶縁体基板上に薄膜として担持されたものが透明電極として多用される。ITO 薄膜作成においてよく使われる手法は PVD 法（物理蒸着法）であり，スパッタリング，フィルム蒸着，イオンアシスト等を使った真空蒸着が一例である。カルボキシル基，リン酸基を有する分子が ITO 上の SAM 形成によく用いられ，これらの分子の溶液に ITO 基板を浸漬すると，酸塩基反応により固定化される。

　シリコンは言うまでもなく，最も応用されている半導体であり，また現状のエレクトロニクスの中枢を担っている。一般にシリコン表面（例えば，Si(111) 面）は不導体の SiO_2 からなる酸化被膜で覆われているが，ここに直接 SAM を形成することができる。トリアルコキシシリル基，トリクロロシリル基を有する分子の溶液にシリコン基板を浸漬することで表面修飾を行える他，これらの分子と基板を密閉容器に入れて 100〜200℃に加熱することにより，気化した分子によって酸化被膜表面に SAM が形成される。一方でシリコン表面の SiO_2 酸化皮膜はフッ酸（取り扱い注意）またはフッ化アンモニウム処理で除去することができ，水素終端化された表面が得られる。絶縁性被膜を除去することで直接半導体性を示すシリコン基板と吸着分子を接合することができるため，導電性・電子移動の観点から有用である。その接合法として簡便なのが末端オレフィン，アセチレンとのヒドロシリル化反応である。この反応は末端オレフィン，アセチレンの溶液中，またはニート条件下，加熱（〜100℃）または紫外光照射条件にて行われる。

　様々な電極表面に対するアレーン類の SAM 形成はジアゾニウム塩の電気化学的還元によってなされるが，アレーン同士の重合によるランダムな多積層化が問題となる。このことは水素終端化した Si(111) 表面も例外ではないが，Pd 触媒とヨードアレーンを用いた Si–C 生成反応を適応することで，多層化することなくアレーンの SAM を形成することが見いだされた[53]。

(2) 実施例

Long らは糖（グルコース，ガラクトース）とキノン部位を有する SAM を金電極上に形成し，糖とタンパク質の特異的な相互作用を利用した分子認識および電気化学的検出を行った（図 4-32）[136]。この系においては，糖とタンパク質が相互作用した際に，サイクリックボルタンメトリー（CV）および微分パルスボルタンメトリー（DPV）において，キノン/ヒドロキノンの酸化還元反応のピーク電流強度が弱まることを利用している。糖類に対して結合活性を持つレクチンの一種であるコンカナバリン A（concanavalin A, Con A）とピーナッツアグルチニン（peanut agglutinin, PNA）を用いて SAM の分子認識能を調べると，SAM にグルコースが含まれる場合には Con A に対して，またガラクトースが含まれる場合には PNA に対して CV と DPV において有意なピーク電流強度の減少が確認された。さらに，DPV のピーク電流強度の減少量はレクチンの濃度と線形関係にあることが示された。したがって，これらの SAM は，特定のタンパク質を認識する電気化学プローブとして利用できると考えられる。

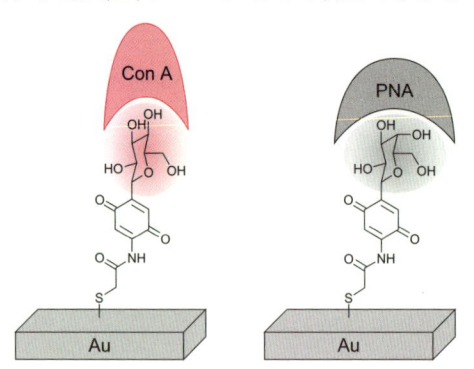

図 4-32　糖とキノン部位を有する SAM のタンパク質との相互作用

西原らは 3'-フェロセニル-4'-カルボキシアゾベンゼンで表面修飾した ITO 電極を作製し，その光・電気化学応答を追究した（図 4-33）[76]。この分子は緑色光（546 nm）の光照射によりアゾベンゼン部位がトランス体からシス体への光異性化を示す。一方，フェロセン部位のフェロセニウムカチオンラジカルへの酸化により，546 nm の光照射は逆反応のシス体からトランス体への変換を示す。フェロセン部位のレドックスの可逆性と合わせ，通常紫外光と可視光，

4 最近のトピックス

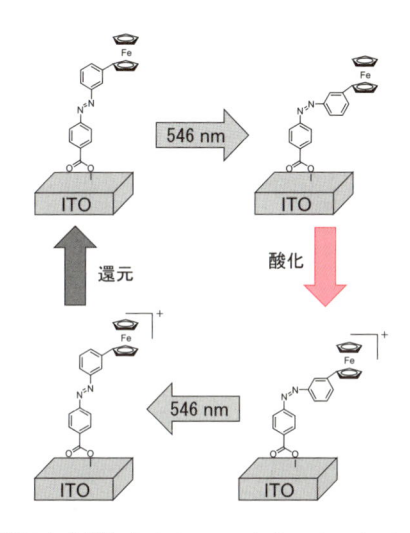

図 4-33 ITO 電極上に作製した 3-ferrocenyl-4'-carboxylazobenzene の SAM の
レドックス共役緑色光トランスーシス異性化

二種類の波長の光が必要なアゾベンゼンの光異性化を，緑色光単独で達成した系である。ITO 電極の光透過性と導電性が本研究の肝となっている。

Bocian らは酸化還元活性種として亜鉛（II）ポルフィリンを有する SAM を Si(100) 電極上に作製し，この系が実用的なメモリデバイスとして機能することを示した（図 4-34）[137]。亜鉛（II）ポルフィリンは 1.6 V vs. Ag^+/Ag 以下の

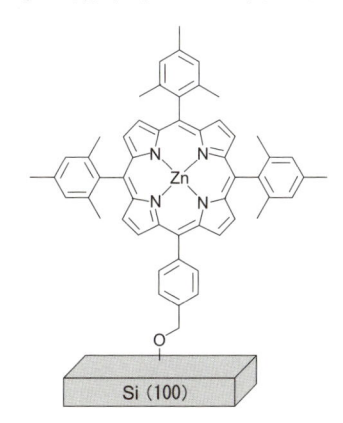

図 4-34 Si(100) 界面上に作製された亜鉛ポルフィリンの SAM

比較的低電圧で2段階の酸化還元反応を示すため，1ビット以上の情報を記録可能である。また，作製されたSAMは400℃の高温条件においても破壊されることなく安定に存在でき，10^{12}回のread-writeサイクルにも耐えることが示された。これらの特徴は分子修飾電極を実用的なデバイスとして利用する際に求められる要件を満たしており，レドックス活性分子を用いることによる多ビットの情報を記録可能なメモリの実現が示唆されている。

4-4-3 自己組織化単分子膜の多層化と応用例
(1) 作製法

SAMを足場・テンプレートとする多層膜の構築も行われている。その利点として，ゼロ次元系である分子を高次元系へと拡張し，機能性・分子エレクトロニクス材料として使いやすい形に変換できることが挙げられる。また，分子単独では発現し得ない特性の獲得も期待される。いくつかの金属錯体は自発的な錯形成反応を示すため，これを利用した逐次錯形成法による多層化が報告されている（表4-2）。この手法を簡単に紹介する。まず配位部位を有するアンカー分子のSAMを基板表面に作製する。ついで金属イオン溶液に基板を浸漬し，アンカー分子の配位部位と錯形成させる。さらに複数の配位部位を有する架橋配位子の溶液に基板を浸漬し，錯形成を促す。この後金属イオン・架橋配位子溶液への浸漬を繰り返すことで多層膜が成長する。金属イオンの代わりに金属錯体・クラスター錯体を用いる手法も知られている（表4-3）。逐次錯形成法の最大の利点は，組成・構成ユニットの数・順序が規定された多層膜が構築できることにある。

表4-2 逐次錯形成法によるSAMの多層化の例

Substrate	Anchor ligand	Metal ion	Bridging ligand	Ref.
Glass, ITO, Si	(MeO)₃Si-	Pd^{2+}		[138]
Au	HS-	$Ti^{4+}, Ir^{4+}, Pt^{4+},$ $W^{4+}, Rh^{3+}, Ti^{3+},$ $Ir^{3+}, Ru^{3+}, Sn^{4+},$ Zr^{4+}, Cu^{2+}		[139]

4 最近のトピックス

Substrate	Ligand	Metal	Linker	Ref.
Glassy calbon		Zr^{4+}		[140]
Sapphire (0001), glass		Cu^{2+}		[141]
Aluminium alloy, Si		Zr^{4+}	$(OH)_2PO(CH_2)_{12}PO(OH)_2$	[142]
SiO_2	M = Zr, Ti	Zr^{4+}, Ti^{4+}		[143]
Quartz, Si	Poly (ethylenamine)	Pd^{2+}		[144]
Glass, Si		Ag^+, Cu^{2+}		[145]
Au		Cu^{2+}, Fe^{3+}, Co^{2+}		[146]
ITO		Cu^{2+}		[147]
Quartz, ITO, Si		Ru^{3+}		[148]
Au		Zn^{2+}		[149]
Au		Zr^{4+}, Hf^{4+}		[150]

207

表 4-3 金属錯体・金属クラスター錯体を構成要素とした逐次錯形成法によるSAMの多層化の例

Substrate	Anchor ligand	Metal complex / Metal cluster	Bridging ligand	Ref.
Au	(structure)	(structure)	(structure)	[151]
Quartz, Si	(structure)	(structure)	(structure)	[152]
Quartz, ITO, Si	(structure)	$Ru_3(CO)_{12}$	(structure)	[153]
ITO	(structure)	(structure)	(structure)	[154]
Au	(structure)	(structure)	(structure)	[155]
Au	(structure)	(structure)	(structure)	[156]

(2) 実施例

ビス(テルピリジン)金属錯体ワイヤについて紹介する(図4-35)[53, 157~169]。本錯体ワイヤはチオール基を有するアンカーテルピリジン配位子(**A**), 金属イオン(Fe^{2+} または Co^{3+}), 架橋テルピリジン配位子(**L**), および末端テルピリジン配位子(**T**)により構成される。前述の通り, **A**のSAMを金表面に作製したのち, 金属イオンと**L**を交互に逐次錯形成することで錯体ワイヤが構築される。加えて, **T**を用いることで錯体ワイヤの伸長を終了させるほか, 機能性

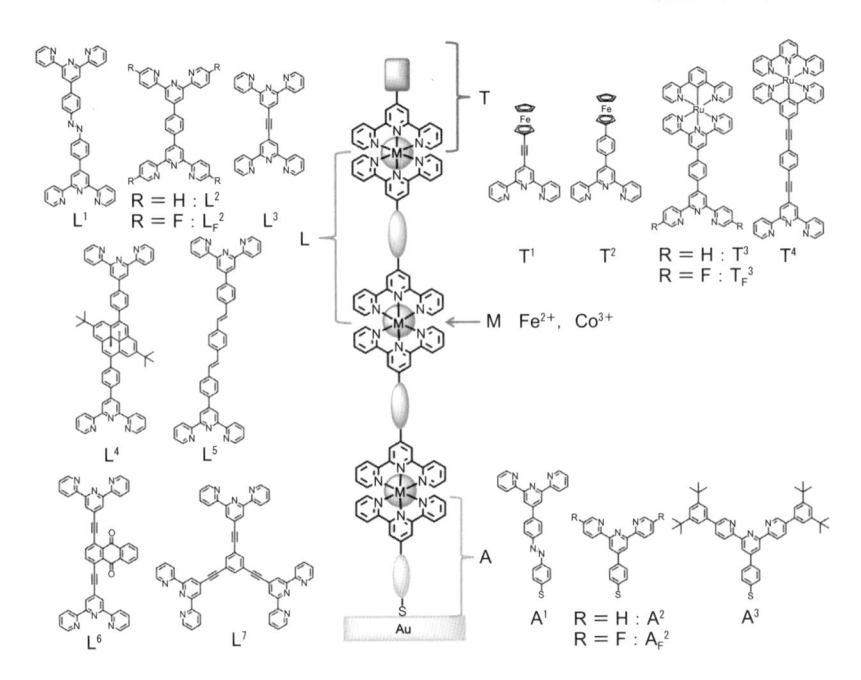

図 4-35 ビス（テルピリジン）金属錯体ワイヤ

分子（ここではレドックス活性種）の錯体ワイヤへの連結が実現される．定量的な逐次錯形成は錯体ワイヤで修飾された金基板を作用電極とする CV によって確認され，ビス（テルピリジン）金属錯体ワイヤでは 0.6 V vs. Fc^+/Fc 付近に $[Fe(tpy)_2]^{3+/2+}$ に由来する電極吸着種の可逆な酸化還元波が観測された（tpy = 2,2' : 6',2''-テルピリジン，図 4-36(a)）．酸化もしくは還元反応の電荷量は積層回数 n に比例して増加しており（図 4-36(c)，金基板表面における定量的な錯体ワイヤの伸長を示している．47 個の錯体ユニットを有する多層膜では断面 SEM にて約 100 nm の膜厚が観測され，一層あたり約 2 nm の分子モデリングと合致した．

線形錯体ワイヤのほか，三股の架橋テルピリジン配位子（例：L^7）を用いることで樹状のものも構築される．$[Fe(tpy)_2]^{3+/2+}$ のレドックスの電荷量に関して，$n \leq 4$ では 2^n-1 に比例，$n \geq 5$ では増加が抑制されている（図 4-36(b)，(c)）．前者は樹状錯体ワイヤの幾何構造を反映しており，後者はワイヤと電極，およ

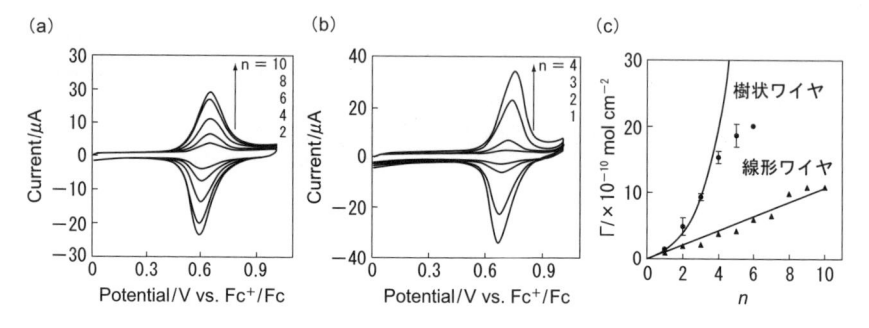

図 4-36　(a, b)　ビス（テルピリジン）鉄錯体ワイヤのサイクリックボルタモグラム：
(a)　A^1 と L^2 からなる線形ワイヤ：(b)　A^1 と L^7 からなる樹状ワイヤ．
(c)　ビス（テルピリジン）鉄錯体の被覆量と逐次錯形成サイクル n との関係

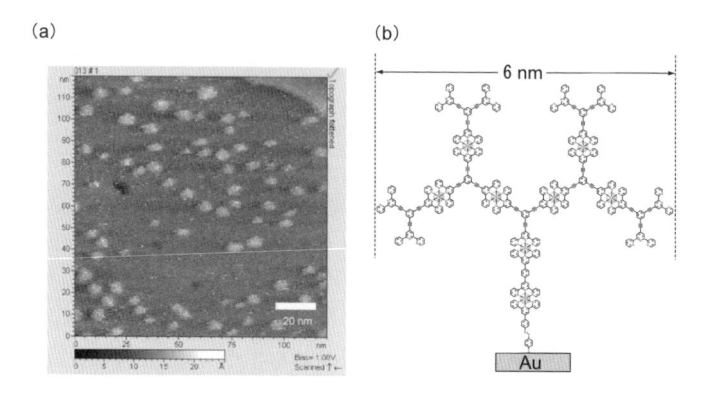

図 4-37　(a)　A^1, L^2, および L^7 からなる樹状ビス（テルピリジン）鉄錯体ワイヤの STM 像．
(b)　そのモデリング構造

びワイヤ同士の物理的干渉によるものである．また，樹状に広がった構造のため STM で像が捉えやすく，分子モデリングに合致したサイズの像が観測されている（図 4-37）．

(3)　分子ワイヤ内レドックス伝導

電極表面に固定されたレドックス活性なポリマー種は構造的に乱雑であり，そのレドックス伝導は，一次元拡散モデルのコットレル式（4-12）で表される（図 4-38(a)）（ただし，拡散層の厚みがポリマー膜の厚みに達するまでの時間

内において)。

$$i(t) = nFAC(D_{app}/\pi t)^{1/2} \qquad (4\text{-}12)$$

ここで D_{app} は「見かけの」拡散係数である。対照的にビス（テルピリジン）金属錯体ワイヤは規定された構造・ユニット数を有しており，そのレドックス伝導は既存のポリマー系とは異なるものと想定される。実際に線形の鉄錯体ワイヤに対してポテンシャルステップクロノアンペロメトリーを行ったところ，コットレル式に従わない i-t プロットが得られた（図 4-38 (b)）。この i-t プロットを説明するために，図 4-38 (c) のような分子鎖内を経由する新しいレドックス伝導機構が提案され，実際に良く実験データを再現している。線形ワイヤのみならず，樹状ワイヤに関しても同様の機構（図 4-38 (d)）で実験データを解釈でき，分子鎖内レドックス伝導機構の妥当性が支持された。すなわち π 共役鎖でレドックス錯体を連結した分子ワイヤでは,ワイヤ内で隣接するビス(テルピリジン）鉄錯体ユニット間での連続的な電子ホッピングによる電子移動モ

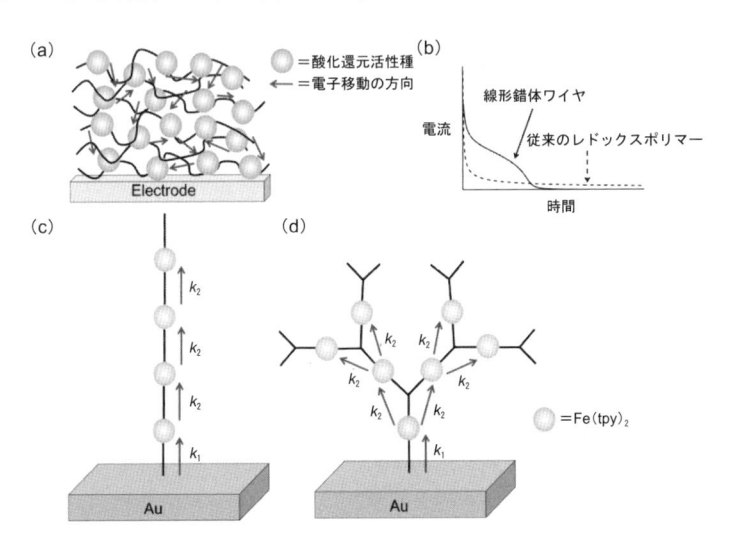

図 4-38 (a) 従来のレドックスポリマー修飾電極におけるレドックス伝導。(b) 従来のレドックスポリマー修飾電極および線形錯体ワイヤのポテンシャルステップクロノアンペログラム。(c) 線形錯体ワイヤに関するワイヤ内レドックス伝導。(d) 樹状型ワイヤに関するワイヤ内レドックス伝導

デルが適用できる。

（4） 長距離電荷輸送能

電子をロス（速度・抵抗）なく長距離伝達する分子ワイヤの開発は，基礎・応用の両面から興味深い。分子ワイヤの長距離電荷輸送能は一般にβ値で評価される。架橋分子（S）を介した電子ドナー（D）から電子アクセプター（A）への電子移動反応（図4-39，D, Aは分子または電極）については，大別して二種類の電子移動機構が提案されている。一つは超交換相互作用（superexchange）機構であり，DとAとの直接の，もしくは架橋部位を介した電子相互作用により電子移動がなされる。もう一方はホッピング（hopping）機構であり，電子はS上に（ごく短時間にせよ）確実に存在し，その分子軌道をホッピングすることで電子が伝搬する。どちらのメカニズムでも，一次の電子移動速度定数k_etは式（4-2）で表される。

$$k_\mathrm{et} = k_\mathrm{et}^0 \exp(-\beta d) \qquad (4\text{-}13)$$

ここでk_et^0はD-A間の距離がゼロの場合の電子移動速度定数，βは距離減衰定数，dはD-A間の距離である。なお，ホッピング機構の場合，k_et^0は$1/N$（N：Sのユニット数）で減衰するとの予測もなされているが[170, 171]，式（4-13）は超交換相互作用機構との比較が容易となるため，広く用いられている。一般に超交換相互作用のβ値は大きい，すなわち距離減衰が激しく，逆にホッピング機構のそれは小さい，つまり距離減衰が緩やかである。Sが長くなるにつれ，超交換相互作用機構からホッピング機構へと電子移動メカニズムがスイッチする系も知られている[172, 173]。

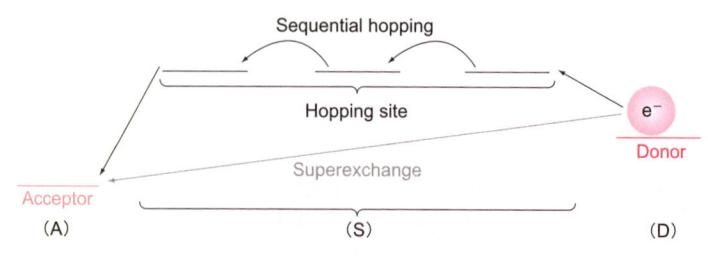

図4-39 2つの電子移動メカニズム

4 最近のトピックス

西原らは，ビス（テルピリジン）金属錯体ワイヤ（図4-35）に関して，ワイヤの長距離電荷輸送能の評価を行った．具体的には，錯体ユニット数を変えながら，ポテンシャルステップクロノアンペロメトリーを適用して末端レドックスサイトと電極との電子移動反応速度 k_et と電極と末端レドックス種間の分子ワイヤに沿った距離 d との関係を調べ，β 値および k_et^0 値を定量した．

図4-40に鉄錯体ワイヤにおける **L** の影響を示す．フェニレン架橋配位子（**L**^{2}）では $\beta = 0.015\,\mathrm{Å}^{-1}$ を示し，アルキル鎖（〜1.0 Å^{-1}）やオリゴフェニレン鎖（0.2－0.77 Å^{-1}）よりも断然小さい．やや長い p-フェニレンビニレン架橋配位子（**L**^{5}）は β の増加（0.031 Å^{-1}）を示したが，ほぼ同じ鉄錯体間距離を有するジメチルジヒドロピレン（DHP, **L**^{4}）架橋配位子では $\beta = 0.008\,\mathrm{Å}^{-1}$ であり，フェニレン架橋のものよりも小さな値となった．この理由は，$E^{0'}(\mathrm{DHP}^{+\cdot}/\mathrm{DHP})$ は $E^{0'}$（フェリシニウム/フェロセン）に近く，DHP部位がホッピングを促進しているためと考えている．

錯体ワイヤの長距離電荷輸送能は中心金属によっても大きく左右される．**L**^{2} を架橋配位子とする線形コバルト錯体ワイヤの β 値は 0.004 Å^{-1} と同架橋構造の鉄錯体ワイヤの β 値（0.015 Å^{-1}）よりも小さく，より優れた長距離電荷輸送

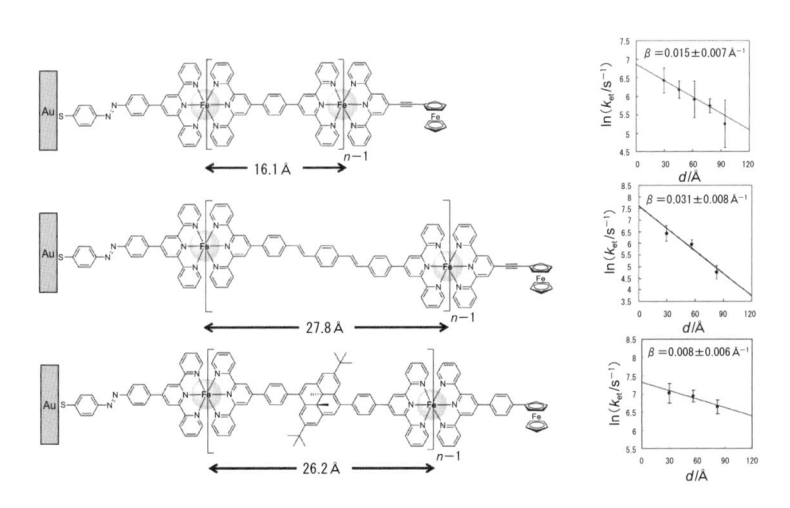

図4-40　**L**^{2}, **L**^{5}, もしくは **L**^{4} を架橋テルピリジン配位子として有するビス（テルピリジン）金属錯体ワイヤの構造と ln k_et–d プロット

能を有することを示した。さらには L^1 を架橋配位子とするコバルト線形錯体ワイヤの β 値は 0.002 Å^{-1} であり，これまでに測定されたビス（テルピリジン）金属錯体ワイヤ系の β の最小値である。一方，アンカー配位子 A および末端レドックス種 T は k_{et}^0 値に影響を与えるものの，β 値としては一定であった。総括すると，ビス（テルピリジン）金属錯体ワイヤの長距離電荷輸送能は構成要素により精密にチューニング可能である。

4-4-4 分子エレクトロニクス

1980 年代の Carter の提案から今日に至るまで，分子エレクトロニクスを現実のものとするべく研究者の奮闘は続いている。分子エレクトロニクスの目指すところを要約すると，分子電線や分子スイッチ素子など，電子回路を構成する素子を分子によって再現することである。また，これらの分子素子を適切にシリコンなどの基板上に固定化・配置・連結することも重要視される。分子エレクトロニクスの実現は未だ道半ばといったところであるが，幾つかの例を紹介する。

Park らはチオール基を有するビス（テルピリジン）コバルト錯体を用いた単一分子トランジスタを作製した(図 4-41)[174]。SiO$_2$ 皮膜されたシリコンをゲート，金をソースおよびドレインとし，上記のコバルト錯体をソース・ドレイン間に固定化したものがデバイスの全容である。100 mK という極低温下，この単一分子トランジスタはクーロンブロッケードに起因する単一電子トランジス

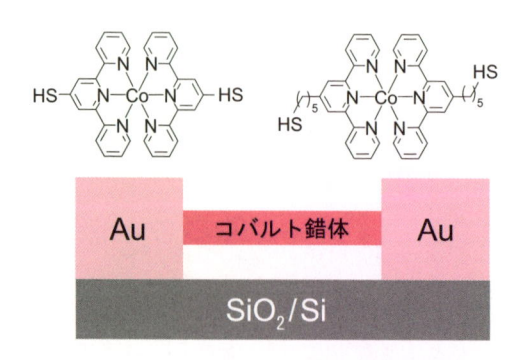

図 4-41 ビス（テルピリジン）コバルト錯体からなる単一分子トランジスタの例

タ特性を示した。また，コバルトが2価（電子スピンが1/2）の際に，近藤効果（常磁性種による，温度低下にともなう導体の電気抵抗の増大）を示すことも見出された。

整流性を示す分子ワイヤが Whitesides によって報告されている[175]。銀－フェロセニルウンデカンチオール-GaIn からなる分子ジャンクション（図 4-42(a)）では，銀から GaIn 方向への導電性が逆方向のそれに比べ 100 倍高い。この挙動はフェロセンを欠くアルカンチオールの場合には観測されない（図 4-42(b)）。フェロセンは最高被占軌道（HOMO）の準位が高く，分子ワイヤの電子構造が非対称となるために整流性が発現する。

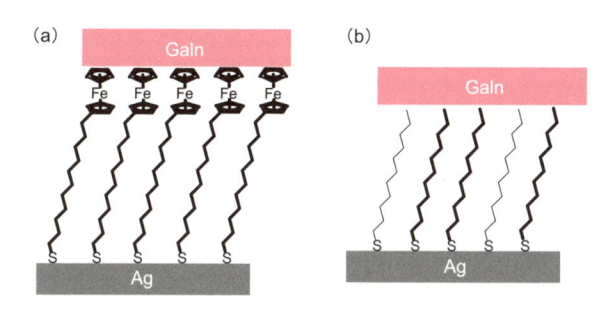

図 4-42　銀-アルキルチオール-GaIn からなる分子ジャンクション

スイッチング機能を示す例を挙げる。山下らは単分子磁石である，希土類ダブルデッカーフタロシアニンの単分子膜を金基板上に真空蒸着し，これとSTM 探針との分子ジャンクションを形成し走査トンネル分光（STS）を行った[176]。中性の状態ではフタロシアニン環は電子スピン（$S = 1/2$）を有し，2つの環は互いに 45° の回転角をなしている。また，電子スピンにより近藤効果が観測される。一方，STM 探針に負のバイアスを与えることで回転角が 30° に変化し，金基板から希土類ダブルデッカーフタロシアニンに電子が注入される。これに伴いフタロシアニン環の電子スピンは消失し，近藤効果も失われる。一連の変化は STM 探針のバイアス電位によって可逆的にコントロールできる。1個の希土類ダブルデッカーフタロシアニンで観測される近藤効果を 1 ビットの情報と捉えると，これを単分子メモリとみなすことができる。

上記の系はすべてドライ系であるが，ウエットな系を構築することで電気化学的挙動を組み込んだデバイスを構築することができる。西原らは好熱性シアノバクテリア *Thermosynechococcus elongatus* のフォトシステム I（PSI）を電界効果トランジスタ（FET）と共役した光検出器を作製した（図 4-43）[177, 178]。PSIは光集光部位としてクロロフィルを有しており，可視光照射により 100% 近い効率で電子を供与する。PSI 内の電子受容体ビタミン K_1 を除去し，ここに金ナノ粒子で修飾したビタミン K_1 様分子を挿入（再構成）する。金ナノ粒子を介して FET のゲート電極に PSI を接合することで系が完成する。一定のソースードレイン電流が流れる条件のもと，このデバイスに光照射を行うとゲートーソース電圧が変化し，これを受光信号とみなすことで光検出器として動作する。なお，電子を失い酸化された PSI は系中に存在する犠牲試薬により再還元され，繰り返し利用が可能となる。

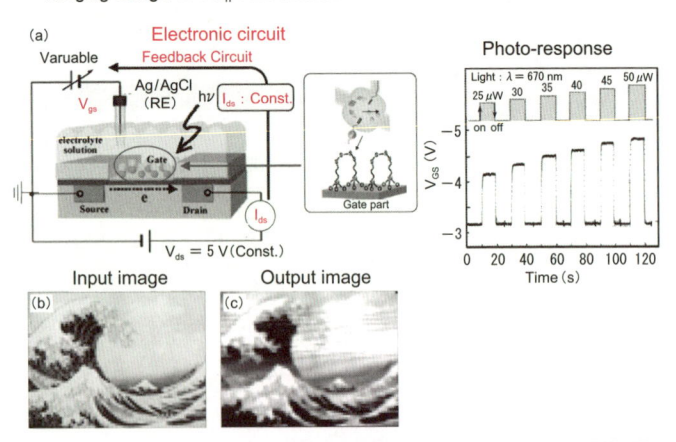

図 4-43　(a)　フォトディテクタの心臓部となる PSI 共役 FET。
　　　　　(b)　入力画像。(c)　出力画像

4-4-5　おわりに

　多くの金属錯体が電子を容易に授受でき，かつ酸化体，還元体とも安定であ

るという特徴をもち，錯形成反応を用いて自在に異なる分子ユニットを連結できるという利点から，金属錯体は機能性電極，および分子エレクトロニクス・スピントロニクスの素材として適している。本節の冒頭では，これらの応用の必須条件である，分子の固定化法として頻出のSAMについて論じた。ついでSAMの多層化による機能性増強の例として，電極表面に逐次的錯形成反応を利用して簡便に合成できる錯体分子ワイヤを挙げた。この系は多彩な金属イオンと配位子の組み合わせによる電子移動挙動のチューニング，容易な構造設計といった特長を有しており，今後，分子デバイスの構築を視野に入れた様々な展開が可能であることを示した。さらに光応答性分子，磁性金属イオン，外部刺激によって構造変化を起こす分子などを導入することにより，錯体分子ワイヤはセンサー，メモリ，ロジックゲートなどへと発展していく可能性を秘めている。

最後に，分子エレクトロニクスに近い研究を紹介した。これらの基礎研究が無機半導体デバイスに置き換わるまたはそれと共存する新しい分子デバイス開発およびナノテクノロジー分野の発展に大きく貢献すると期待される。

参考文献

1) R. A. Marcus, N. Sutin, *Biochim. Biophys. Acta*, **811**, 265 (1985).
2) S. Fukuzumi, *Phys. Chem. Chem. Phys.*, **10**, 2283 (2008).
3) S. Fukuzumi, K. Ohkubo, H. Imahori, J. Shao, Z. Ou, G. Zheng, Y. Chen, R. K. Pandey, M. Fujitsuka, O. Ito, K. M. Kadish, *J. Am. Chem. Soc.*, **123**, 10676 (2001).
4) K. Ohkubo, H. Imahori, J. Shao, Z. Ou, K. M. Kadish, Y. Chen, G. Zheng, R. K. Pandey, M. Fujitsuka, O. Ito, S. Fukuzumi, *J. Phys. Chem. A*, **106**, 10991 (2002).
5) H. Imahori, D. M. Guldi, K. Tamaki, Y. Yoshida, C. Luo, Y. Sakata, S. Fukuzumi, *J. Am. Chem. Soc.*, **123**, 6617 (2001).
6) H. Imahori, Y. Sekiguchi, Y. Kashiwagi, T. Sato, Y. Araki, O. Ito, H. Yamada, S. Fukuzumi, *Chem.–Eur. J.*, **10**, 3184 (2004).
7) S. Fukuzumi, K. Saito, Y. Kashiwagi, M. J. Crossley, S. Gadde, F. D'Souza, Y. Araki, O.

Ito, *Chem. Commun.*, **47**, 7980 (2011).

8) T. Kojima, T, Honda, K. Ohkubo, M. Shiro, T. Kusukawa, T. Fukuda, N. Kobayashi, S. Fukuzumi, *Angew. Chem., Int. Ed.*, **47**, 6712 (2008).

9) F. D'Souza, E. Maligaspe, K. Ohkubo, M. E. Zandler, N. K. Subbaiyan, S. Fukuzumi, *J. Am. Chem. Soc.*, **131**, 8787 (2009).

10) K. Ohkubo, Y. Kawashima, S. Fukuzumi, *Chem. Commun.*, **48**, 4314 (2012).

11) K. Ohkubo, Y. Kawashima, H. Sakai, T. Hasobe, S. Fukuzumi, *Chem. Commun.*, **49**, 4474 (2013).

12) I. Taniguchi, K. Toyosawa, H. Yamaguchi, K. Yasukouchi, *J. Chem. Soc., Chem. Commun.*, 1032 (1982).

13) F. M. Hawkridge, I. Taniguchi, *Comments Inorg. Chem.*, **17**, 163 (1995).

14) I. Taniguchi, S. Yoshimoto, K. Nishiyama, *Chem. Letters.*, **4**, 353 (1997).

15) T. Sawaguchi, F. Mizutani, S. Yoshimoto, I. Taniguchi, *Electrochimi. Acta*, **45**, 2861 (2000).

16) S. Yoshimoto, T. Sawaguchi, F. Mizutani, I. Taniguchi, *Electrochemi. Commun.*, **2**, 39 (2000).

17) K. Nishiyama, M. Tsuchiyama, A. Kubo, H. Seriu, S. Miyazaki, S. Yoshimoto, I. Taniguchi, *Phys. Chem. Chem. Phys.*, **10**, 6935 (2008).

18) K. Nishiyama, M. Tsuchiyama, H. Seriu, S. Yoshimoto, I. Taniguchi, *ECS Transactions.*, **16**, 67 (2009).

19) K. Nishiyama, H. Ishida, I. Taniguchi, *J. Electroanal. Chem.*, **373**, 255 (1994).

20) K. Nishiyama, H. IKebe, Y. Mie, I. Taniguchi, *Chemical Sensors.*, **17**, 133 (2001).

21) I. Taniguchi, A. Miyahara, K. Iwakiri, Y. Hirakawa, K. Hayashi, K. Nishiyama, T. Akashi, T. Hase, *Chem. Lett.*, **9**, 929 (1997).

22) J. Schneider, H. Jia, J. T. Muckerman, E. Fujita, *Chem. Soc. Rev.*, **41**, 2036 (2012).

23) K. Tanaka, *Bull. Chem. Soc. Jpn.*, **71**, 17 (1998).

24) K. Tanaka, D. Ooyama, *Coord. Chem. Rev.*, **226**, 211 (2002).

25) K. Tanaka, *Chem. Rec.*, **9**, 169 (2009).

26) K. Tanaka, M. Morimoto, T. Tanaka, *Chem. Lett.*, 901 (1983).

27) H. Ishida, K. Tanaka, T. Tanaka, *Organometallics*, **6**, 181 (1987).

4 最近のトピックス

28) H. Nakajima, Y. Kushi, H. Nagao, K. Tanaka, *Organometallics*, **14**, 5093 (1995).
29) N. W. Davies, A. S. P. Frey, M. G. Gardiner, J. Wang, *Chem. Commun.*, 4853 (2006).
30) O. T. Summerscales, A. S. P. Frey, F. G. N. Cloke, P. B. Hichcock, *Chem. Commun.*, 198 (2009).
31) V. Mougel, C. Camp, J. Pecaut, C. Coperet, L. Maron, C. E. Kefalidis, M. Mazzanti, *Angew. Chem. Int. Ed.*, **51**, 12280 (2012).
32) A.-C. Schmidt, A. V. Nizovtsev, A. Scheurer, F. W. Heinemann, K. Meyer, *Chem. Commun.*, **48**, 8634 (2012).
33) H. Nakajima, K. Tsuge, K. Tanaka, *Chem. Lett.*, 485 (1997).
34) H. Nakajima, K. Tsuge, K. Toyohara, K. Tanaka, *J. Organomet. Chem.*, **569**, 61 (1998).
35) H. Ishida, H. Tanaka, K. Tanaka, T. Tanaka, *Chem. Lett.*, 597 (1987).
36) C. P. Casey, M. A. Andrews, D. R. MacAlister, J. E. Rinz, *J. Am. Chem. Soc.*, **102**, 1927 (1980).
37) J. R. Sweet, W. A. G. Graham, *J. Am. Chem. Soc.*, **104**, 2811 (1982).
38) W. Tam, G.-Y. Lin, W.-K. Wong, W. A. Kiel, V. K. Wong, J. A. Gladysz, *J. Am. Chem. Soc.*, **104**, 141 (1982).
39) H. Nagao, T. Mizukawa, K. Tanaka, *Chem. Lett.*, 955 (1993).
40) H. Nagao, T. Mizukawa, K. Tanaka, *Inorg. Chem.*, **33**, 3415 (1994).
41) H. Tanaka, H. Nagao, S.-M. Peng, K. Tanaka, *Organometallics*, **11**, 1450 (1992).
42) H. Tanaka, B.-C. Tzeng, H. Nagao, S.-M. Peng, K. Tanaka, *Inorg. Chem.*, **32**, 1508 (1993).
43) K. Toyohara, K. Tsuge, K. Tanaka, *Organometallics*, **14**, 5099 (1995).
44) K. Toyohara, H. Nagao, T. Adachi, T. Yoshida, K. Tanaka, *Chem. Lett.*, 27 (1996).
45) S. Fukuzumi, T. Suenobu, *Dalton Trans.*, **42**, 18 (2013).
46) T.-a. Koizumi, K. Tanaka, *Angew. Chem. Int. Ed.*, **44**, 5891 (2005).
47) D. Polyansky, D. Cabelli, J. T. Muckerman, E. Fujita, T.-a. Koizumi, T. Fukushima, T. Wada, K. Tanaka, *Angew. Chem. Int. Ed.*, **46**, 4169 (2007).
48) D. E. Polyansky, D. Cabelli, J. T. Muckerman, T. Fukushima, K. Tanaka, E. Fujita, *Inorg. Chem.*, **47**, 3958 (2008).
49) T. Fukushima, E. Fujita, J. T. Muckerman, D. E. Polyansky, T. Wada, K. Tanaka,

Inorg. Chem., **48**, 11510 (2009).
50) T. Fukushima, T. Wada, H. Ohtsu, K. Tanaka, *Dalton Trans.*, **39**, 11526 (2010).
51) H. Ohtsu, K. Tanaka, *Angew. Chem. Int. Ed.*, **51**, 9792 (2012).
52) C. A. Widrig, C. A. Alves, M. D. Porter, *J. Am. Chem. Soc.*, **113**, 2805 (1991).
53) Y. Yamanoi, J. Sendo, T. Kobayashi, H. Maeda, Y. Yabusaki, M. Miyachi, R. Sakamoto, H. Nishihara, *J. Am. Chem. Soc.*, **134**, 20433 (2012).
54) H. Tian, Y. Dai, H. Shao, H.-Z. Yu, *J. Phys. Chem. C*, **117**, 1006 (2013).
55) B. Singhana, S. Rittikulsittichai, T. R. Lee, *Langmuir*, **29**, 561 (2013).
56) E. Gatto, A. Porchetta, M. Scarselli, M. D. Crescenzi, F. Formaggio, C. Toniolo, M. Venanzi, *Langmuir*, **28**, 2817 (2012).
57) R. Breuer, M. Schmittel, *Organometallics*, **31**, 6642 (2013).
58) A. Ahmad, E. Moore, *Analyst*, **137**, 5839 (2012).
59) M. I. Muglali, J. Liu, A. Bashir, D. Borissov, M. Xu, Y. Wang, C. Wöll, M. Rohwerder, *Phys. Chem. Chem. Phys.*, **14**, 4703 (2012).
60) J. W. Ciszek, M. P. Stewart, J. M. Tour, *J. Am. Chem. Soc.*, **126**, 13172 (2004).
61) C. Shen, M. Buck, J. D. E. T. Wilton-Ely, T. Weidner, M. Zharnikov, *Langmuir*, **24**, 6609 (2008).
62) H. Valkenier, E. H. Huisman, P. A. van Hal, D. M. de Leeuw, R. C. Chiechi, J. C. Hummelen, *J. Am. Chem. Soc.*, **133**, 4930 (2011).
63) K. Ford, B. J. Battersby, B. J. Wood, I. R. Gentle, *J. Colloid. Interf. Sci.*, **370**, 162 (2012).
64) D. P. Cormode, A. J. Evans, J. J. Davbis, P. D. Beer, *Dalton Trans.*, **39**, 6532 (2010).
65) Takamatsu D, Fukui K, Aroua S, Yamakoshi Y, Org Biomol Chem 2010 ; 8 : 3655-64. D. Takamatsu, K. Fukui, S. Aroua, Y. Yamakoshi, *Org. Biomol. Chem.*, **8**, 3655 (2010).
66) K. Yamamoto, H. Sugiura, R. Amemiya, H. Aikawa, Z. An, M. Yamaguchi, M. Mizukami, K. Kurihara, *Tetrahedron*, **67**, 5972 (2011).
67) X. Wang, S. Fukuoka, R. Tsukigawara, K. Nagata, M. Higuchi, *J. Colloid. Interf. Sci.*, **390**, 54 (2013).
68) F. Sander, J. P. Hermes, M. Mayor, H. Hamoudi, M. Zharnikov, *Phys. Chem. Chem. Phys.*, **15**, 2836 (2013).

4 最近のトピックス

69) D. Y. Petrovykh, H. Kimura-Suda, A. Opdahl, L. J. Richter, M. J. Tarlkov, L. J. Whitman, *Langmuir*, **22**, 2578 (2006).

70) D. Bong, I. Tam, R. Breslow, *J. Am. Chem. Soc.*, **126**, 11796 (2004).

71) C. Li, B. Ren, Y. Zhang, Z. Cheng, X. Liu, Z. Tong, *Langmuir*, **24**, 12911 (2008).

72) D. M. Rampulla, C. M. Wroge, E. L. Hanson, J. G. Kushmerick, *J. Phys. Chem. C*, **114**, 20852 (2010).

73) N. W. Polaske, H.-C. Lin, A. Tang, M. Mayukh, L. E. Oquendo, J. T. Green, E. L. Ratcliff, N. R. Armstrong, S. S. saavedra, D. V. McGrath, *Langmuir*, **27**, 14900 (2011).

74) Y. Matsuo, T. Ichiki, E. Nakamura, *J. Am. Chem. Soc.*, **133**, 9932 (2011).

75) E. Hwang, K. M. Nalin de Silva, C. B. Seevers, J.-R. Li, J. C. Garno, E. E. Nesterov, *Langmuir*, **24**, 9700 (2008).

76) K. Namiki, A. Sakamoto, M. Murata, S. Kume, H. Nishihara, *Chem. Commun.*, 4650 (2007).

77) Miyachi M, Ohta M, Nakai M, Kubota Y, Yamanoi Y, Yonezawa T, Nishihara H, Chem Lett 2008;37:404-5. M. Miyachi, M. Ohta, M. Nakai, Y. Kubota, Y. Yamanoi, T. Yonezawa, H. Nishihara, *Chem. Lett.*, **37**, 404 (2008).

78) A. M. Caro, S. Armini, O. Richard, G. Maes, G. Borghs, C. M. Whelan, Y. Travaly, *Adv. Funct. Mater.*, **20**, 1125 (2010).

79) M. A. Ramin, G. L. Bourdon, K. Heuzé, M. Degueil, C. Belin, T. Buffeteau, B. Bennetau, L. Vellutini, *Langmuir*, **28**, 17672 (2012).

80) S. R. Walter, J. Youn, J. D. Emery, S. Kewalramani, J. W. Hennek, M. J. Bedzyk, A. Facchetti, T. J. Marks, F. M. Geiger, *J. Am. Chem. Soc.*, **134**, 11726 (2012).

81) A. M. Gnanappa, C. O'Murchu, O. Slattery, F. Peters, T. O'Hara, B. Aszalós-Kiss, S. A. M. Tafail, *Appl. Surf. Sci.*, **257**, 4331 (2011).

82) K. Hayashi, H. Sugimura, O. Takai, *Jpn. J. Appl. Phys.*, **40**, 4344 (2001).

83) J. M. Buriak, *Chem. Commun.*, 1051 (1999).

84) D. D. M. Wayner, R. A. Wolkow, *J. Chem. Soc. Perkin. Trans.* **2**, 23 (2002).

85) H. Sano, H. Maeda, T. Ichii, K. Murase, K. Noda, K. Matsushige, H. Sugimura, *Langmuir*, **25**, 5516 (2009).

86) O. Seitz, M. Dai, F. S. Aguirre-Tostado, R. M. Wallance, Y. J. Chabal, *J. Am. Chem.*

Soc., **131**, 18159 (2009).
87) H. Sano, K. Ohno, T. Ichii, K. Murase, H. Sugimura, *Jpn. J. Appl. Phys.*, **49**, 01AE09 (2010).
88) J. H. Song, M. J. Sailor, *J. Am. Chem. Soc.*, **120**, 2376 (1998).
89) J. H. Song, M. J. Sailor, *Inorg. Chem.*, **38**, 1498 (1999).
90) S. Ciampi, J. B. Harper, J. J. Gooding, *Chem. Soc. Rev.*, **39**, 2158 (2010).
91) Y. Liu, S. Yamazaki, S. Yamabe, Y. Nakato, *J. Mater. Chem.*, **15**, 4906 (2005).
92) Q.-Y. Sun, L. C. P. M. de Smet, B. van Lagen, A. Wright, H. Zuilhof, E. J. R. Sudhölter, *Angew. Chem. Int. Ed.*, **43**, 1352 (2004).
93) L. A. Huck, J. M. Buriak, *Langmuir*, **28**, 16285 (2012).
94) B. J. Eves, G. P. Lopinski, *Surf. Sci.*, **579**, 89 (2005).
95) N. Salingue, P. Hess, *Appl. Phys. A Mater.*, **104**, 987 (2011).
96) A. A. Shestopalov, C. J. Morris, B. N. Vogen, A. Hoertz, R. L. Clark, E. J. Toone, *Langmuir*, **27**, 6478 (2011).
97) R. D. Rohde, H. D. Agnew, W.-S. Yeo, R. C. Bailey, J. R. Heath, *J. Am. Chem. Soc.*, **128**, 9518 (2006).
98) F. Tian, D. F. Taber, A. V. Teplyakov, *J. Am. Chem. Soc.*, **133**, 20769 (2011).
99) S. Zhang, J. T. Koberstein, *Langmuir*, **28**, 486 (2012).
100) C. J. Morris, A. A. Shestopalov, B. H. Gold, R. L. Clark, E. J. Toone, *Langmuir*, **27**, 6486 (2011).
101) P. Ardalan, Y. Sun, P. Pianetta, C. B. Musgrave, S. F. Bent, *Langmuir*, **26**, 8419 (2010).
102) P. Ardalan, C. B. Musgrave, S. F. Bent, *Langmuir*, **25**, 2013 (2009).
103) D. Knapp, B. S. Brunschwig, N. S. Lewis, *J. Phys. Chem. C*, **114**, 12300 (2010).
104) D. Knapp, B. S. Brunschwig, N. S. Lewis, *J. Phys. Chem. C*, **115**, 16389 (2011).
105) F. J. Xu, Q. J. Cai, E. T. Kang, K. G. Neoh, C. X. Zhu, *Organometallics*, **24**, 1768 (2005).
106) V. C. Holmberg, B. A. Korgel, *Chem. Mater.*, **22**, 3698 (2010).
107) S. M. Han, W. R. Ashurst, C. Carraro, R. Maboudian, *J. Am. Chem. Soc.*, **123**, 2422 (2001).

4 最近のトピックス

108) M. Hoeb, M. Auernhammer, S. J. Schoell, M. S. Brandt, J. A. Garrido, M. Stutzmann, I. D. Sharp, *Langmuir*, **26**, 18862 (2010).
109) E. D. Stenehjem, V. R. Ziatdinov, T. D. P. Stack, C. E. D. Chidsey, *J. Am. Chem. Soc.*, **135**, 1110 (2013).
110) T. Strother, T. Knickerbocker, J. N. Russell Jr., J. E. Butler, L. M. Smith, R. J. Hamers, *Langmuir*, **18**, 968 (2002).
111) T. Nakamura, M. Suzuki, M. Ishihara, T. Ohana, A. Tanaka, Y. Koga, *Langmuir*, **20**, 5846 (2004).
112) T. Knickerbocker, T. Strother, M. P. Schwartz, J. N. Russell Jr., J. Butler, L. M. Smith, R. J. Hamers, *Langmuir*, **19**, 1938 (2003).
113) M. R. Lockett, L. M. Smith, *Langmuir*, **25**, 3340 (2009).
114) M. R. Lockett, L. M. Smith, *J. Phys. Chem. C*, **114**, 12635 (2010).
115) M. R. Lockett, L. M. Smith, *Langmuir*, **26**, 16642 (2010).
116) V. Jouikov, J. Simonet, *Langmuir*, **28**, 931 (2012).
117) D. Lorcy, K.-S. Shin, M. Guerro, J. Simonet, *Electrochim. Acta.*, **89**, 784 (2013).
118) F. Camacho-Alanis, H. Castaneda, G. Zangari, N. S. Swami, *Langmuir*, **27**, 11273 (2011).
119) P. Arudra, G. M. Marshall, N. Liu, J. J. Dubowski, *J. Phys. Chem. C*, **116**, 2891 (2012).
120) C. Zhou, A. Trionfi, J. C. Jones, J. W. P. Hsu, A. V. Walker, *Langmuir*, **26**, 4523 (2010).
121) C. L. McGuiness, G. A. Diehl, D. Blasini, D.-M. Smilgies, M. Zhu, N. Samarth, T. Weidner, N. Ballav, M. Zharnikov, D. L. Allara, *ACS Nano*, **4**, 3447 (2010).
122) L. S. Alarcón, L. Chen, V. A. Esaulov, J. E. Gayone, E. A. Sánchez, O. Grizzi, *J. Phys. Chem. C*, **114**, 19993 (2010).
123) H. Yamamoto, R. A. Butera, Y. Gu, D. H. Waldeck, *Langmuir*, **15**, 8640 (1999).
124) H. Lim, C. Carraro, R. Maboudian, M. W. Pruessner, R. Ghodssi, *Langmuir*, **20**, 743 (2004).
125) R. Franking, R. J. Hamers, *J. Phys. Chem. C*, **115**, 17102 (2011).
126) D. G. Brown, P. A. Schauer, J. Borau-Garcia, B. R. Fancy, C. P. Berlinguette, *J. Am. Chem. Soc.*, **135**, 1692 (2013).

127) Y. Paz, *Beilstein J. Nanotechnol.*, **2**, 845 (2011).
128) T. Hauffman, A. Hubin, H. Terryn, *Surf. Interface, Anal.*, (2012), DOI : 10. 1002/sia. 5150.
129) O. Yildirim, T. Gang, S. Kinge, D. N. Reinhoudt, D. H. A. Blank, W. G. van der Wiel, G. Rijnders, J. Huskens, *Int. J. Mol. Sci.*, **11**, 1162 (2010).
130) K. Fukuda, T. Hamamoto, T. Yokota, T. Sekitani, U. Zschieschang, H. Klauk, T. Someya, *Appl. Phys. Lett.*, **95**, 203301 (2009).
131) L. N. Mitchon, J. M. White, *Langmuir*, **22**, 6549 (2006).
132) M. Steenackers, I. D. Sharp, K. Larsson, N. A. Hutter, M. Stutzmann, R. Jordan, *Chem. Mater.*, **22**, 272 (2010).
133) M. Rosso, M. Giesbers, A. Arafat, K. Schroën, H. Zuilhof, *Langmuir*, 25, 2172 (2009).
134) M. Rosso, A. Arafat, K. Schroën, M. Giesbers, C. S. Poper, R. Maboudian, H. Zuilhof, *Langmuir*, **24**, 4007 (2008).
135) R. M. Petoral Jr., G. R. Yazdi, A. Lloyd Spetz, R. Yakimova, K. Uvdal, *Appl. Phys. Lett.*, **90**, 223904 (2007).
136) X.-P. He, X.-W. Wang, X.-P. Jin, H. Zhou, X.-X. Shi, G.-R. Chen, Y.-T. Long, *J. Am. Chem. Soc.*, **133**, 3649 (2011).
137) Z. Liu, A. A. Yasseri, J. S. Lindsey, D. F. Bocian, *Science*, **302**, 1543 (2003).
138) M. Altman, A. D. Shukla, T. Zubkov, G. Evmenenko, P. Dutta, M. E. van der Boom, *J. Am. Chem. Soc.*, **128**, 7374 (2006).
139) L. Kosbar, C. Srinivasan, A. Afzali, T. Graham, M. Copel, L. Krusin-Elbaum, *Langmuir*, **22**, 7631 (2006).
140) L. Oo, F. Kitamura, *J. Electroanal. Chem.*, **619-620**, 187 (2008).
141) K. Kanaizuka, R. Haruki, O. Sakata, M. Yoshimoto, Y. Akita, H. Kitagawa, *J. Am. Chem. Soc.*, **130**, 15778 (2008).
142) A. Shida, H. Sugimura, M. Futsuhara, O. Takai, *Surf. Coat. Tech.*, **169-170**, 686 (2003).
143) H. Sugimura, H. Yonezawa, S. Asai, Q.-W. Sun, T. Ichii, K.-H. Lee, K. Murase, K. Noda, K. Matsushige, *Colloid Surface A*, **321**, 249 (2008).

144) S. Gao, Y. Huang, M. Cao, T. Liu, R. Cao, *J. Mater. Chem.*, **21**, 16467 (2011).
145) P. C. Mondal, J. Y. Lakshmanan, H. Hamoudi, M. Zhamikov, T. Gupta, *J. Phys. Chem. C*, **115**, 16398 (2011).
146) P. F. Driscoll, E. F. Douglass Jr., M. Phewluangdee, E. R. Soto, C. G. F. Cooper, J. C. MacDonald, C. R. Lambert, W. G. McGimpsey, *Langmuir*, **24**, 5140 (2008).
147) J. Liu, M. Chen, D.-J. Qian, *Langmuir*, **28**, 9496 (2012).
148) Y. Pan, B. Tong, J. Shi, W. Zhao, J. Shen, J. Zhi, Y. Dong, *J. Phys. Chem. C*, **114**, 8040 (2010).
149) O. Shekhah, H. Wang, T. Strunskus, P. Cyganik, D. Zacher, R. Fischer, C. Wöll, *Langmuir*, **23**, 7440 (2007).
150) M. Wanunu, A. Vaskevich, S. R. Cohen, H. Cohen, R. Arad-Yellin, A. Shanzer, I. Rubinstein, *J. Am. Chem. Soc.*, **127**, 17877 (2005).
151) M. Abe, T. Michi, A. Sato, T. Kondo, W. Zhou, S. Ye, K. Uosaki, Y. Sasaki, *Angew. Chem. Int. Ed.*, **42**, 2912 (2003).
152) M. Altman, O. V. Zenkina, T. Ichiki, M. A. Iron, G. Evmenenko, P. Dutta, M. E. van der Boom, *Chem. Mater.*, **21**, 4676 (2009).
153) W. Zhao, B. Tong, Y. Pan, J. Shen, J. Zhi, J. Shi, Y. Dong, *Langmuir*, **25**, 11796 (2009).
154) W. Zhao, B. Tong, J. Shi, Y. Pan, J. Shen, J. Zhi, W. K. Chan, Y. Dong, *Langmuir*, **26**, 16084 (2010).
155) K. S. Lokesh, S. Chardon-Noblat, F.Lafolet, Y. Traoré, C. Gondran, P. Guionneau, L. Guérente, P. Labbé, A. Deronzier, J.-F. Létard, *Langmuir*, **28**, 11779 (2012).
156) C. Lin, C. R. Kagan, *J. Am. Chem. Soc.*, **125**, 336 (2003).
157) K. Kanaizuka, M. Murata, Y. Nishimori, I. Mori, K. Nishio, H. Masuda, H. Nishihara, *Chem. Lett.*, **34**, 534 (2005).
158) Y. Nishimori, K. Kanaizuka, M. Murata, H. Nishihara, *Chem. Asian J.*, **2**, 367 (2007).
159) H. Nishihara, K. Kanaizuka, Y. Nishimori, Y. Yamanoi, *Coord. Chem. Rev.*, **251**, 2674 (2007).
160) Y. Nishimori, K. Kanaizuka, T. Kurita, T. Nagatsu, Y. Segawa, F. Toshimitsu, S. Muratsugu, M. Utsuno, S. Kume, M. Murata, H. Nishihara, *Chem. Asian J.*, **4**, 1361 (2009).

161) T. Kurita, Y. Nishimori, F. Toishimitsu, S. Muratsugu, S. Kume, H. Nishihara, *J. Am. Chem. Soc.*, **132**, 4524 (2010).
162) H. Maeda, R. Sakamoto, Y. Nishimori, J. Sendo, F. Toshimitsu, Y. Yamanoi, H. Nishihara, *Chem. Commun.*, **47**, 8644 (2011).
163) Y. Nishimori, H. Maeda, S. Katagiri, J. Sendo, M. Miyachi, R. Sakamoto, Y. Yamanoi, H. Nishihara, *Macromol. Symp.*, **317-318**, 276 (2012).
164) S. Katagiri, R. Sakamoto, H. Maeda, Y. Nishimori, T. Kurita, H. Nishihara, *Chem. Eur. J.*, **19**, 5088 (2013).
165) R. Sakamoto, S. Katagiri, H. Maeda, H. Nishihara, *Chem. Lett.*, **42**, 553 (2013).
166) R. Sakamoto, Y. Ohirabaru, R. Matsuoka, H. Maeda, S. Katagiri, H. Nishihara, *Chem. Commun.*, **49**, 7108 (2013).
167) K.-H. Wu, H. Maeda, T. Kambe, K. Hoshiko, E. J. H. Phua, R. Sakamoto, H. Nishihara, *Dalton Trans.*, (2013), in press.
168) R. Sakamoto, S. Katagiri, H. Maeda, H. Nishihara, *Coord. Chem. Rev.*, **257**, 1493 (2013).
169) H. Maeda, R. Sakamoto, H. Nishihara, *Polymer*, **54**, 4383 (2013).
170) E. G. Petrov, V. May, *J. Phys. Chem. A*, **105**, 10176 (2001).
171) E. G. Petrov, Ye. V. Shevchenko, V. I. Teslenko, *J. Chem. Phys.*, **115**, 7107 (2001).
172) R. A. Malak, Z. Gao, J. F. Wishart, S. S. Isied, *J. Am. Chem. Soc.*, **126**, 13888 (2004).
173) E. A. Weiss, M. J. Tauber, R. F. Kelley, M. J. Ahrens, M. A. Ratner, M. R. Wasielewski, *J. Am. Chem. Soc.*, **127**, 11842 (2005).
174) J. Park, A. N. Pasupathy, J. I. Goldsmith, C. Chang, Y. Yaish, J. R. Petta, M. Rinkoski, J. P. Sethna, H. D. Abruña, P. L. McEuen, D. C. Ralph, *Nature*, **417**, 722 (2002).
175) C. A. Nijhuis, W. F. Reus, G. M. Whitesides, *J. Am. Chem. Soc.*, **131**, 17814 (2009).
176) T. Komeda, H. Isshiki, J. Liu, Y. F. Zhang, N. Lorente, K. Katoh, B. K. Breedlove, M. Yamashita, *Nat. Commun.*, **2**, 217 (2011).
177) N. Terasaki, N. Yamamoto, K. Tamada, M. Hattori, T. Hiraga, A. Tohri, I. Sato, M. Iwai, M. Iwai, S. Taguchi, I. Enami, Y. Inoue, Y. Yamanoi, T. Yonezawa, K. Mizuno, M. Murata, H. Nishihara, S. Yoneyama, M. Minakata, T. Ohmori, M. Sakai, M. Fujii, *Biochim. Biophys. Acta*, **1767**, 653 (2007).

178) N. Terasaki, N. Yamamoto, T. Hiraga, Y. Yamanoi, T. Yonezawa, H. Nishihara, T. Ohmori, M. Sakai, M. Fujii, A. Tohri, M. Iwai, Y. Inoue, S. Yoneyama, M. Minakata, I. Enami, *Angew. Chem. Int. Ed.*, **48**, 1585 (2009).

付録1　代表的な元素の標準半電池電極電位

データはすべて標準状態の値で，単位はボルト (V) である。つぎの本から引用した：D. F. Schriver, P. Atkins, C. H. Langford, "Inorganic Chemistry", 2nd Ed., Freeman, New York (1994).

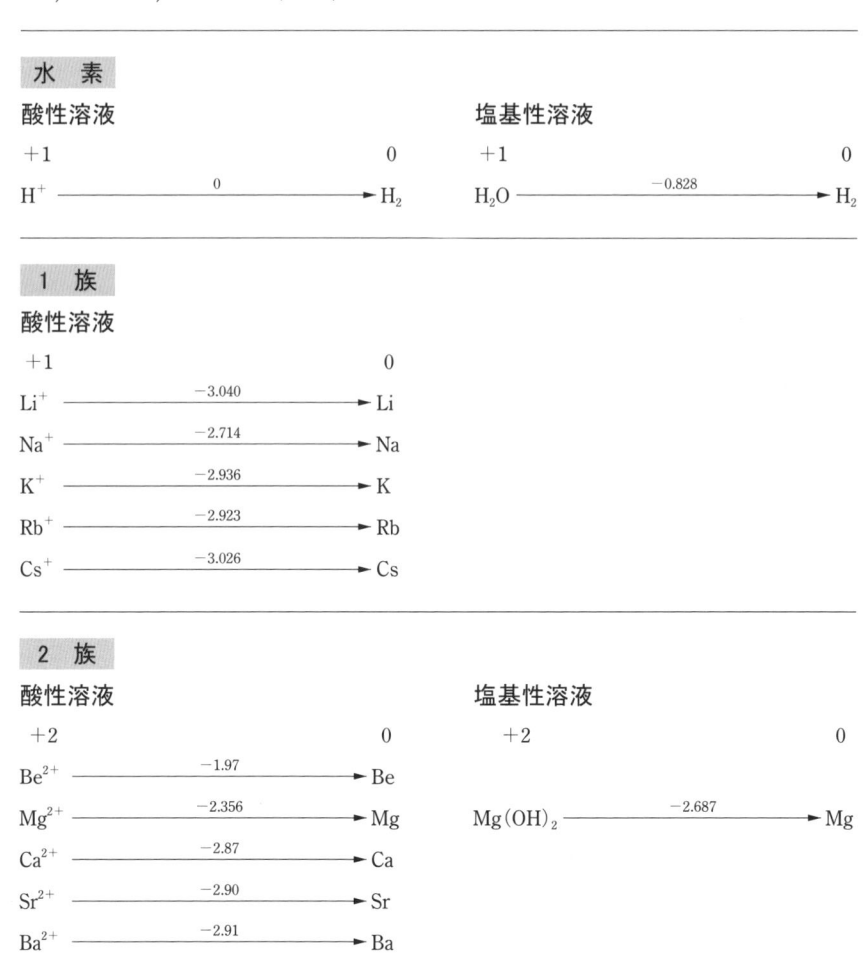

水　素

酸性溶液

$H^+ \xrightarrow{0} H_2$ (+1 → 0)

塩基性溶液

$H_2O \xrightarrow{-0.828} H_2$ (+1 → 0)

1　族

酸性溶液 (+1 → 0)

$Li^+ \xrightarrow{-3.040} Li$

$Na^+ \xrightarrow{-2.714} Na$

$K^+ \xrightarrow{-2.936} K$

$Rb^+ \xrightarrow{-2.923} Rb$

$Cs^+ \xrightarrow{-3.026} Cs$

2　族

酸性溶液 (+2 → 0)

$Be^{2+} \xrightarrow{-1.97} Be$

$Mg^{2+} \xrightarrow{-2.356} Mg$

$Ca^{2+} \xrightarrow{-2.87} Ca$

$Sr^{2+} \xrightarrow{-2.90} Sr$

$Ba^{2+} \xrightarrow{-2.91} Ba$

塩基性溶液 (+2 → 0)

$Mg(OH)_2 \xrightarrow{-2.687} Mg$

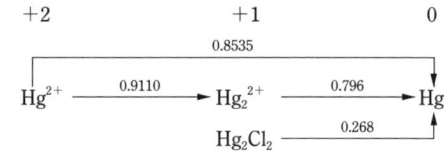

12 族

酸性溶液

$$Zn^{2+} \xrightarrow{\ -0.762\ } Zn$$

塩基性溶液

$$[Zn(OH)_4]^{2-} \xrightarrow{\ -1.199\ } Zn$$
$$Zn(OH)_2 \xrightarrow{\ -1.246\ } Zn$$

酸性溶液

$$Hg^{2+} \xrightarrow{0.9110} Hg_2^{2+} \xrightarrow{0.796} Hg$$
$$Hg^{2+} \xrightarrow{\quad 0.8535 \quad} Hg$$
$$Hg_2Cl_2 \xrightarrow{0.268} Hg$$

塩基性溶液

$$HgO \xrightarrow{\ 0.0977\ } Hg$$

13 族

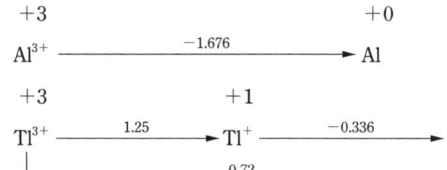

酸性溶液

$$Al^{3+} \xrightarrow{\ -1.676\ } Al$$

$$Tl^{3+} \xrightarrow{1.25} Tl^{+} \xrightarrow{-0.336} Tl$$
$$Tl^{3+} \xrightarrow{\quad 0.72 \quad} Tl$$

塩基性溶液

$$Al(OH)_4^{-} \xrightarrow{\ -2.310\ } Al$$

14 族

酸性溶液

$$CO_2 \xrightarrow{-0.114} HCOOH \xrightarrow{0.029} HCHO \xrightarrow{0.237} CH_3OH \xrightarrow{0.583} CH_4$$
$$CO_2 \xrightarrow{-0.104} CO \xrightarrow{0.517} C \xrightarrow{0.132} CH_4$$

塩基性溶液

$$CO_3^{2-} \xrightarrow{-0.930} HCO_2^{-} \xrightarrow{-1.160} HCHO \xrightarrow{-0.591} CH_3OH \xrightarrow{-0.245} CH_4$$
$$C \xrightarrow{-1.148} CH_3OH$$

付　録

酸性溶液

$$+4 \quad\quad\quad\quad +2 \quad\quad\quad\quad 0$$

$\mathrm{SiO_2}$ (水晶) $\xrightarrow{-0.909}$ Si

$\mathrm{SnO_2}$ (白色) $\xrightarrow{-0.088}$ SnO $\xrightarrow{-0.104}$ Sn

$\mathrm{Sn^{4+}}$ $\xrightarrow{0.15}$ $\mathrm{Sn^{2+}}$ $\xrightarrow{-0.137}$ ↑

$\alpha\text{-}\mathrm{PbO_2}$ $\xrightarrow{1.46}$ $\mathrm{Pb^{2+}}$ $\xrightarrow{-0.125}$ Pb

$\xrightarrow{1.70}$ $\mathrm{PbSO_4}$ $\xrightarrow{-0.356}$ ↑

塩基性溶液

$$+4 \quad\quad\quad\quad +2 \quad\quad\quad\quad 0$$

$\mathrm{SiO_3^{2-}}$ $\xrightarrow{-1.69}$ Si

$\mathrm{Sn(OH)_6^{2-}}$ $\xrightarrow{(-0.93)}$ $\mathrm{SnOOH^-}$ (赤色) $\xrightarrow{(-0.91)}$ Sn

$\mathrm{PbO_2}$ $\xrightarrow{0.254}$ PbO (赤色) $\xrightarrow{-0.578}$ Pb

15　族

酸性溶液

$$+5 \quad +4 \quad +3 \quad +2 \quad +1 \quad 0 \quad -1 \quad -2 \quad -3$$

$\mathrm{NO_3^-}$ $\xrightarrow{0.803}$ $\mathrm{N_2O_4}$ $\xrightarrow{1.07}$ $\mathrm{HNO_2}$ $\xrightarrow{0.996}$ NO $\xrightarrow{1.59}$ $\mathrm{N_2O}$ $\xrightarrow{1.77}$ $\mathrm{N_2}$ $\xrightarrow{-1.87}$ $\mathrm{NH_3OH^+}$ $\xrightarrow{1.41}$ $\mathrm{N_2H_5^+}$ $\xrightarrow{1.275}$ $\mathrm{NH_4^+}$

上段: $\xrightarrow{1.25}$, $\xrightarrow{-0.23}$

下段: $\xrightarrow{0.94}$, $\xrightarrow{1.297}$, $\xrightarrow{-0.05}$, $\xrightarrow{1.35}$

塩基性溶液

$$+5 \quad +4 \quad +3 \quad +2 \quad +1 \quad 0 \quad -1 \quad -2 \quad -3$$

$\mathrm{NO_3^-}$ $\xrightarrow{-0.86}$ $\mathrm{N_2O_4}$ $\xrightarrow{0.867}$ $\mathrm{NO_2^-}$ $\xrightarrow{0.46}$ NO $\xrightarrow{0.76}$ $\mathrm{N_2O}$ $\xrightarrow{0.94}$ $\mathrm{N_2}$ $\xrightarrow{-3.04}$ $\mathrm{NH_2OH}$ $\xrightarrow{0.73}$ $\mathrm{N_2H_4}$ $\xrightarrow{0.1}$ $\mathrm{NH_3}$

上段: $\xrightarrow{0.25}$, $\xrightarrow{-1.16}$

下段: $\xrightarrow{0.01}$, $\xrightarrow{0.15}$, $\xrightarrow{-1.05}$, $\xrightarrow{-0.42}$

酸性溶液

$$+5 \quad\quad +4 \quad\quad +3 \quad\quad +1 \quad\quad 0 \quad\quad -3$$

$\mathrm{H_3PO_4}$ $\xrightarrow{-0.933}$ $\mathrm{H_4P_2O_6}$ $\xrightarrow{0.380}$ $\mathrm{H_3PO_3}$ $\xrightarrow{-0.499}$ $\mathrm{H_3PO_2}$ $\xrightarrow{-0.365}$ P $\xrightarrow{-0.063}$ $\mathrm{PH_3}$

下段: $\xrightarrow{-0.276}$, $\xrightarrow{-0.502}$

塩基性溶液

$$+5 \quad\quad +3 \quad\quad +1 \quad\quad 0 \quad\quad -3$$

$\mathrm{PO_4^{3-}}$ $\xrightarrow{-1.12}$ $\mathrm{HPO_3^{2-}}$ $\xrightarrow{-1.57}$ $\mathrm{H_2PO_2^-}$ $\xrightarrow{-2.05}$ P $\xrightarrow{-0.89}$ $\mathrm{PH_3}$

下段: $\xrightarrow{-1.73}$

16 族

酸性溶液

$$\underset{O_2}{0} \xrightarrow[]{-0.125} HO_2 \xrightarrow{1.51} \quad$$
$$O_2 \xrightarrow{0.695} H_2O_2 \xrightarrow{1.763} H_2O$$
$$O_2 \xrightarrow{1.229} H_2O_2$$

(氧化态: 0, −1, −2)

$$\underset{+6}{SO_4^{2-}} \xrightarrow{-0.253} \underset{+5}{S_2O_6^{2-}} \xrightarrow{0.569} \underset{+4}{H_2SO_3} \xrightarrow{0.400} \underset{+2}{S_2O_3^{2-}} \xrightarrow{0.600} \underset{0}{S} \xrightarrow{0.144} \underset{-2}{H_2S}$$

$SO_4^{2-} \xrightarrow{0.158} H_2SO_3$

$H_2SO_3 \xrightarrow{0.500} S$

$[S_2O_8^{2-} \xrightarrow{1.96} SO_4^{2-}]$

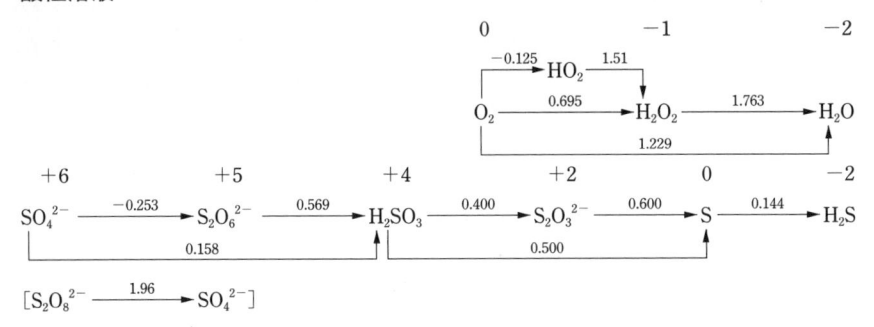

塩基性溶液

$$\underset{O_2}{0} \xrightarrow{-0.33} O_2^- \xrightarrow{0.20} \quad$$
$$O_2 \xrightarrow{-0.0649} HO_2^- \xrightarrow{0.867} OH^-$$
$$O_2 \xrightarrow{0.401} HO_2^-$$

(氧化态: 0, −1, −2)

$$\underset{+6}{SO_4^{2-}} \xrightarrow{-0.936} \underset{+4}{SO_3^{2-}} \xrightarrow{-0.576} \underset{+2}{S_2O_3^{2-}} \xrightarrow{-0.742} \underset{0}{S} \xrightarrow{-0.476} \underset{-2}{HS^-}$$

17 族

酸性溶液

$$\underset{F_2}{0} \xrightarrow{3.053} \underset{HF}{-1}$$
$$\underset{}{} \xrightarrow{2.979} \overline{HF_2^-}$$

$$\underset{+7}{ClO_4^-} \xrightarrow{1.201} \underset{+5}{ClO_3^-} \xrightarrow{1.175} \underset{+4}{ClO_2} \xrightarrow{1.188} \underset{+3}{HClO_2} \xrightarrow{1.701} \underset{+1}{HClO} \xrightarrow{1.630} \underset{0}{Cl_2} \xrightarrow{1.358} \underset{-1}{Cl^-}$$

$ClO_3^- \xrightarrow{1.181} HClO_2$
$ClO_3^- \xrightarrow{1.468} HClO$
$HClO_2 \xrightarrow{1.659} Cl_2$

$$BrO_4^- \xrightarrow{1.853} BrO_3^- \xrightarrow{1.447} HBrO \xrightarrow{1.604} Br_2(l) \xrightarrow{1.065} Br^-$$
$$Br_2(aq) \xrightarrow{1.087} Br^-$$

$$H_5IO_6 \xrightarrow{1.60} IO_3^- \xrightarrow{1.13} HIO \xrightarrow{1.44} I_2(s) \xrightarrow{0.535} I^-$$
$$I_3^- \xrightarrow{0.536} I^-$$

付 録

塩基性溶液

$$0 \quad -1$$
$$F_2 \xrightarrow{2.866} F^-$$

$$+7 \quad +5 \quad +4 \quad +3 \quad +1 \quad 0 \quad -1$$

$$ClO_4^- \xrightarrow{0.374} ClO_3^- \xrightarrow{-0.481} ClO_2 \xrightarrow{1.071} \quad \xrightarrow{0.295} ClO_2^- \xrightarrow{0.681} ClO^- \xrightarrow{0.421} Cl_2 \xrightarrow{1.358} Cl^-$$
$$\xrightarrow{0.890}$$

$$BrO_4^- \xrightarrow{1.025} BrO_3^- \xrightarrow{0.584} \quad \xrightarrow{0.492} BrO^- \xrightarrow{0.455} Br_2 \xrightarrow{1.065} Br^-$$
$$\xrightarrow{0.760}$$

塩基性溶液

$$H_3IO_6^{2-} \xrightarrow{0.65} IO_3^- \xrightarrow{0.26} \quad \xrightarrow{0.15} IO^- \xrightarrow{0.42} I_2 \xrightarrow{0.535} I^-$$
$$\xrightarrow{0.48}$$

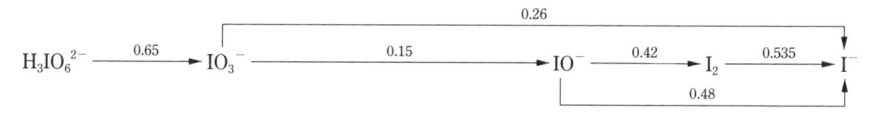

18 族

酸性溶液

$$+8 \quad +6 \quad 0$$
$$H_4XeO_6(aq) \xrightarrow{2.4} XeO_3(aq) \xrightarrow{2.12} Xe(g)$$
$$\xrightarrow{2.18}$$

塩基性溶液

$$HXeO_8^{3-} \xrightarrow{0.99} HXeO_4^- \xrightarrow{1.24} Xe(g)$$

遷移金属元素

酸性溶液

$$+4 \quad +3 \quad +2 \quad 0$$
$$\xrightarrow{-0.86}$$
$$TiO^{2+} \xrightarrow{0.1} Ti^{3+} \xrightarrow{-0.37} Ti^{2+} \xrightarrow{-1.63} Ti$$
$$\xrightarrow{-1.21}$$

塩基性溶液

$$+4 \quad +3 \quad +2 \quad 0$$
$$TiO_2 \xrightarrow{-1.38} Ti_2O_3 \xrightarrow{-1.95} TiO \xrightarrow{-2.13} Ti$$

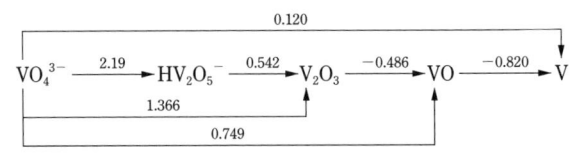

酸性溶液

$$\underset{+5}{VO_2^+} \xrightarrow{1.000} \underset{+4}{VO^{2+}} \xrightarrow{0.337} \underset{+3}{V^{3+}} \xrightarrow{-0.255} \underset{+2}{V^{2+}} \xrightarrow{-1.13} \underset{0}{V}$$

$$VO_2^+ \xrightarrow{0.668} V^{3+}$$

塩基性溶液

$$\underset{}{VO_4^{3-}} \xrightarrow{2.19} HV_2O_5^- \xrightarrow{0.542} V_2O_3 \xrightarrow{-0.486} VO \xrightarrow{-0.820} V$$

$$VO_4^{3-} \xrightarrow{0.120} V$$
$$VO_4^{3-} \xrightarrow{1.366} V_2O_3$$
$$HV_2O_5^- \xrightarrow{0.749} VO$$

酸性溶液

$$\underset{+6}{Cr_2O_7^{2-}} \xrightarrow{0.55} \underset{+5}{Cr(V)} \xrightarrow{1.34} \underset{+4}{Cr(IV)} \xrightarrow{2.10} \underset{+3}{Cr^{3+}} \xrightarrow{-0.424} \underset{+2}{Cr^{2+}} \xrightarrow{-0.90} \underset{0}{Cr}$$

$$Cr_2O_7^{2-} \xrightarrow{1.38} Cr^{3+}$$
$$Cr^{3+} \xrightarrow{-0.74} Cr$$

塩基性溶液

$$\underset{+6}{CrO_4^{2-}} \xrightarrow{-0.11} \underset{+3}{Cr(OH)_3(s)} \xrightarrow{-1.33} \underset{0}{Cr}$$

$$CrO_4^{2-} \xrightarrow{-0.72} Cr(OH)_4^- \xrightarrow{-1.33} Cr$$

酸性溶液

$$\underset{+7}{MnO_4^-} \xrightarrow{0.90} \underset{+6}{HMnO_4^-} \xrightarrow{1.28} \underset{+5}{(H_3MnO_4)} \xrightarrow{2.9} \underset{+4}{MnO_2} \xrightarrow{0.95} \underset{+3}{Mn^{3+}} \xrightarrow{1.5} \underset{+2}{Mn^{2+}} \xrightarrow{-1.18} \underset{0}{Mn}$$

$$MnO_4^- \xrightarrow{1.51} Mn^{2+}$$
$$HMnO_4^- \xrightarrow{2.09} MnO_2$$
$$MnO_4^- \xrightarrow{1.69} MnO_2$$
$$MnO_2 \xrightarrow{1.23} Mn^{2+}$$

塩基性溶液

$$\underset{+7}{MnO_4^-} \xrightarrow{0.56} \underset{+6}{MnO_4^{2-}} \xrightarrow{0.27} \underset{+5}{MnO_4^{3-}} \xrightarrow{0.93} \underset{+4}{MnO_2} \xrightarrow{0.146} \underset{+3}{Mn_2O_3} \xrightarrow{-0.234} \underset{+2}{Mn(OH)_2} \xrightarrow{-1.56} \underset{0}{Mn}$$

$$MnO_4^- \xrightarrow{0.34} Mn(OH)_2$$
$$MnO_4^{2-} \xrightarrow{0.60} MnO_2$$
$$MnO_4^- \xrightarrow{0.59} MnO_2$$
$$Mn_2O_3 \xrightarrow{-0.088} Mn(OH)_2$$

酸性溶液

$$\overset{+3}{Fe^{3+}} \xrightarrow{0.771} \overset{+2}{Fe^{2+}} \xrightarrow{-0.44} \overset{0}{Fe}$$

$$\xrightarrow{-0.04}$$

$$[Fe(CN)_6]^{3-} \xrightarrow{0.361} [Fe(CN)_6]^{4-} \xrightarrow{-1.16}$$

塩基性溶液

$$\overset{+6}{FeO_4^{2-}} \xrightarrow{0.81} \overset{+3}{Fe_2O_3} \xrightarrow{-0.86} \overset{+2}{Fe(OH)_2} \xrightarrow{-0.89} \overset{0}{Fe}$$

酸性溶液

$$\overset{+4}{CoO_2} \xrightarrow{1.4} \overset{+3}{Co^{3+}} \xrightarrow{1.92} \overset{+2}{Co^{2+}} \xrightarrow{-0.282} \overset{0}{Co}$$

中性溶液

$$\overset{+3}{[Co(NH_3)_6]^{3+}} \xrightarrow{0.058} \overset{+2}{[Co(NH_3)_6]^{2+}}$$

塩基性溶液

$$\overset{+4}{CoO_2} \xrightarrow{0.7} \overset{+3}{Co(OH)_3} \xrightarrow{0.42} \overset{+2}{Co(OH)_2} \xrightarrow{-0.733} \overset{0}{Co}$$

酸性溶液

$$\overset{+4}{NiO_2} \xrightarrow{1.5} \overset{+2}{Ni^{2+}} \xrightarrow{-0.257} \overset{0}{Ni}$$

塩基性溶液

$$\overset{+4}{NiO_2} \xrightarrow{0.7} \overset{+3}{NiOOH} \xrightarrow{0.52} \overset{+2}{Ni(OH)_2} \xrightarrow{-0.72} \overset{0}{Ni}$$

酸性溶液

$$\overset{+2}{Cu^{2+}} \xrightarrow{0.159} \overset{+1}{Cu^+} \xrightarrow{0.520} \overset{0}{Cu}$$

$$\xrightarrow{0.340}$$

$$\overset{+2}{[Cu(NH_3)_4]^{2+}} \xrightarrow{0.10} \overset{+1}{[Cu(NH_3)_2]^+} \xrightarrow{-0.10} \overset{0}{Cu}$$

$$Cu^{2+} \xrightarrow{1.12} [Cu(CN)_2]^- \xrightarrow{-0.44} Cu$$

塩基性溶液

$$Cu(OH)_2 \xrightarrow{0.14} Cu_2O \xrightarrow{-1.36} Cu$$

酸性溶液

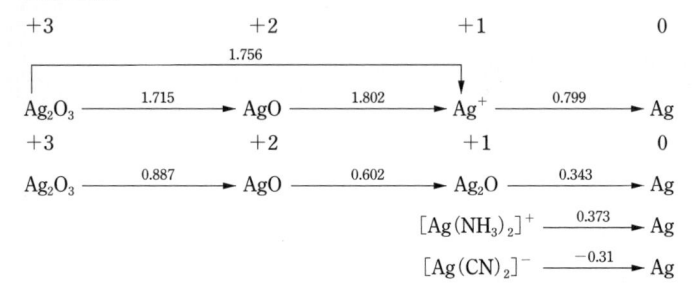

$$Ag_2O_3 \xrightarrow{+3} \xrightarrow{1.715} AgO \xrightarrow{+2} \xrightarrow{1.802} Ag^+ \xrightarrow{+1} \xrightarrow{0.799} Ag \quad 0$$

上に $Ag_2O_3 \xrightarrow{1.756} Ag^+$

$$Ag_2O_3 \xrightarrow{+3} \xrightarrow{0.887} AgO \xrightarrow{+2} \xrightarrow{0.602} Ag_2O \xrightarrow{+1} \xrightarrow{0.343} Ag \quad 0$$

$$[Ag(NH_3)_2]^+ \xrightarrow{0.373} Ag$$

$$[Ag(CN)_2]^- \xrightarrow{-0.31} Ag$$

ランタノイドとアクチノイド

酸性溶液

$$Ce^{4+} \xrightarrow{+4} \xrightarrow{1.76} Ce^{3+} \xrightarrow{+3} \xrightarrow{-2.34} Ce \quad 0 \quad (+2)$$

塩基性溶液

$$UO_2^{2+} \xrightarrow{+6} \xrightarrow{0.27} UO^{2+} \xrightarrow{+5} \xrightarrow{0.38} U^{4+} \xrightarrow{+4} \xrightarrow{-0.52} U^{3+} \xrightarrow{+3} \xrightarrow{-4.7} U^{2+} \xrightarrow{+2} \xrightarrow{-0.1} U \quad 0$$

$UO_2^{2+} \xrightarrow{0.17} U^{4+}$

$U^{4+} \xrightarrow{-1.38} U$

$U^{3+} \xrightarrow{-1.66} U$

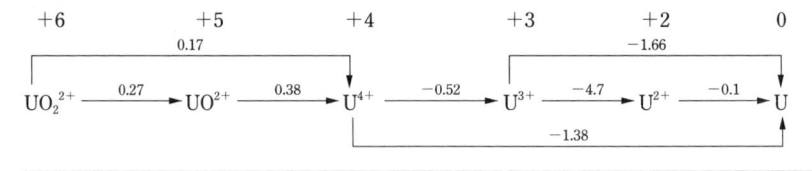

付録2 代表的な標準還元電位 (298 K)

それぞれの水溶液の濃度は 1 mol dm^{-3} であり,気体成分の分圧は 1 bar (10^5 Pa) である〔標準圧力を 1 atm (101300 Pa) に変えても,このレベルの精度においては,E^0 の値に違いは現れない〕。掲載したそれぞれの半電池は,示されている溶液化学種を濃度 1 mol dm^{-3} で含む。一方,$[\text{OH}^-]$ を含む半電池の場合,E^0 は $[\text{OH}^-] = 1 \text{ mol dm}^{-3}$ における値を示し,表記は $E^0_{[\text{OH}^-]=1}$ である。

還元半反応	E^0 または $E^0_{[\text{OH}^-]=1}/\text{V}$
$\text{Li}^+(\text{aq}) + e^- \rightleftharpoons \text{Li}(\text{s})$	-3.04
$\text{Cs}^+(\text{aq}) + e^- \rightleftharpoons \text{Cs}(\text{s})$	-3.03
$\text{Rb}^+(\text{aq}) + e^- \rightleftharpoons \text{Rb}(\text{s})$	-2.98
$\text{K}^+(\text{aq}) + e^- \rightleftharpoons \text{K}(\text{s})$	-2.93
$\text{Ca}^{2+}(\text{aq}) + 2e^- \rightleftharpoons \text{Ca}(\text{s})$	-2.87
$\text{Na}^+(\text{aq}) + e^- \rightleftharpoons \text{Na}(\text{s})$	-2.71
$\text{La}^{3+}(\text{aq}) + 3e^- \rightleftharpoons \text{La}(\text{s})$	-2.38
$\text{Mg}^{2+}(\text{aq}) + 2e^- \rightleftharpoons \text{Mg}(\text{s})$	-2.37
$\text{Y}^{3+}(\text{aq}) + 3e^- \rightleftharpoons \text{Y}(\text{s})$	-2.37
$\text{Sc}^{3+}(\text{aq}) + 3e^- \rightleftharpoons \text{Sc}(\text{s})$	-2.03
$\text{Al}^{3+}(\text{aq}) + 3e^- \rightleftharpoons \text{Al}(\text{s})$	-1.66
$[\text{HPO}_3]^{2-}(\text{aq}) + 2\text{H}_2\text{O}(\text{l}) + 2e^- \rightleftharpoons [\text{H}_2\text{PO}_2]^-(\text{aq}) + 3[\text{OH}]^-(\text{aq})$	-1.65
$\text{Ti}^{2+}(\text{aq}) + 2e^- \rightleftharpoons \text{Ti}(\text{s})$	-1.63
$\text{Mn(OH)}_2(\text{s}) + 2e^- \rightleftharpoons \text{Mn}(\text{s}) + 2[\text{OH}]^-(\text{aq})$	-1.56
$\text{Mn}^{2+}(\text{aq}) + 2e^- \rightleftharpoons \text{Mn}(\text{s})$	-1.19
$\text{V}^{2+}(\text{aq}) + 2e^- \rightleftharpoons \text{V}(\text{s})$	-1.18
$\text{Te}(\text{s}) + 2e^- \rightleftharpoons \text{Te}^{2-}(\text{aq})$	-1.14
$2[\text{SO}_3]^{2-}(\text{aq}) + 2\text{H}_2\text{O}(\text{l}) + 2e^- \rightleftharpoons 4[\text{OH}]^-(\text{aq}) + [\text{S}_2\text{O}_4]^{2-}(\text{aq})$	-1.12
$[\text{SO}_4]^{2-}(\text{aq}) + \text{H}_2\text{O}(\text{l}) + 2e^- \rightleftharpoons [\text{SO}_3]^{2-}(\text{aq}) + 2[\text{OH}]^-(\text{aq})$	-0.93
$\text{Se}(\text{s}) + 2e^- \rightleftharpoons \text{Se}^{2-}(\text{aq})$	-0.92
$\text{Cr}^{2+}(\text{aq}) + 2e^- \rightleftharpoons \text{Cr}(\text{s})$	-0.91
$2[\text{NO}_3]^-(\text{aq}) + 2\text{H}_2\text{O}(\text{l}) + 2e^- \rightleftharpoons \text{N}_2\text{O}_4(\text{g}) + 4[\text{OH}]^-(\text{aq})$	-0.85
$2\text{H}_2\text{O}(\text{l}) + 2e^- \rightleftharpoons \text{H}_2(\text{g}) + 2[\text{OH}]^-(\text{aq})$	-0.82
$\text{Zn}^{2+}(\text{aq}) + 2e^- \rightleftharpoons \text{Zn}(\text{s})$	-0.76
$\text{Cr}^{3+}(\text{aq}) + 3e^- \rightleftharpoons \text{Cr}(\text{s})$	-0.74
$\text{S}(\text{s}) + 2e^- \rightleftharpoons \text{S}^{2-}(\text{s})$	-0.48
$[\text{NO}_2]^-(\text{aq}) + \text{H}_2\text{O}(\text{l}) + e^- \rightleftharpoons \text{NO}(\text{g}) + 2[\text{OH}]^-(\text{aq})$	-0.46
$\text{Fe}^{2+}(\text{aq}) + 2e^- \rightleftharpoons \text{Fe}(\text{s})$	-0.44
$\text{Cr}^{3+}(\text{aq}) + e^- \rightleftharpoons \text{Cr}^{2+}(\text{aq})$	-0.41
$\text{Ti}^{3+}(\text{aq}) + e^- \rightleftharpoons \text{Ti}^{2+}(\text{aq})$	-0.37
$\text{PbSO}_4(\text{s}) + 2e^- \rightleftharpoons \text{Pb}(\text{s}) + [\text{SO}_4]^{2-}(\text{aq})$	-0.36
$\text{Tl}^+(\text{aq}) + e^- \rightleftharpoons \text{Tl}(\text{s})$	-0.34
$\text{Co}^{2+}(\text{aq}) + 2e^- \rightleftharpoons \text{Co}(\text{s})$	-0.28
$\text{H}_3\text{PO}_4(\text{aq}) + 2\text{H}^+(\text{aq}) + 2e^- \rightleftharpoons \text{H}_3\text{PO}_3(\text{aq}) + \text{H}_2\text{O}(\text{l})$	-0.28
$\text{V}^{3+}(\text{aq}) + e^- \rightleftharpoons \text{V}^{2+}(\text{aq})$	-0.26

還元半反応	$E°$ または $E°_{[OH^-]=1}$/V
$Ni^{2+}(aq) + 2e^- \rightleftharpoons Ni(s)$	−0.25
$2[SO_4]^{2-}(aq) + 4H^+(aq) + 2e^- \rightleftharpoons [S_2O_6]^{2-}(aq) + 2H_2O(l)$	−0.22
$O_2(g) + 2H_2O(l) + 2e^- \rightleftharpoons H_2O_2(aq) + 2[OH]^-(aq)$	−0.15
$Sn^{2+}(aq) + 2e^- \rightleftharpoons Sn(s)$	−0.14
$Pb^{2+}(aq) + 2e^- \rightleftharpoons Pb(s)$	−0.13
$Fe^{3+}(aq) + 3e^- \rightleftharpoons Fe(s)$	−0.04
$2H^+(aq, 1\,mol\,dm^{-3}) + 2e^- \rightleftharpoons H_2(g, 1\,bar)$	0
$[NO_3]^-(aq) + H_2O(l) + 2e^- \rightleftharpoons [NO_2]^-(aq) + 2[OH]^{2-}(aq)$	+0.01
$[S_4O_6]^{2-}(aq) + 2e^- \rightleftharpoons 2[S_2O_3]^{2-}(aq)$	+0.08
$[Ru(NH_3)_6]^{3+}(aq) + e^- \rightleftharpoons [Ru(NH_3)_6]^{2+}(aq)$	+0.10
$[Co(NH_3)_6]^{3+}(aq) + e^- \rightleftharpoons [Co(NH_3)_6]^{2+}(aq)$	+0.11
$S(s) + 2H^+(aq) + 2e^- \rightleftharpoons H_2S(aq)$	+0.14
$2[NO_2]^-(aq) + 3H_2O(l) + 4e^- \rightleftharpoons N_2O(g) + 6[OH]^-(aq)$	+0.15
$Cu^{2+}(aq) + e^- \rightleftharpoons Cu^+(aq)$	+0.15
$Sn^{4+}(aq) + 2e^- \rightleftharpoons Sn^{2+}(aq)$	+0.15
$[SO_4]^{2-}(aq) + 4H^+(aq) + 2e^- \rightleftharpoons H_2SO_3(aq) + H_2O(l)$	+0.17
$AgCl(s) + e^- \rightleftharpoons Ag(s) + Cl^-(aq)$	+0.22
$[Ru(OH_2)_6]^{3+}(aq) + e^- \rightleftharpoons [Ru(OH_2)_6]^{2+}(aq)$	+0.25
$[Co(bpy)_3]^{3+}(aq) + e^- \rightleftharpoons [Co(bpy)_3]^{2+}(aq)$	+0.31
$Cu^{2+}(aq) + 2e^- \rightleftharpoons Cu(aq)$	+0.34
$[VO]^{2+}(aq) + 2H^+(aq) + e^- \rightleftharpoons V^{3+}(aq) + H_2O(l)$	+0.34
$[ClO_4]^-(aq) + H_2O(l) + 2e^- \rightleftharpoons [ClO_3]^-(aq) + 2[OH]^-(aq)$	+0.36
$[Fe(CN)_6]^{3-}(aq) + e^- \rightleftharpoons [Fe(CN)_6]^{4-}(aq)$	+0.36
$O_2(g) + 2H_2O(l) + 4e^- \rightleftharpoons 4[OH]^-(aq)$	+0.40
$Cu^+(aq) + e^- \rightleftharpoons Cu(s)$	+0.52
$I_2(aq) + 2e^- \rightleftharpoons 2I^-(aq)$	+0.54
$[S_2O_6]^{2-}(aq) + 4H^+(aq) + 2e^- \rightleftharpoons 2H_2SO_3(aq)$	+0.56
$H_3AsO_4(aq) + 2H^+(aq) + 2e^- \rightleftharpoons HAsO_3(aq) + 2H_2O(l)$	+0.56
$[MnO_4]^-(aq) + e^- \rightleftharpoons [MnO_4]^{2-}(aq)$	+0.56
$[MnO_4]^-(aq) + 2H_2O(l) + 3e^- \rightleftharpoons MnO_2(s) + 4[OH]^-(aq)$	+0.59
$[MnO_4]^{2-}(aq) + 2H_2O(l) + 2e^- \rightleftharpoons MnO_2(s) + 4[OH]^-(aq)$	+0.60
$[BrO_3]^-(aq) + 3H_2O(l) + 2e^- \rightleftharpoons Br^-(aq) + 6[OH]^-(aq)$	+0.61
$O_2(g) + 2H^+(aq) + 2e^- \rightleftharpoons H_2O_2(aq)$	+0.70
$[BrO]^-(aq) + H_2O(l) + 2e^- \rightleftharpoons Br^-(aq) + 2[OH]^-(aq)$	+0.76
$Fe^{3+}(aq) + e^- \rightleftharpoons Fe^{2+}(aq)$	+0.77
$Ag^+(aq) + e^- \rightleftharpoons Ag(s)$	+0.80
$[ClO]^-(aq) + H_2O(l) + 2e^- \rightleftharpoons Cl^-(aq) + 2[OH]^-(aq)$	+0.84
$2HNO_2(aq) + 4H^+(aq) + 4e^- \rightleftharpoons H_2N_2O_2(aq) + 2H_2O(l)$	+0.86
$[HO_2]^-(aq) + H_2O(l) + 2e^- \rightleftharpoons 3[OH]^-(aq)$	+0.88
$[NO_3]^-(aq) + 3H^+(aq) + 2e^- \rightleftharpoons HNO_2(aq) + H_2O(l)$	+0.93
$Pd^{2+}(aq) + 2e^- \rightleftharpoons Pd(s)$	+0.95
$[NO_3]^-(aq) + 4H^+(aq) + 3e^- \rightleftharpoons NO(g) + 2H_2O(l)$	+0.96
$HNO_2(aq) + H^+(aq) + e^- \rightleftharpoons NO(g) + H_2O(l)$	+0.98
$[VO_3]^-(aq) + H_2O(l) + 2e^- \rightleftharpoons [NO_2]^-(aq) + 2[OH]^{2-}(aq)$	+0.99
$[Fe(bpy)_3]^{3+}(aq) + e^- \rightleftharpoons [Fe(bpy)_3]^{2+}(aq)$	+1.03

還元半反応	$E°$ または $E°_{[OH^-]=1}/V$
$[IO_3]^-(aq) + 6H^+(aq) + 6e^- \rightleftharpoons I^-(aq) + 3H_2O(l)$	+1.09
$Br_2(aq) + 2e^- \rightleftharpoons 2Br^-(aq)$	+1.09
$[Fe(phen)_3]^{3+}(aq) + e^- \rightleftharpoons [Fe(phen)_3]^{2+}(aq)$	+1.12
$Pt^{2+}(aq) + 2e^- \rightleftharpoons Pt(s)$	+1.18
$[ClO_4]^-(aq) + 2H^+(aq) + 2e^- \rightleftharpoons [ClO_3]^-(aq) + H_2O(l)$	+1.19
$2[IO_3]^-(aq) + 12H^+(aq) + 10e^- \rightleftharpoons I_2(aq) + 6H_2O(l)$	+1.20
$O_2(g) + 4H^+(aq) + 4e^- \rightleftharpoons 2H_2O(l)$	+1.23
$MnO_2(s) + 4H^+(aq) + 2e^- \rightleftharpoons Mn^{2+}(aq) + 2H_2O(l)$	+1.23
$Tl^{3+}(aq) + 2e^- \rightleftharpoons Tl^+(aq)$	+1.25
$2HNO_2(aq) + 4H^+(aq) + 4e^- \rightleftharpoons N_2O(g) + 3H_2O(l)$	+1.30
$[Cr_2O_7]^{2-}(aq) + 14H^+(aq) + 6e^- \rightleftharpoons 2Cr^{3+}(aq) + 7H_2O(l)$	+1.33
$Cl_2(aq) + 2e^- \rightleftharpoons 2Cl^-(aq)$	+1.36
$2[ClO_4]^-(aq) + 16H^+(aq) + 14e^- \rightleftharpoons Cl_2(aq) + 8H_2O(l)$	+1.39
$[ClO_4]^-(aq) + 8H^+(aq) + 8e^- \rightleftharpoons Cl^-(aq) + 4H_2O(l)$	+1.39
$[BrO_3]^-(aq) + 6H^+(aq) + 6e^- \rightleftharpoons Br^-(aq) + 3H_2O(l)$	+1.42
$[ClO_3]^-(aq) + 6H^+(aq) + 6e^- \rightleftharpoons Cl^-(aq) + 3H_2O(l)$	+1.45
$2[ClO_3]^-(aq) + 12H^+(aq) + 10e^- \rightleftharpoons Cl_2(aq) + 6H_2O(l)$	+1.47
$2[BrO_3]^-(aq) + 12H^+(aq) + 10e^- \rightleftharpoons Br_2(aq) + 6H_2O(l)$	+1.48
$HOCl(aq) + H^+(aq) + 2e^- \rightleftharpoons Cl^-(aq) + H_2O(l)$	+1.48
$[MnO_4]^-(aq) + 8H^+(aq) + 5e^- \rightleftharpoons Mn^{2+}(aq) + 4H_2O(l)$	+1.51
$Mn^{3+}(aq) + e^- \rightleftharpoons Mn^{2+}(aq)$	+1.54
$2HOCl(aq) + 2H^+(aq) + 2e^- \rightleftharpoons Cl_2(aq) + 2H_2O(l)$	+1.61
$[MnO_4]^-(aq) + 4H^+(aq) + 3e^- \rightleftharpoons MnO_2(s) + 2H_2O(l)$	+1.69
$PbO_2(s) + 4H^+(aq) + [SO_4]^{2-}(aq) + 2e^- \rightleftharpoons PbSO_4(s) + 2H_2O(l)$	+1.69
$Ce^{4+}(aq) + e^- \rightleftharpoons Ce^{3+}(aq)$	+1.72
$[BrO_4]^-(aq) + 2H^+(aq) + 2e^- \rightleftharpoons [BrO_3]^-(aq) + H_2O(l)$	+1.76
$H_2O_2(aq) + 2H^+(aq) + 2e^- \rightleftharpoons 2H_2O(l)$	+1.78
$Co^{3+}(aq) + e^- \rightleftharpoons Co^{2+}(aq)$	+1.92
$[S_2O_8]^{2-}(aq) + 2e^- \rightleftharpoons 2[SO_4]^{2-}(aq)$	+2.01
$O_3(g) + 2H^+(aq) + 2e^- \rightleftharpoons O_2(g) + H_2O(l)$	+2.07
$XeO_3(aq) + 6H^+(aq) + 6e^- \rightleftharpoons Xe(g) + 3H_2O(l)$	+2.10
$[FeO_4]^{2-}(aq) + 8H^+(aq) + 3e^- \rightleftharpoons Fe^{3+}(aq) + 4H_2O(l)$	+2.20
$H_4XeO_6(aq) + 2H^+(aq) + 2e^- \rightleftharpoons XeO_3(aq) + 3H_2O(l)$	+2.42
$F_2(aq) + 2e^- \rightleftharpoons 2F^-(aq)$	+2.87

索　引

欧文索引

1 電子還元体　126
1 電子還元電位　165
1 電子酸化電位　165
18-クラウン-6　106
2,2'-ビピリジン (bpy)　78
2-(2-ピリジル) ベンゾ [b]-1,5-ナフチリジン　127
[2Fe-2S]　182
2 電子移動過程　117
3d 遷移金属元素　119
[3Fe-4S]　182
3 電極系　30
3 電極方式　36
4,4'-ビピリジン　97, 100
4d, 5d 遷移金属元素　119
[4Fe-4S]　182
4-PyS/Au 電極　176
4 級アルキルアンモニウム塩　30
4- ピリジンチオール　176

adiabatic　11
BNA$^+$　198
Butler-Volmer 型の式　38
catalytic EC 機構　59
C_{CLU}　114
CO　190
CO_2 の 6 電子還元　195
[Co(C_5H_5)$_2$]　77
comproportionation　142
concerted proton-electron transfer　133
CO 伸縮振動　99
CPET　133
CR　167
[Cr(C_5H_5)$_2$]　77
Creutz-Taube 錯体　91
CS　167
CVD　201
CV 波　27, 49, 52

d^4 電子配置　69
d^6 電子配置　69
DMF　193
d 遷移金属錯体　2

E^0　67
$E^{0\prime}$　7
EC$_{cat}$ 機構　59
EC 機構　56
EE 機構　61
EPT　133
ESI-MS スペクトル　200

flux　40
FNR　186
Frank-Condon 原理　167

Grätzel 型色素増感太陽電池　77

HCOOH　190
HOMO　165
HOMO-LUMO ギャップ　81
HOMO 軌道エネルギー　70

intervalence charge transfer band　113
inverted region　16
IPCE　175
IR 降下　54
IR ドロップ　30
ITO　203
IVCT　113

K_{ATRP}　73
$k_B T_{298K} = 25.7$ meV　115
K_c　90
Koopmans の定理　67

Langmuir Blodgett 法　201
Latimer 図　130
LB 法　201
Lever の配位子電気化学パラメータ　71, 72
LUMO　165

[M_3O(AcO)$_6$(L)$_3$]　84
mass transfer coeffcient　41
M-CH_2OH　195
M-CHO　195
Me$_2$NCHO　193
[Mn(C_5H_5)$_2$]　77

NaBH$_4$　195, 197

NAD$^+$/NADH　197
NAD2 量体　198
NADPH　183
Nernst-Plank 式　40
NHE　4
[Ni(C_5H_5)$_2$]　77
[NiFe] ヒドロゲナーゼ　74
non-adiabatic　11
non-crossing rule　12
non-innocent 配位子　80
normal region　15
N-ベンジルニコチンアミド　198
N-ベンゾイルジヒドロニコチンアミド　127

O-O 結合形成　146, 154

pbn (2-(2-ビピリジル) ベンゾ [b]-1,5-ナフチリジン　198
PCET　130
pH 依存性　121
pH 緩衝水溶液　140
POM　86
Pourbaix diagram　134
proton coupled electron-transfer reaction　130
p-トルエンスルホン酸　140

read-write サイクル　206
Robin-Day のクラス I～III　109
[Ru$_3$O(AcO)$_6$(L)$_3$]　84
[Ru$_3$O(AcO)$_6$(L)$_3$] 型錯体　84
[Ru$_3$O(AcO)$_6$(py)$_3$](BPE)]　84
[Ru(bpy)$_3$]$^{2+}$　78, 123
Ru-CO　194, 195
Ru-CO(NMe$_2$)　194
Ru-COOH　194
Ru-COOH 錯体　190, 191
Ru-CO 錯体　190, 192
Ru-H 錯体　190
Ru-η^1-CO_2　194
Ru-η^1-CO_2 錯体　190, 191
Ru オキシルラジカル錯体　151, 153
Ru 複核錯体　140

SAM　201
SERS　177
SHE　4

索　引

STM　177
STM イメージ　180
superexchange　22

tunneling　22

[V(C$_5$H$_5$)$_2$]　77

WGS　190

ε（redox）　67, 68
η^1-CO$_2$ 金属錯体　189
μ_3-オキソ基　94
π-π 相互作用　201
π 逆供与　99
π 共役鎖でレドックス錯体　211
π-供与性　70
σ-供与性　70

ア 行

亜鉛フタロシアニン　170
亜鉛ポルフィリンデンドリマー　170
アクア配位子　151
アクションスペクトル　175
アゾベンゼン　204
アンカー分子　206
安息香酸イオン　200
アンテナ色素系　167

イオンアシスト　203
イオン伝導性　23
一段階 3 電子過程　122
一段階多電子移動　102, 117, 137
一酸化炭素　190
移動係数　39

ウェルナー型金属錯体　30

泳動　40
エッジ効果　53
エッジ面　28
エネルギーギャップ　178
エネルギー変換　144
エネルギー変換効率　175
円周拡散　53

応力腐食割れ　3
オキシルラジカル　150
オキソ架橋　105, 140, 141
オキソ架橋 Ru 複核錯体　138
オキソ錯体　130, 135
オクタエチルポルフィリン　84
オスミウム錯体　120, 135

オリゴフェロセニルシラン　111

カ 行

外圏再配向エネルギー　16
外圏反応　2
回転電極　42
解離　13
化学エネルギー　167
化学気相成長　201
化学反応層の厚み　60
可逆系　44, 45, 49, 117
可逆半波電位　44, 45
架橋構造　3
架橋テルピリジン配位子　208
架橋配位子　103
拡散　40
拡散係数　41
拡散限界電流　44
拡散層　60
拡散層の厚み　38, 41
拡散電流　41
拡散と出会い　13
拡散律速　44, 181
拡張複合環 π 共役系分子　170
核頻度因子　13, 17
活性化エネルギー　133
活性化過電圧　26
活性化状態　10, 11
活性中間体　146
活性電極　23
活量　4
活量係数　7
カテコール　80
過電圧　23
カーボン電極　27
カルベン錯体　148
カルボキシラト架橋ルテニウム 3 核錯体　92
カルボキシレート　200
カルボニルクラスター錯体　104, 105
カルボニル伸縮運動　98
カルボラン錯体　77
還元ピーク電位　50
含窒素芳香族配位子　123
緩和　13
擬一次反応速度定数　59
ギ酸　190, 200
基準電極　23
犠牲試薬　125, 126
希土類ダブルデッカーフタロシアニン　215
機能性デバイス　201

機能性電極　175, 176, 217
逆電子移動　169
キャパシタンス　114
求核剤　193
球体キャパシタモデル　115
吸着　63
協奏反応機構　142
供与体　1
極　性　19
均一系　2
銀-塩化銀電極　6
均化定数　61, 90
均化反応　61, 142
金属クラスター錯体　118
金属ナノ粒子　114
金属-配位子-金属　3
金属ポルフィリン錯体　83
金電極　27, 138

クラウンエーテル　171, 172
クラス Ⅰ，Ⅱ，Ⅲ　91
クラスター骨格間混合原子価状態　98
クラスター錯体　84
グラッシーカーボン　27
グラファイト　27
グレッツェル型色素増感太陽電池　77
クーロン相互作用　97
クロモセン　77

ケギン型　86, 87, 88
結合性軌道　2
ゲートーソース電圧　216
限界拡散　47
限界電流　44
原子移動ラジカル重合法　73, 75
原子価監電荷移動遷移　113
原子価交換　89, 92
原子間結合の振動　16

高原子価 Ru　148
光合成　119, 123
光合成サイクル　189
光合成反応中心　169
高酸化状態　122
高スピン錯体　68, 69
高スピン状態　107
構造変化　117
後続二次反応式　59
光電変換効率　175
光電変換　175
固体表面　138
コバルトセニウム塩　32
コバルトセン　77

241

混合原子価錯体　88
混合原子価状態　62, 88, 101
近藤効果　215
コンフォメーション　181

サ 行

サイクリックボルタモグラム　26, 27, 49
サイクリックボルタンメトリー　42, 43, 47
最高被占軌道　165
再生機構　60
最低空軌道　165
再配向エネルギー　13, 16, 19
錯体ワイヤ　208, 213
作用電極　23, 30, 36
作用電極電位　31
酸塩基反応　147
酸塩基平衡　152
酸解離定数　130, 132, 134
酸解離反応　136
酸化インジウム　29, 183
酸化還元活性　123
酸化還元活性配位子　104
酸化還元試薬　125
酸化還元シャトル　77
酸化還元中心　184
酸化還元電位　67, 70, 132, 134, 136, 134, 136
酸化還元反応　1, 119
酸化スズ　29
酸化ピーク電位　50
酸化被膜　203
三重項　172
参照電極　30
酸性タンパク質　182
酸素過電圧　25
酸素の飽和濃度　32
酸素発生触媒　145, 149, 153
酸素発生複合体　144
サンドイッチ化合物　77

ジアゾニウム塩　203
ジオキソレン　80
ジオキソレン錯体　150
式量電位　7, 39
資源枯渇問題　188
自己交換反応速度定数　39
自己集積化　138
自己組織化単分子修飾電極　176
自己組織化単分子膜　201
自己組織化膜　181
自己電子交換速度定数　19
自己電子交換反応　15, 17

支持電解質　23, 30, 37
ジチオラト配位子　82
ジチオレン　82
ジメチルアミン　193
ジメチルホルムアミド　193
自由エネルギー変化　5, 166
重原子効果　154
集光型複合体　167
重水素効果　142, 200
重遷移金属錯体　137
樹状錯体ワイヤ　209
受容体　1
準可逆系　46, 51
触媒　26
触媒反応電流　186
シランカップリング剤　183
シリコン　203
真空蒸着　202
人工光合成　127
人工光合成サイクル　189
人工光合成システム　168
親水性　29
振動・回転　9

水銀電極　27
水性ガスシフト反応　190
水素過電圧　25
水素吸蔵　3
水素原子移動機構　143
スクエアスキーム　131, 132
スパッタリング　203
スピン相互作用　154
スピントロニクス　217
スピン反転　154
スペーサー　178

静止電位　55
正常領域　15
生成系　11
生体内酸化還元反応　131
静的誘電率　14
生物燃料電池　175
積層回数　209
絶対零度　9
セリウムラジカル　147
セル定数　38
ゼロ磁場分裂　173
線形拡散　53

掃引速度　48
走査型トンネル顕微鏡　177
走査速度　48
走査トンネル分光　215
疎水相互作用　201
疎水的な環境　19

ソースードレイン電流　216

タ 行

第一遷移金属　119
第一遷移金属元素　137
第一段階2電子移動　117, 122, 137, 140
対　極　23, 36
第二隣接核間相互作用　112
ダイヤモンド電極　28
対流速度　40
対流ボルタンメトリー　43
多核錯体　86, 102, 118
多層化　206
多段階多電子移動　102, 124
多段階電子移動　117, 169
多段階電子移動鎖　84
多段階の1電子移動　115
脱プロトン　122
脱離電位　181
多電子移動　61, 117
多電子移動機能　118
多電子移動挙動　121
多電子移動系　102, 103
多電子移動鎖　69
多電子移動錯体　118
多電子移動触媒　88, 117
ターンオーバー数　60
単結晶電極　29
断熱係数　11, 13
断熱性　11
断熱的　11
単分子磁石　215
単分子膜　215
単分子膜作成　202

置換活性　119
置換不活性　119
逐次鎖形成法　206
チトクロムc　29, 175
チトクロムオキシダーゼ　176
チトクロムリダクターゼ　176
長距離電荷輸送能　213
長距離電子移動　21
超交換　22
超交換相互作用　212
長寿命電荷分離状態　169
超分子錯体　174
直流ポーラログラフィー　43

定常状態ボルタモグラム　42
定常状態ボルタンメトリー　43
定常電流　60
低スピン錯体　68, 69

索　引

低スピン状態　106
定電位クーロメトリー　38
デカメチルフェロセン　32
滴下水銀電極　4, 24, 27, 42
鉄　130, 138
鉄-イオウクラスター　85, 182
鉄複核錯体　139
鉄ポルフィリン錯体　176
テトラフェニルポルフィリン　83
テトラフェニルポルフィリンスルフォン酸イオン　172
テルピリジン配位子　208
電位勾配　40
電位窓　23, 27, 32
電位マップ　73
電界効果トランジスタ　216
電解重合法　201
電解電流　37
電荷移動　35
電荷移動過程　35
電荷移動速度　36
電荷移動律速　44, 45
電解反応　197
電荷再結合　166, 167
電荷分離過程　167
電荷分離系　170
電荷分離状態　169
電気化学セル　36
電気化学的可逆性　44
電気化学的酵素触媒反応　186
電気化学的 CO_2 還元反応　196
電気化学ポテンシャル　115
電気二重層　37, 115
電気二重層容量　55, 114
電極反応速度定数　52
電極反応抵抗　37
電極反応の標準速度定数　39, 40
電極ーヒドリド結合　3
電気量　35
電子移動　35
電子移動挙動のチューニング　217
電子移動鎖　78, 81, 82, 85
電子移動速度定数　181
電子移動タンパク質　175
電子移動の再配列エネルギー　167
電子移動メカニズム　212
電子カップリング　12
電子カップリングエネルギー　21
電子交換相互作用　109
電子受容体ビタミン K_1　216
電子対形成エネルギー　69
電子伝達タンパク質　29, 175
電子の非局在化　151
電荷分離状態　166
電子ホッピング　211

電析法　174
デンドリマー　103
電流-電位曲線　35, 42

銅触媒　75
透明電極　203
ドーソン型　86, 87
ドデカフェニルポルフィリン　171
ドライビングフォース　166
トンネリング　22

ナ　行

内圏再配向エネルギー　16
内圏反応　2, 3

二酸化炭素還元　192
二酸化炭素還元反応　189, 192, 193
二酸化炭素の還元的不均化反応　192
二酸化炭素の多電子還元反応　194
二重層容量　55
二段階2電子移動　102
ニッケロセン　77

熱運動　9
熱力学的な水の安定領域　25
ネルンスト式　7, 35
ネルンスト・プランク式　40

濃度過電圧　26
濃度勾配　40

ハ　行

配位圏外　3
配位子　123
配位子間相互作用　123
配位子置換反応　118
配位子の加成性　70
配位子場安定化エネルギー　68
配位子場分裂　69
配位子誘起パラメータ　70
バイオセンサー　175, 188
薄膜電極　29
白金カルボニルクラスター錯体　104
白金クラスター　105
白金電極　26
バトラー・ボルマー型の式　38
バナドセン　77
パルスボルタンメトリー　42, 43
反結合性軌道　2
反転電位　48
半導体電極　29

反応系　11
反応経路　187
反応速度　24
反応中心複合体　167
半波電位　46
半無限拡散　47

ピーク電流値　49
非イノセント配位子　80
非可逆系　45
光異性体　204
光検出器　216
光集光部位　216
光電荷分離過程　166
光電子移動　165, 166
光透過性電極　29
光捕集系　170
光誘起1電子過程　125
光誘起2電子移動系　127, 129
光誘起2電子還元　198
光誘起多電子移動　125
光誘起電子移動　125, 199
光励起状態　125
非局在化　90
非極性溶媒　18
非結合性軌道　2
非交差則　11
微視的な環境の変化　185
微小電極　42
非断熱型電子移動反応　167
非断熱的　11
被毒　27
ヒドリド移動　200
ヒドリド供与能　200
ヒドリド金属錯体　189
ヒドリド試薬　194
ヒドリド触媒　197
ヒドリド配位子　3
ヒドロキソ錯体　135
ヒドロキソメチル錯体　195
ヒドロシリル基反応　203
非プロトン性極性溶媒　30
非プロトン性溶媒　140
微分パルス　204
非補償溶液抵抗　31
標準水素電極　4
標準電極電位　4, 67
標準電極反応速度定数　42
表面増強ラマン散乱　177
ピラジン　95, 98, 100
ピリジン　96

部位特異変異法　184
フィルム蒸着　203
プールベ図　23, 134, 135, 137, 139

243

フェニルジスフィド　178
フェレドキシン　182
フェレドキシン NADP⁺　182
フェロセニウム　32
フェロセン　32, 76, 90
フェロセン一次元オリゴマー　111
フェロセンオリゴマー　102, 108
不活性電極　23
不均一系　2
不均一反応　24
不均化定数　91
不均化反応　91, 199
フッ化アンモニウム　203
フッ酸　203
物質移動過程　36
物質移動係数　41, 42
物質移動速度　36
物質移動律速　44
負電荷　9
フラーレン　168
フランク・コンドン原理　8, 9, 167
プロトン解離　136, 178
プロトン共役機能界面　143
プロトン共役多電子移動　123
プロトン共役電子移動　117, 120, 137, 138
プロトン共役電子移動反応　130, 131, 132, 133, 142
プロトン供与体　141
プロトン脱着　118, 120, 131, 133
プロトン脱離体　131
プロトン付加体　131
プロモーター　177
分極率　70
分子エレクトロニクス　201, 214, 217
分子間カップリング　147
分子機械　78
分子スイッチ素子　214
分子素材　201
分子素子　188
分子電線　214
分子内 ECE　108
分子内核変位　13
分子内電子移動　90, 92, 150, 152
分子内電子移動速度定数　100
分子の拡散　201

平均原子価　92
平衡定数　90
平衡電位　39
ベーサル面　28
ヘテロポリ酸　86, 105
ヘム c　176
ベンズイミダゾール　140

ベンゼンチオール　178
ベンゾキノンジイミン　80

飽和カロメル電極　6
ポーラログラフィー　4, 27, 42
ホッピング　212
ホッピング機構　212
ポテンシャルエネルギー　5
ポテンシャルエネルギー曲線　12
ポテンシャルステップクロノアンペロメトリー　213
ホモポリ酸　105
ポリ酸　86, 105
ポリピリジン配位子　120
ポリペプチドの修飾　183
ポリリジン　183
ボルタモグラム　35
ボルタンメトリー　35, 204
ボルツマン熱エネルギー　115
ポルフィリン　168
ホルミル錯体　195
ポロオキソメタラート　86

マ 行

マーカスの逆転領域　16, 167
マーカスの交差関係　19
マーカスの通常領域　167
マーカス理論　4, 8, 167, 178
マクロ電解　37
マンガノセン　77
マンガン複核錯体　137

ミクロ電解　37
水の酸化反応　144, 149

無機ヒドリド　194
無機ヒドリド試薬　197
無次元パラメータ　56

メタラジチオレン　107
メタラジチオレンクラスター錯体　105
メタラジチオレン多核錯体　102
メモリーデバイス　205

ヤ 行

誘電率　18

溶液抵抗による電位降下　54
溶媒再配向　13
容量性電流　55

ラ 行

ラジカルアニオン　166
ラジカルカチオン　166
ラジカルカップリング　152
ラティマー図　130
ランタノイド錯体　192

リダクターゼ　182
リチウムイオン内包フラーレン　172
リニアスイープボルタンメトリー　48
流束　40
量子化コンデンサー　116

ルギン管　31
ルテニウム-2,2'-ビピリジン錯体　78
ルテニウム3核錯体　102
ルテニウム錯体　75, 120, 145

励起子相互作用　167
レドックス伝導　211
レドックス反応　1
連続的電子ポッピング　22

著者略歴

『編著者』

西原　寛（にしはら　ひろし）　　　（1章1～3節・3章3節2～4項・
東京大学大学院理学系研究科化学専攻　教授　　　4章4節
東京大学大学院理学系研究科化学専攻博士課程修了（1982年）　理学博士

市村　彰男（いちむら　あきお）　　　（2章）
大阪市立大学大学院理学研究科　特任教授
大阪市立大学大学院理学研究科修士課程修了（1971年）　理学博士

田中　晃二（たなか　こうじ）　　　（3章6節・4章3節）
京都大学物質－細胞統合システム拠点　特任教授
分子科学研究所・総合研究大学院大学　名誉教授
大阪大学工学研究科応用化学専攻修士終了（1971年）　工学博士

『著　者』

伊藤　翼（いとう　たすく）　　　（3章2節）
東北大学　名誉教授
東北大学大学院理学研究科博士課程修了（1968年）　理学博士

菊池　貴（きくち　たかし）　　　（3章6節）
京都大学物質―細胞統合システム拠点　特定研究員
東京大学大学院工学系研究科博士課程修了（2011年）　博士（工学）

小林　克彰（こばやし　かつあき）　　　（4章3節）
京都大学物質－細胞統合システム拠点　特定助教
総合研究大学院大学数物科学研究科博士課程修了（2003年）　博士（理学）

坂本　良太（さかもと　りょうた）　　　（1章5節・4章4節）
東京大学大学院理学系研究科　助教
東京大学大学院理学系研究科博士課程修了（2007年）　博士（理学）

佐々木　陽一（ささき　よういち）　　　（3章3節1項・3章4節・3章5節）
北海道大学　名誉教授
東北大学大学院理学研究科博士課程終了（1971年）　理学博士

谷口　功（たにぐち　いさお）　　　（1章4節・4章2節）
熊本大学　学長
東京工業大学大学院理工学研究科博士課程修了（1975年）　工学博士

西山　勝彦（にしやま　かつひこ）　　　（1章4節・4章2節）
熊本大学大学院自然科学研究科　准教授
東京工業大学大学院総合理工学研究科博士課程修了（1989年）　工学博士

芳賀　正明（はが　まさあき）　　　（3章1節）
中央大学理工学部　教授
大阪大学大学院工学研究科博士課程修了（1977年）　工学博士

濱口　智彦（はまぐち　ともひこ）　　　　（3章2節）
福岡大学理学部　助教
東北大学大学院理学研究科博士課程前期二年の課程修了（1998年）　博士(理学)
(2004年　東北大学)

福住　俊一（ふくずみ　しゅんいち）　　　（4章1節）
大阪大学大学院工学研究科　教授
東京工業大学大学院理工学研究科博士課程修了（1978年）工学博士

前田　啓明（まえだ　ひろあき）　　　　　（4章4節）
東京大学大学院理学系研究科化学専攻　博士課程

Brian K. Breedlove　　　　　　　　　　　（3章2節）
東北大学大学院理学研究科　准教授
パデュー大学大学院理学研究科博士課程修了（1999年）　Ph.D.

山口　正（やまぐち　ただし）　　　　　　（3章2節）
早稲田大学理工学術院教授
東北大学大学院理学研究科博士課程修了（1990年）　理学博士

金属錯体の電子移動と電気化学
2013年11月15日　初版第1刷発行

© 編著者　西原　　寛
　　　　　市村　彰男
　　　　　田中　晃二
　発行者　秀島　　功
　印刷者　荒木　浩一

発行所　三共出版株式会社
郵便番号　101-0051
東京都千代田区神田神保町3の2
振替　00110-9-1065
電話 03 3264-5711　FAX03 3265-5149
http://www.sankyoshuppan.co.jp

一般社団法人 日本書籍出版協会・一般社団法人 自然科学書協会・工学書協会　会員

Printed in Japan　　　　製版印刷・アイ・ピー・エス　製本・壮光舎

JCOPY ＜(社)出版者著作権管理機構　委託出版物＞
本書の無断複写は著作権法上での例外を除き禁じられています。複写される
場合は、そのつど事前に、(社)出版者著作権管理機構（電話 03-3513-6969、
FAX 03-3513-6979、e-mail:info@jcopy.or.jp）の許諾を得てください。

ISBN 978-4-7827-0699-2

エネルギー単位の換算表

$E = h\nu = hc\tilde{\nu} = kT$; $E_m = N_A E$

		波数 $\tilde{\nu}$	振動数 ν	エネルギー E			モルエネルギー E_m		温度 T
		cm^{-1}	MHz	aJ	eV	E_h	kJ/mol	kcal/mol	K
$\tilde{\nu}$	: 1 cm^{-1} ≘	1	2.997925×10^4	1.986446×10^{-5}	1.239842×10^{-4}	4.556335×10^{-6}	11.96266×10^{-3}	2.85914×10^{-3}	1.4387675
ν	: 1 MHz ≘	3.335641×10^{-5}	1	6.626077×10^{-9}	4.135667×10^{-9}	1.519830×10^{-10}	3.990313×10^{-7}	9.537076×10^{-8}	4.799237×10^{-5}
E	: 1 aJ ≘	50341.17	1.509190×10^9	1	6.241501	0.2293713	602.2142	143.9326	7.242963×10^4
	: 1 eV ≘	8065.545	2.417989×10^8	0.1602176	1	3.674933×10^{-2}	96.48534	23.06055	1.160451×10^4
	: 1 E_h ≘	219474.63	6.579684×10^9	4.359744	27.21138	1	2625.500	627.5095	3.157747×10^5
E_m	: 1 kJ/mol ≘	83.59347	2.506069×10^6	1.660539×10^{-3}	1.036427×10^{-2}	3.808799×10^{-4}	1	0.2390057	120.2722
E_m	: 1 kcal/mol ≘	349.7551	1.048539×10^7	6.947694×10^{-3}	4.336410×10^{-2}	1.593601×10^{-3}	4.184	1	503.2189
T	: 1 K ≘	0.6950356	2.083664×10^4	1.380650×10^{-5}	8.617343×10^{-5}	3.166815×10^{-6}	8.314472×10^{-3}	1.987207×10^{-3}	1

この換算表の使用例:1 aJ = 1×10^{-18} J ≘ 50341 cm^{-1}, 1 eV ≘ 96.4853 kJ mol^{-1}。 ≘ は "に相当する" あるいは "とほぼ等価である" (1を除く) という意味をあらわす。

圧力単位の換算表

	Pa	kPa	bar	atm	mbar	Torr	psi
1 Pa =	1	10^{-3}	10^{-5}	9.869233×10^{-6}	10^{-2}	7.50062×10^{-3}	1.450383×10^{-4}
1 kPa =	10^3	1	10^{-2}	9.869233×10^{-3}	10	7.50062	0.145038
1 bar =	10^5	10^2	1	0.986923	10^3	750.062	14.5038
1 atm =	101325	101.325	1.01325	1	1013.25	760	14.6959
1 mbar =	100	10^{-1}	10^{-3}	9.869233×10^{-4}	1	0.75006	14.45038×10^{-2}
1 Torr =	133.322	0.133322	1.33322×10^{-3}	1.31579×10^{-3}	1.33322	1	1.93368×10^{-2}
1 psi ≈	6894.76	6.89476	6.89476×10^{-2}	6.80460×10^{-2}	68.9476	51.71494	1

この換算表の使用例:1 bar ≈ 0.986923 atm, 1 Torr ≈ 133.322 Pa, 1 mmHg = 1 Torr (2×10^{-7} Torr以内の差で成立する)

「化学と工業」, 64(4) より転載